U0881743

海洋生态文明建设丛书
“十三五”国家重点出版物出版规划项目

黄海绿潮灾害应急遥感监测与预测预警系统

曹丛华 黄 娟 高 松 吴玲娟 等著

海洋出版社
2017年·北京

图书在版编目（CIP）数据

黄海绿潮灾害应急遥感监测与预测预警系统/曹丛华等著．—北京：海洋出版社，2017.6

ISBN 978-7-5027-9825-3

Ⅰ．①黄…　Ⅱ．①曹…　Ⅲ．①黄海-海水污染-灾害防治-研究　Ⅳ．①X55

中国版本图书馆 CIP 数据核字（2017）第 160433 号

责任编辑：白　燕　程净净

责任印制：赵麟苏

海洋出版社　出版发行

http：//www.oceanpress.com.cn

北京市海淀区大慧寺路 8 号　邮编：100081

北京画中画印刷有限公司印刷　新华书店发行所经销

2017 年 8 月第 1 版　2017 年 8 月北京第 1 次印刷

开本：889mm×1194mm　1/16　印张：12

字数：282 千字　定价：98.00 元

发行部：62132549　邮购部：68038093　总编室：62114335

海洋版图书印、装错误可随时退换

《黄海绿潮灾害应急遥感监测与预测预警系统》编写人员名单

主要著者：曹丛华　黄　娟　高　松　吴玲娟

参与编写人员：（按姓氏笔画排列，不分先后）

丁　一　王方正　王立鹏　王　宁　王　启

王炜荔　王　彬　王　强　王瑞富　白　涛

毕　凡　吕富良　刘桂艳　刘爱超　李亚汝

李　杰　李　锐　连喜虎　辛全波　辛　蕾

宋　彦　张子轩　张永梅　张　怡　张　薇

陈胜舰　林　森　赵　玲　赵　亮　赵　鹏

胡　伟　钟　山　侯继灵　姜万钧　袁本坤

徐江玲　郭可彩　郭东琳　陶金波　黄　蕊

曹雅静　商　杰　焦　艳　靳熙芳　黎　舸

其他人员：任殿军　姜万凯　冀承振　张　伟　任林凯

序

绿潮灾害在我国是一种新型的海洋生态灾害，2008 年至今连年暴发。绿潮的大规模聚集会严重影响沿海水产养殖、水上运动、滨海旅游和海上交通；大量繁殖的浒苔会遮蔽太阳光线，破坏海洋生态系统，大量堆积在近岸的绿潮腐烂时则发出恶臭气味，恶化海水水质和大气环境。绿潮灾害已引起国家相关部门和沿海各级政府的高度重视，国家海洋局每年都投入大量人力、物力和财力组织江苏、山东两省的绿潮联防联控和灾害应急处置，并启动相关科研专项支持国内学者进行绿潮灾害研究。

目前，国内外学者在绿潮种源、绿潮藻暴发性增长的生物学基础与生态学过程、绿潮监测与预测，以及绿潮灾害防治与资源化利用等方面开展了大量的工作，取得了大量研究层面的成果，但缺少针对绿潮灾害应急监测与预测预警工作的成果转化与业务化应用。国家海洋局北海预报中心的技术人员在国内外学者研究成果的基础上，针对黄海绿潮灾害应急监测和预测预警工作中的实际需求，经过多年的绿潮灾害理论研究和应急工作实践，攻克了一系列关键技术难题，建立了一套集绿潮灾害应急遥感监测、信息提取与融合、数据收集与同化、应急预测预警以及信息制作与发布等功能于一体的综合业务系统，填补了我国在绿潮灾害应急监测和预测预警方面的空白，有效地提升了绿潮灾害防灾减灾和应急处置能力，取得了良好的经济、社会和生态效益。

今天我们有幸看到《黄海绿潮灾害应急遥感监测与预测预警系统》这本专著的出版，是他们辛勤的汗水孕育出的硕果，可喜可贺。本书的 7 个部分娓娓道来，深入浅出，环环相扣，既有对绿潮灾害监测、预测预警关键技术和方法的理论探讨，也有对绿潮灾害监测、预测预警业务化系统功能的介绍、实际操作演示，以及 2008 年奥运会帆船/板赛和 2012 年亚洲沙滩运动会两次重大赛事等实际案例的应用示范。

本书实例丰富、应用性强，是一部集理论性、系统性和实用性于一体的佳作，不仅可为防灾减灾研究和管理工作者提供参考，也为物理海洋和海洋 GIS 研究生培养提供了不可多得的研究素材。

前 言

2008年以来，黄海海域连续大规模暴发绿潮灾害，对海上赛事活动、滨海旅游、水产养殖、海上交通运输等相关产业和生态环境影响严重。为此，国家海洋局北海预报中心针对绿潮应急监测和预测预警业务化工作需要，在绿潮应急遥感监测技术、应急快速漂移预测预警技术、绿潮年度预测方法等研究的基础上，基于GIS技术建立了集绿潮灾害应急监测、信息提取与融合、数据收集与同化、应急预测预警及产品发布等功能于一体的综合业务化平台，并实现业务化运行。系统由“基于多源遥感手段的绿潮灾害监测子系统”“黄海绿潮灾害应急预测预警子系统”和“黄海绿潮灾害应急遥感监测和预测预警准自动化综合业务化平台”组成。系统研制过程中，在绿潮卫星遥感监测、绿潮应急漂移预测预警和准自动化综合业务平台建设等三方面研发了一系列具有自主产权和国际先进水平的关键技术方法，填补了黄海绿潮灾害应急监测和预测预警方面的空白。

本系统服务于国家海洋局、山东省海洋与渔业厅、青岛市海洋与渔业局、威海市海洋与渔业局、烟台市海洋与渔业局、日照市海洋与渔业局等政府防灾减灾应急部门，为海上运动、水产养殖、滨海旅游、交通运输、渔业生产等涉海活动和海洋管理提供科学可靠的技术保障，特别是在2008年北京奥运会帆船/板赛和山东海阳2012年亚洲沙滩运动会的绿潮应急预测预警工作中，发挥了重要作用，并取得巨大的社会、经济和生态效益。

由于编写时间仓促，编者的水平有限，书中难免会有疏漏和不足之处，恳请读者批评指正。书中涉及的监测与预警技术研究仅仅是黄海绿潮灾害应急响应工作的一个侧面，可能存在很多的局限性，希望能够抛砖引玉，为海洋灾害应急监测与预警工作提供有益的借鉴和参考。

目 录

1 概　　况

1.1 背景

黄海是我国区域经济可持续发展的重要基地。2011 年由国务院批准实施的《山东半岛蓝色经济区发展规划》，黄海及邻近地区的经济建设提升到国家战略层面。2008 年 6 月中旬，青岛近岸海域出现高密度、大面积绿潮（浒苔）聚集，最大分布面积达33 000 km^2，灾害持续时间长达 3 个多月，对山东省沿海水上赛事、水产养殖、滨海旅游、海上交通运输等相关产业产生严重影响。同时绿潮灾害也严重破坏了我国近海海洋生态环境，危及青岛近海的奥运会帆船/板赛的举行。直接经济损失 13.22 亿元。黄海绿潮灾害暴发后，党中央、国务院高度重视，中央领导做了重要批示。山东省政府和国家海洋局动用大量的人力和物力进行绿潮灾害应急处置，绿潮灾害得到一定程度的抑制。之后绿潮灾害连年暴发，绿潮分布面积维持在 20 000~60 000 km^2，2009 年达到历史最大的58 000 km^2。

绿潮灾害作为我国的一种新型的海洋生态灾害，在 2008 年之前对其的认识和研究几乎是空白。2008 年国内学者开始在绿潮种源、绿潮藻暴发性增长的生物学基础与生态学过程、绿潮监测以及灾害防治与资源化利用等方面开展了大量的工作，但缺少绿潮灾害应急监测与预测预警等方面的工作研究。国家海洋局北海预报中心联合其他单位，在国内外学者研究成果的基础上，结合黄海绿潮灾害应急监测和预测预警工作中的实际需求，攻克了一系列应急监测与预测预警的关键技术，研发了黄海绿潮灾害应急遥感监测与预测预警系统（以下简称“绿潮系统”），并实现业务化运行。该系统填补了我国在绿潮灾害应急监测和预测预警方面的空白，有效地提升了我国绿潮灾害防灾减灾和应急处置能力，取得了良好的经济、社会和生态效益。

1.2 “绿潮系统”业务化运行流程

每年在黄海绿潮发生期间（一般为 5—8 月），基于高性能计算机和服务器业务化运行“绿潮系统”，其业务化运行流程见图 1-1。

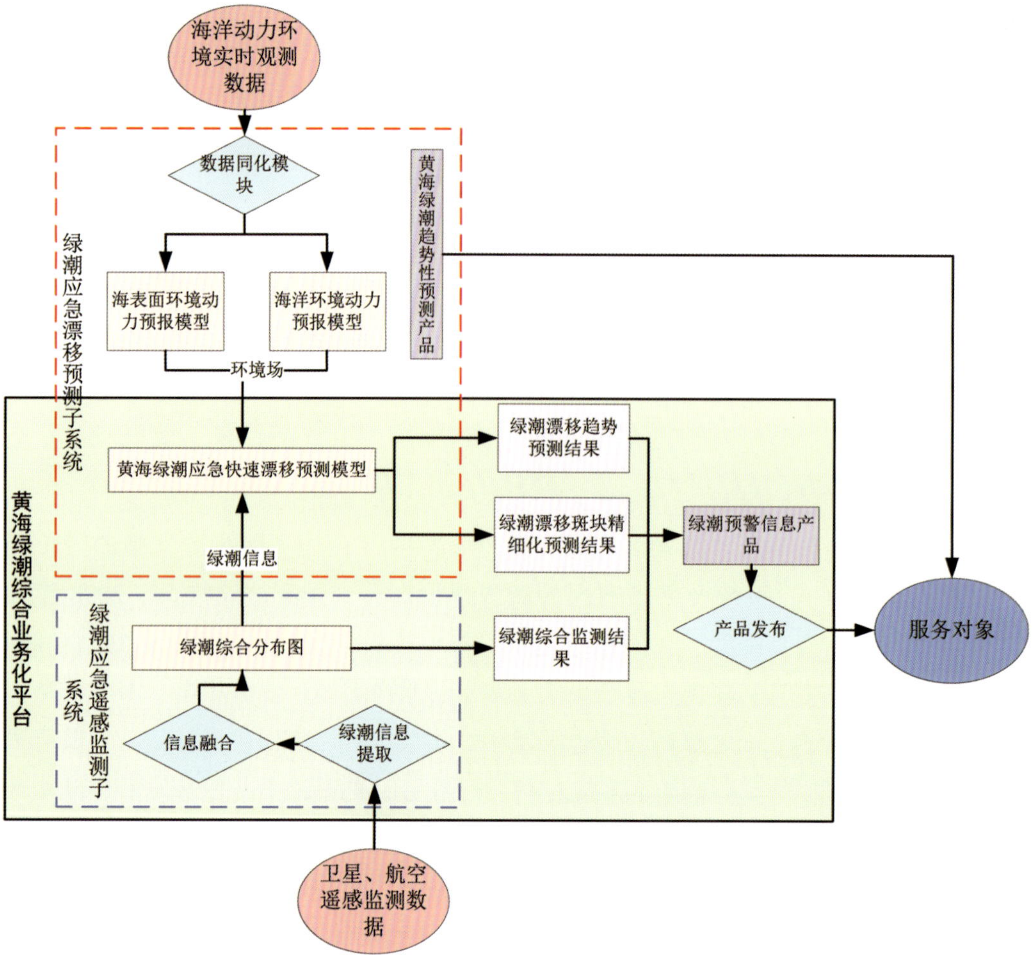

图 1-1 “绿潮系统”业务化运行流程

1.3 “绿潮系统”主要内容及成果

“绿潮系统”是在应急遥感监测技术、绿潮漂移预测预警技术、绿潮年度预测方法等研究的基础上，基于 GIS 技术建立的集绿潮灾害应急监测、信息提取与融合、数据收集与同化、应急预测预警及产品发布等功能于一体的综合业务平台，并实现业务化运行。系统由“基于多源遥感手段的绿潮灾害监测子系统”“黄海绿潮灾害应急预测预警子系统”和“黄海绿潮灾害应急遥感监测和预测预警准自动化综合业务化平台”组成。

根据绿潮灾害应急遥感监测和预测预警工作内容及本系统拟解决的关键问题，确定了系统的主要研究内容和技术路线。系统的研究内容主要包括：绿潮应急遥感监测技术研发、黄海环境动力实时同化技术研发、黄海绿潮发展过程应急预测预警技术研发、黄海绿潮分布和漂移年度趋势预测方法研究、绿潮综合业务化平台、系统业务化运行情况等内容，系统的总框架见图 1-2。

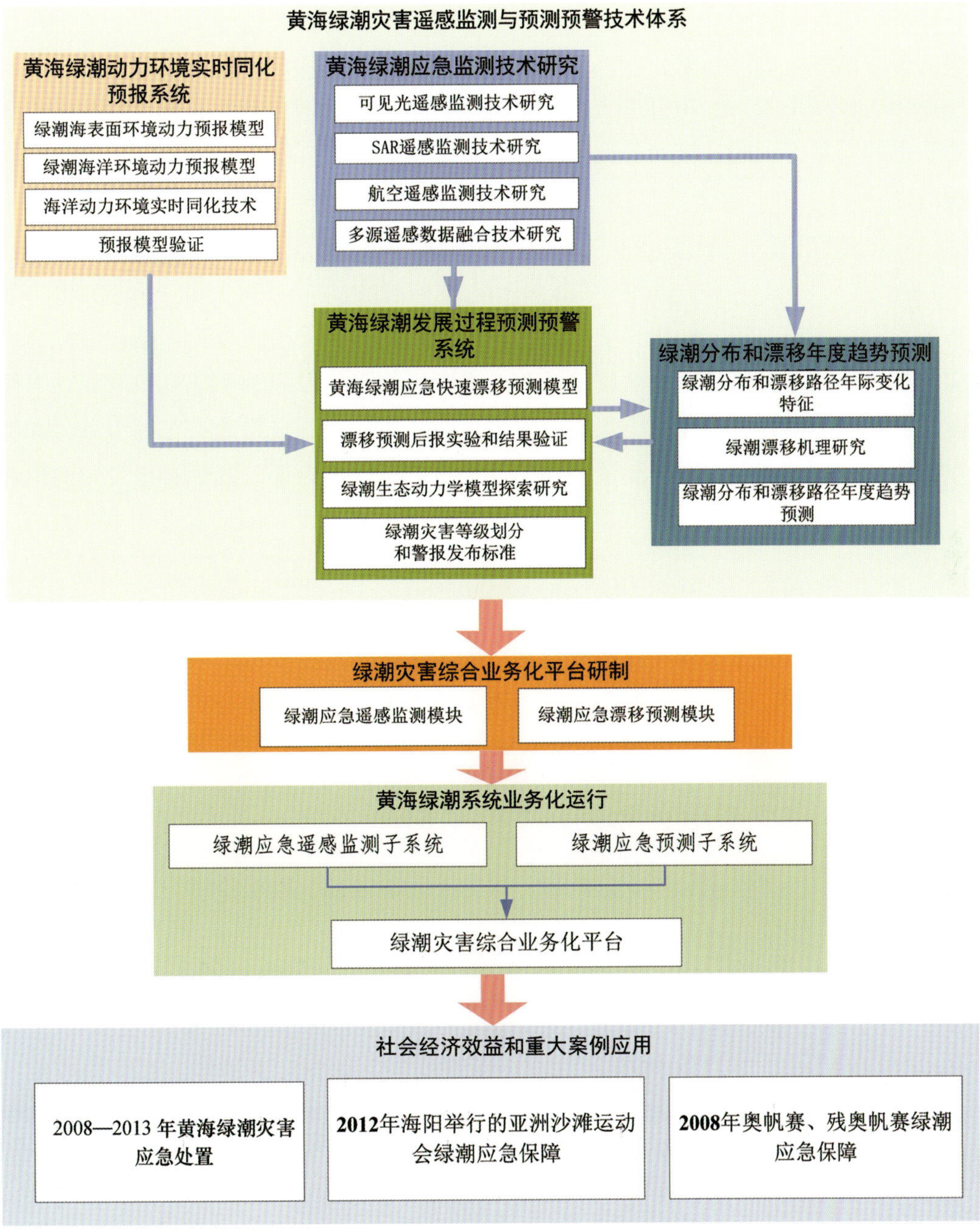

图 1-2 “绿潮系统”的总体框架图

1）黄海绿潮应急遥感监测技术研发

在绿潮光谱现场测量与分析的基础上，开展光学卫星、SAR 卫星绿潮信息提取技术研究。建立快速的高精度绿潮信息提取算法，并发展基于多源数据的信息融合技术，制作绿潮应急监测综合产品。

2）黄海环境动力实时同化预报技术研究

集成多套国际先进的气象、海流、波浪数值预报模式，建立黄海海域精细化大气海洋动力环境业务化预报系统。利用自主研发的改进集合卡曼滤波同化技术实现对地波雷达海流实时观测数据的同化；利用三维变分循环同化技术实现海面海洋站、浮标海面风和气压实时观测数据的同化。

3）黄海绿潮发展过程应急预测预警技术研究

基于黄海环境动力实时同化预报系统，利用拉格朗日粒子追踪方法，结合绿潮斑块海上漂移实验结果，确定海流和风力系数关系，考虑障碍物阻拦作用和风拖曳角度变化对绿潮漂移的影响，建立绿潮发展过程的应急快速漂移预测模式，并制定绿潮灾害等级划分和警报发布行业标准。该标准规定我国绿潮预警报的等级划分、颜色表征以及预警报发布的内容和方式等。

4）黄海绿潮分布和漂移年度趋势预测方法研究

基于多源监测数据分析绿潮分布和漂移特征，并结合数值模拟结果进行绿潮分布和漂移年度差异的机理分析；筛选大气海洋环境动力关键因子，建立绿潮分布和漂移路径年度趋势预测方法。

5）黄海绿潮灾害综合业务化平台研制

基于 GIS 技术，建立集绿潮应急监测、信息提取与融合、数据收集与同化、应急预测预警及产品发布等功能于一体的综合业务化平台。

6）系统业务化运行情况和重大案例应用

介绍“绿潮系统”产品在 2008—2013 年绿潮应急监测和预测预警工作中的应用；综合业务平台在 2013 年的绿潮应急工作的应用；介绍在 2008 年奥运会帆船/板赛和 2012 年亚洲沙滩运动会绿潮预测保障等重大案例中的应用。

2 绿潮研究现状

绿潮（Green Tide）是指海洋大型藻类在一定环境条件下暴发性增殖或聚集形成大面积漂浮的海洋生态异常现象。绿潮在全球沿岸海域暴发并造成严重危害的现象越来越频繁，发生地理范围也日趋增大，已经成为一种世界性的海洋灾害。1980 年以来美国、加拿大、荷兰、法国、意大利、日本和韩国等国家，均暴发过绿潮灾害，法国沿岸海域尤为严重。从 1997 年到 2001 年，受绿潮危害的滨海城市从 60 个增加到 103 个。2007 年，中国黄海北部和中部局部海域首次发现由绿藻大量增殖发生的绿潮，之后黄海连续暴发大规模绿潮灾害。

2.1 绿潮遥感监测研究现状

国外学者的研究主要集中在普通大型藻类及绿潮藻水环境的遥感监测。这些研究成果在研究数据源、海域和内容方面，都不能很好地应用到黄海绿潮监测中。2006 年，Gower 等人第一次用 MERIS 300 m 分辨率（FR）数据，采用 MCI（最大叶绿素指数）算法监测到墨西哥湾海面大面积线形马尾藻类海草，但是因为分辨率的原因会遗漏一些小片的马尾藻，与 MODIS 相比，MERIS 传感器的扫描宽度只有 1 150 km，这限制了空间覆盖面积和重访频率。2008 年，根据 MCI 算法和 MERIS 简分辨率（RR ~ 1. 2 km/像素）数据，Gower 和 King 提出第一个墨西哥湾和北太平洋马尾藻类分布情况的评估体系。Elijah 等（2012）对浒苔覆盖海水光谱信息的实际观测得出，浒苔在蓝光和红光波段的吸收谷具体出现在 400 ~ 500 nm 和 670 nm 附近，在近红外波段的反射峰出现在 675 ~ 800 nm 范围内，而正常海水在可见光波段反射率很小，在近红外波段反射率几乎为 0，因此利用浒苔覆盖海水与正常海水在可见光和近红外波段的光谱特性差异建立浒苔遥感监测模型，这是光学遥感提取水面浒苔信息的基础。Achille Ciappa 等（2009）利用目前运行的两颗 COSMO - SkyMed 卫星上时间间隔为 48 min的两景 Scan SAR 数据，对 2008 年 7 月 14—18 日青岛近海的浒苔进行了遥感监测。

国内学者对绿潮遥感监测方面的研究主要集中在绿潮提取方法上，并取得了初步的成果。在一个影像像元中，即存在绿潮和水的情况下，未提供相关研究技术，无法满足业务化应急监测中对绿潮面积高准确率的需求。国家海洋局北海预报中心于 2008 年用 RGB 图像和归一化植被值数 NDVI 方法，对黄海、青岛近岸海域和奥帆赛区的绿潮进行连续监测，并对分布、面积及漂移变化做出分析。同年，国家卫星海洋应用中心利用中分辨率卫星（HY1B、FY - 1D、NOAA、TERRA - MODIS 和 AQUA - MODIS 等）数据，运用比值植被指数 RVI 和归一化植被指数 NDVI 方法对黄海和东海绿潮进行连续监测。国家海洋局第二海洋研究所利用“北京 1 号” 和 MODIS 数据，利用归一化植被指数 NDVI 方法进行绿潮监测，并利用非监督分类方法提取绿潮分布信息，以及根据云和浒苔的光谱特性差异提取云覆盖下的浒苔分布情况。邢前国等（2011）利用不同空间分辨率、多时相卫星遥感（Landsat. TM，EOS. MODIS）数据，采用 NDVI 方法，对 2007—2010 年间黄海和东海发生的绿潮进行了监测，并分析了绿潮分布与影响的动态特征及浒苔来源。李三妹等（2010）以 NDVI 方法为基础监测了 2008 年 5—8 月我国黄海海域绿潮的出现、影响范围和移动路径。Shi 等（2009）基于 MODIS 数据，发展了归一化藻类指数（Normalized Difference Algae Index，NDAI）算法，并追踪了 2008 年浒苔绿潮的发展与消亡过程。2009 年，Hu 等（2010）提出一种新的监测方法——漂浮藻类指数 FAI 方法。2009 年中国海洋大学与南佛罗里达大学的 Hu 教授合作，利用卫星遥感技术，采用多传感器同步观测技术和 FAI 绿潮监测新算法建立“青岛浒苔与相关海洋环境卫星监测服务系统”。赵文静等（2009）对水下悬浮绿潮海面光谱响应的辐射传输进行了模拟研究，分析了海面光谱随绿潮厚度、悬浮深度、水体浑浊度以及环境条件的变化规律。

2.2　绿潮预测模式研究现状

国外学者在绿潮预测方面研究主要集中在绿潮的生长机制、运动方向和速度等要素方面，并得到了初步的成果。但是这些绿潮预测研究多针对海湾和潮间带区域，而黄海绿潮发生在开阔海域，并进行大规模、长期的漂移。因此这些研究不能很好地预测黄海绿潮的暴发和漂移。Aurousseau 等（2001）在法国绿潮灾害比较严重的 Brest 湾，建立了三维生物地球化学模式，对该海域漂浮绿潮的生长和腐败—漂移—沉降进行了模拟。Cugier 等（2005）建立的浮游植物三维生态学模式和三维水动力模式（Cugier 等，2000），建立适用于 Brest 湾的绿潮特征的三维生物地球化学模式，同时开展了潮间带绿潮的预报研究。Perrot et al.（2004）发展了预测潮间带海藻的简单方法，并于 2007 年 5 月建立了绿潮在潮间带生长和漂移的预测模式。

国内科学家从生物学和海洋大气环境动力学等不同角度来研究绿潮漂流聚集现象，已经取得了一定的进展，但现阶段我国还未针对黄海绿潮建立有效的生态动力学模式，这也成为现阶段绿潮研究的一个主要瓶颈（刘桂梅等，2010）。因此研究温度和光照对绿潮生长和死亡的影响，进行生态动力学探索研究，是十分必要的。梁宗英等（2008）认为光合作用产生的气泡增加了浒苔管状藻体的浮力，从而促进漂浮生长，日生长速率可达到10%~37%；漂浮的浒苔在风场和流场的作用下，大面积聚集。张苏平等（2009）和衣立等（2010）分别从黄海水文气象条件变化方面对 2008 年和 2009 年绿潮聚集和定向移动进行研究分析，认为风场是绿潮漂移的主要强迫场；导致 2009 年绿潮推迟暴发的关键因素是黄海西部降水而不是海面温度。通过分析海洋数值模拟结果发现绿潮漂流聚集与海流密切相关；风场驱动下的海洋表层流场年际变化是绿潮漂移路径变异的主要原因。刘志亮等（2009）和李峣

（2010）分别分析江苏外海潜标观测和 6 个 Argos 表层漂流浮标的海流数据，发现夏季江苏外海存在一支流向比较稳定的北向流，其流向与传统的观点截然相反，并主要受局地风场控制。Lin 等（2011）从交叉学科的角度研究绿潮成因和动力机制，发现漂浮浒苔在物种以及种内水平具有高度的遗传均一性，并且推测 2008 年 4—5 月在南黄海中部稳定冷涡的发生发展、运动过程与浒苔的漂流聚集密切相关。并提出可以利用冷涡的发生发展和运动来预测绿潮的生消和漂移。该研究为今后绿潮发生发展研究预测提供了关键思路：利用海洋生态环境关键要素预测绿潮的发生发展过程。

目前主要工作还是集中在研究绿潮漂移聚集的机理，在绿潮的应急漂移预测预警和年度预测方面的工作比较少。影响绿潮暴发和生长的原因主要可分为环境因素和生物学因素两大类（唐启升等，2010）。其中在环境因素中，海水富营养化是引起绿潮暴发的最主要因素（Pedersen 和 Borum，1997）；在营养充足的情况下，光照强度和温度是诱导绿潮发生的关键因素（Taylor 等，2001）。在绿潮生物学方面，绿潮藻吸收营养盐能力强、繁殖能力强等因素也是导致绿潮大规模暴发的原因（唐启升等，2010；范士亮等，2012）。学者们通过大量的实验与分析，对绿潮藻生长率与营养盐、光照强度及温度等环境因子的关系进行研究（Taylor，2001；梁宗英等，2008；刘峰，2010；罗民波和刘峰，2011；王婷等，2011；Kim et al.，2011；张晓红，2011），发现绿潮藻在温度达到 15～20℃左右的水体中生长率最高，过高或过低的光照强度均不利于绿潮藻的生长等一系列绿潮藻生物学规律及生长率变化曲线，这些研究为建立绿潮生态动力学模式奠定了科学基础。

2.3 绿潮应急监测和预测预警业务现状

自 2008 年 5 月 31 日发现黄海绿潮大规模暴发以来，国内相关部门对绿潮开展了多方位的监测和预测预警工作。国家海洋局北海预报中心在绿潮发生期间每天利用 TERRA/AQUA-MODIS、COSMO-SKYMED 和 HY-1B 等卫星数据结合航空、船舶、陆岸巡视等多源、多时相监测数据，并开展多源数据融合技术，为绿潮漂移预测模式提供业务化的初始场，同时为研究绿潮发生、发展和消亡的机理，以及绿潮溯源等工作提供依据；北海预报中心连续 9 年利用黄海绿潮监测结果和大气海洋数值模拟方法，并根据政府相关部门需求，对绿潮的漂移轨迹进行应急预测（黄娟等，2011），并建设了集黄海绿潮应急监测、信息提取与融合、数据收集、应急预测预警及产品发布等功能于一体的综合业务化系统；蒋兴伟等（2009）利用海洋遥感卫星数据对 2008 年绿潮进行的立体动态监测，对绿潮发生发展进行了系统的跟踪。乔方利等（2008）提出“浒苔海上通道”，建议将浒苔海上监测和打捞工作集中到狭窄通道内。2013 年，国家海洋局东海分局联合北海分局、上海海洋大学等多家单位，开展了绿潮源头调查工作，并取得了很好的成果。

3 黄海绿潮应急遥感监测技术

3.1 光学遥感监测技术

绿潮的遥感监测原理与绿潮在海水中的状态（漂浮和悬浮）与遥感数据的类型（光学遥感和微波遥感）有关。光学遥感的监测方法是基于自然海水表面和绿潮覆盖海水表面的光谱特征差异对浮于水面的绿潮进行监测。绿潮含有丰富的叶绿素，当其覆盖海面时，由于叶绿素对太阳光的反射、吸收和散射作用，海水表面光谱将发生显著变化，致使海水表面光谱曲线在光学的蓝光波段和红光波段产生吸收谷，在近红外波段出现类似于植被光谱曲线的高反射峰值。因此，利用绿潮覆盖海水与正常海水在光学和近红外波段的光谱特性差异，建立绿潮遥感监测模型，这是光学遥感提取水面绿潮信息的基础。

3.1.1 现场光谱测量与分析

在绿潮多发季节，开展绿潮水体光谱和厚度等有关参数的现场测量，利用这些现场测量和历史积累的水体光谱数据，分析不同绿潮种类水体的吸收和反射特性，研究水体悬浮泥沙、叶绿素-a 和黄色物质等对绿潮光谱特性的影响，同时分析不同绿潮水体的红外特性，获得提取绿潮水体的特征参数，作为卫星遥感资料提取绿潮信息技术研究的基础。

从 2008 年的现场绿潮水体、陆地植被和正常海水实测光谱曲线（图 3-1）分析可知，覆有绿潮的水体（以下简称“绿潮水体”）在近红外通道反射率明显上升，30 cm 厚的绿潮

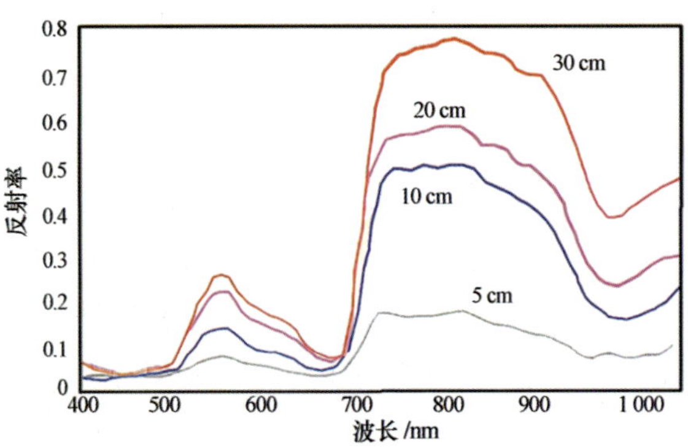

图 3-1 厚度分别为 5 cm、10 cm、20 cm 和 30 cm 绿潮水体光谱曲线

水体近红外通道反射率最高可达80%左右；在短波红外通道，反射率略有下降。绿潮水体在近红外、短波红外通道反射率随着绿潮厚度或密度增大而升高，这一点与陆地植被的反射率特性较为接近。因此，利用绿潮水体在近红外波段和可见光波段的归一化植被指数（*NDVI*）提取绿潮。

2011 年 7 月 28 日，对青岛第一海水浴场海域附近的绿潮进行光谱测量，得到实测的绿潮光谱曲线。由图 3-2 可知，在 350 nm 至 500 nm 波段范围内绿潮的反射率较低，这是因为绿潮色素在该波段处具有较强的吸收作用；在 550 nm 的绿光波段处，绿潮和其他绿色陆地植被一样，表现出较强的反射；在 680 nm 的红光波段处，绿潮色素出现次吸收峰，反射率降低；而在 700 nm 至 900 nm 的近红外波段处，绿潮光谱反射率明显增大，在900 nm以上波段，绿潮光谱受到水体强吸收作用的影响，反射率降低。这与 2008 年获得的绿潮光谱曲线分布一致。

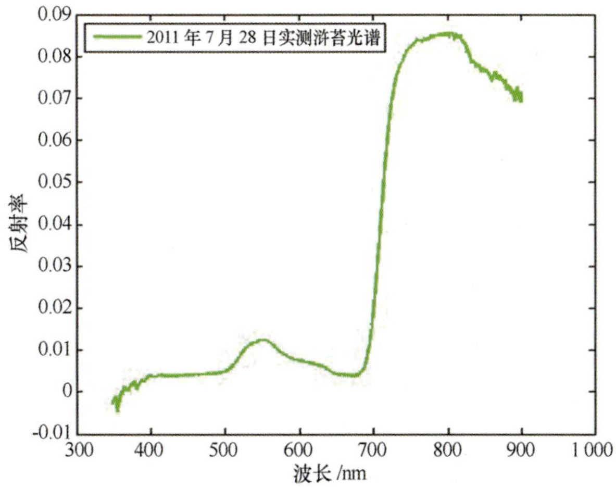

图 3-2　2011 年 7 月 28 日实测青岛第一海水浴场绿潮光谱

3.1.2　绿潮信息提取

3.1.2.1　*NDVI* 绿潮信息提取

绿潮的光谱同陆地植被类似，因此可以采用传统的植被指数算法进行绿潮信息提取。植被指数算法是利用卫星不同波段探测数据组合而成的，能反映植物生长状况的指数。植物叶面在可见光红光波段具有很强的吸收特性，在近红外波段有很强的反射特性，这是植被遥感监测的物理基础，通过这两个波段测值的不同，组合可得到不同的植被指数。

NDVI 归一化植被指数，为近红外波段与光学红波段数值之差与这两个波段数值之和的比值。公式为：

$$NDVI = (R_{nir} - R_{red}) / (R_{nir} + R_{red})$$

其中，R_{nir}表示近红外波段反射率，R_{red}表示红波段反射率。进行 *NDVI* 运算之后，对计算区域选择可能绿潮区，确定合适的阈值，即可提取出影像中的绿潮信息。

以 2013 年 6 月 29 日的 MODIS 影像为例，其 *NDVI* 运算结果和提取结果如图 3-3 和图 3-4所示。

图 3-3　MODIS 影像 *NDVI* 运算结果

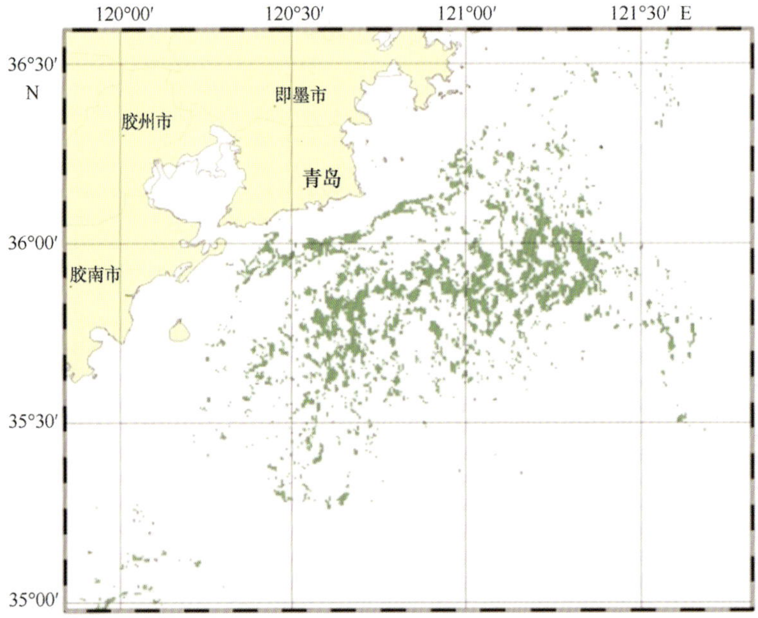

图 3-4　MODIS 影像提取结果

3.1.2.2 基于“亚像元分解方法”的 MODIS 绿潮精细化信息提取

1) 数据与处理

本节研究区位于胶州湾以东海域（35°27′45″—36°4′24″N，120°22′34″—121°45′59″E）。如图 3-5。

研究采用 2010 年 7 月 9 日，2012 年 5 月 21 日，2013 年 6 月 29 日和 2014 年 6 月 12 日 4 景 250 m 分辨率的 MODIS 数据以及 4 景准同步的 30 m 分辨率 HJ-1 CCD 数据。其中 2012 年 5 月 21 日，2013 年 6 月 29 日和 2014 年 6 月 12 日 3 景 MODIS 数据及其准同步的 HJ-1 CCD 数据用于模型建立；2010 年 7 月 9 日的 MODIS 数据及其准同步的 HJ-1 CCD 数据用于模型检验。

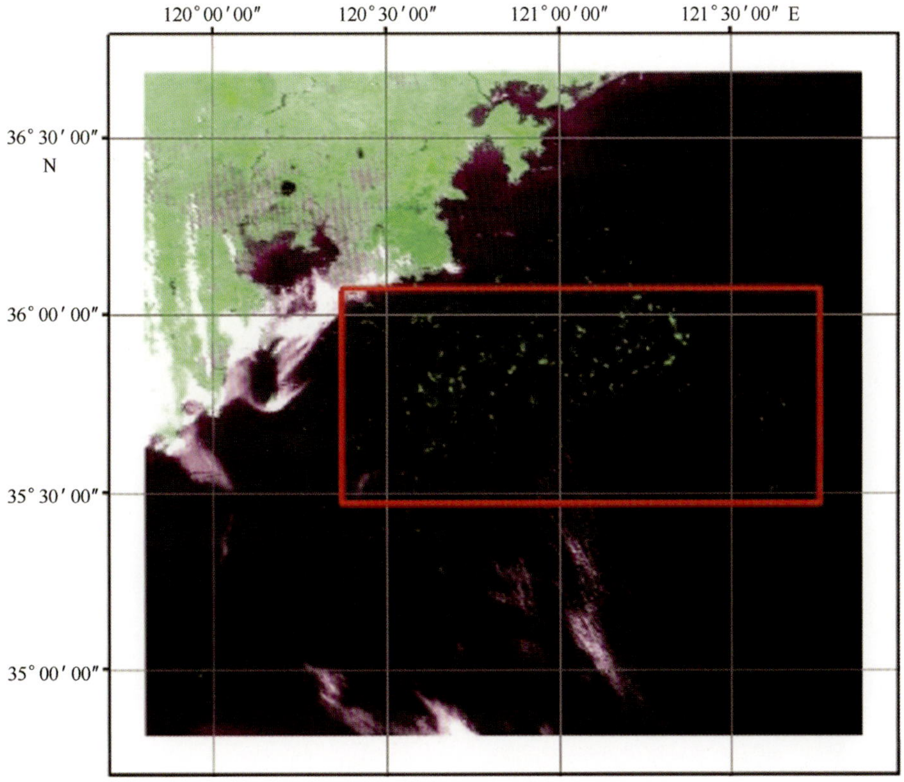

图 3-5 研究区范围示意图

在绿潮信息提取之前，对上述 MODIS 数据进行了数据处理，包括几何校正、辐射定标和大气校正。其中，大气校正采用的是 MODTRAN4+大气辐射传输模型。

2) 技术路线

在 MODIS 影像处理的基础上，本节选取了绿潮样区，对各样区分别利用 *NDVI* 阈值法进行绿潮信息提取，并对提取到的像元进行混合像元分解，得到 MODIS *NDVI* 混合像元分解的绿潮面积。同样的，在准同步 HJ-1 CCD 影像处理的基础上，选取与 MODIS 样区同一范围的区域，利用 *NDVI* 阈值法进行绿潮信息提取，得到 HJ-1 CCD 影像面积，并作为真值。

建立 MODIS *NDVI* 混合像元分解的绿潮面积与 HJ-1 CCD 影像面积之间的关系模型。图 3-6为具体技术路线。

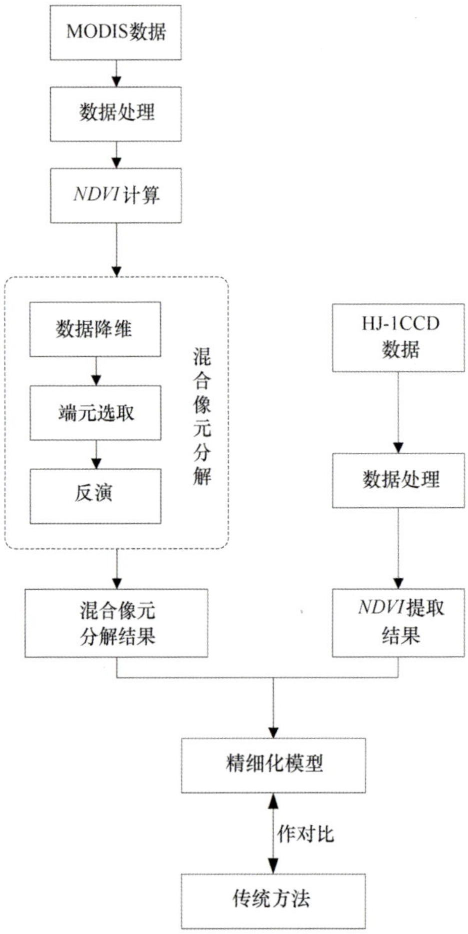

图 3-6　混合像元分解技术路线图

3）样区选取

在 2012 年 5 月 21 日，2013 年 6 月 29 日和 2014 年 6 月 12 日的 3 景 MODIS 影像上选取了 10 个区块作为建模样区。在样区选取时，尽量保证样区空间分布均匀，样区中只包含海水和绿潮，没有云雾遮挡。同时，为了减小绿潮形态分布影响，在样区选取中既包含集聚分布的绿潮区域，同时也包含零星分布的绿潮区域，如图 3-7 所示。

4）模型建立

在样区选择的基础上，对每个样区采用不同的 *NDVI* 阈值分别提取绿潮，然后对提取结

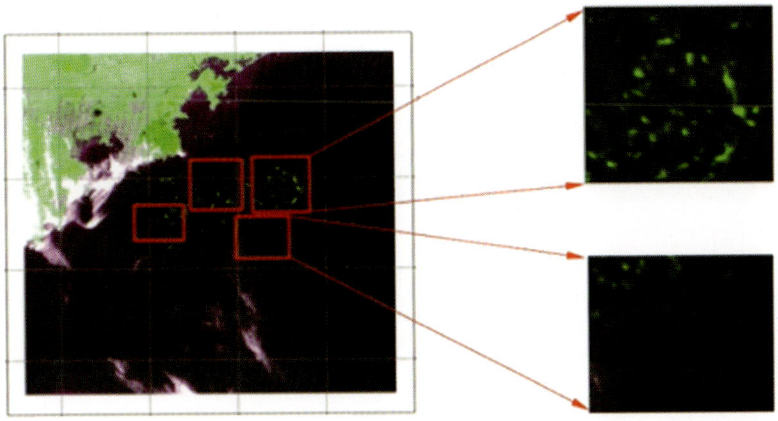

图 3-7　2013 年 6 月 29 日 MODIS 影像

果进行混合像元分解，获得最终的绿潮面积，将 4 个不同的 *NDVI* 阈值获取绿潮面积的平均值作为样本的绿潮面积，然后与准同步的 HJ-1 CCD 数据提取的绿潮面积进行相关性分析，建立二者的关系模型（图 3-8）。

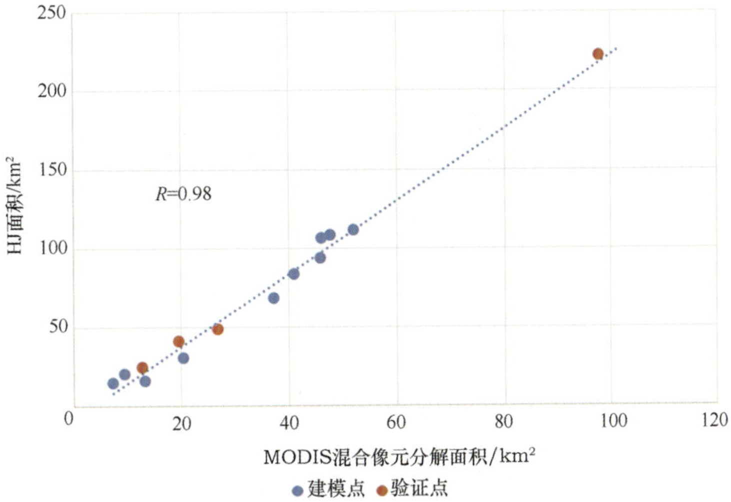

图 3-8　MODIS 数据混合像元分解与 HJ-1CCD 数据绿潮提取结果

在绿潮业务化监测中，*NDVI* 阈值的选择并没有严格规定，一般是根据专家经验，所以，*NDVI* 阈值是可以在一定范围内进行选择的。本节的 *NDVI* 阈值选择就是根据专家经验，在合理的范围内确定的。

图 3-8 表明 MODIS 数据混合像元分解与 HJ-1CCD 数据绿潮提取结果之间存在着较高的相关性（相关系数 $R=0.98$），二者关系模型如下：

$$S_{HJ} = 2.3089S_{MODIS} - 8.9143$$

式中，S_{MODIS}为混合像元分解法得到的 MODIS 绿潮面积，S_{HJ}为精细化提取的绿潮面积。

为了验证该模型的精度，本节利用 2012 年 7 月 9 日的 MODIS 和 HJ-1CCD 影像（见

图3-9)，选取了4个样区，进行了模型检验（见图3-8)，结果显示，模型的计算结果与实际HJ-1 CCD的提取结果非常相近，平均误差为9.25%，远小于传统方法的28.8%。这说明本文所建立的绿潮面积提取模型的有效性。

5）与传统方法比较

（1）提取面积比较

为了比较本文所建立模型与传统方法的优劣，本节对2013年6月29日的MODIS影像上5个独立检验区分别采用*NDVI*阈值法、混合像元分解法和上述的精细化模型，提取绿潮面积，并进行了结果比较，如图3-10所示。

由图3-10可知，三种方法所提取的面积中，利用NDVI阈值法提取的绿潮面积最大，与真值的偏差也最大，约为真值的2.96倍；利用精细化模型提取的绿潮面积次之，与真值的偏差最小，约为真值的0.96倍；利用混合像元分解法提取的绿潮面积最小，约为真值的0.45倍。这说明上述三种方法中，精细化模型表现最好，提取结果更接近于HJ-1CCD影像所提取面积。

（2）对NDVI阈值的敏感性分析

传统的NDVI阈值法对阈值的变化较敏感，NDVI阈值的细微变化会导致所提取的绿潮面积有较大变化。为了检验本节所建的精细化模型对NDVI阈值的敏感性，利用2013年6月29日影像，选取了同时包含聚集和零星两种分布状态的绿潮样区，分别对NDVI阈值法、混合像元分解法和精细化模型方法进行了绿潮提取实验。根据影像中的绿潮特点，NDVI阈值区间为［-0.20，-0.15］，在该区间上均匀选取了16个值进行绿潮信息提取，结果见图3-11。

如图3-11所示，与NDVI阈值法相比，精细化模型对NDVI阈值变化不敏感，所提取的绿潮覆盖面积值相对稳定，在相同的NDVI阈值变化区间内，NDVI阈值法提取的绿潮覆盖面积增长了41%，精细化模型和混合像元分解法提取的绿潮覆盖面积增长了11%。这说明，精细化模型较传统的NDVI阈值法对NDVI取值不敏感。

6）结论

本节针对MODIS数据空间分辨率较低导致绿潮提取面积偏大的问题，提出了基于NDVI阈值法和混合像元分解法的绿潮信息精细化模型。结果表明：新方法提取的绿潮覆盖面积更接近于真值，该方法对NDVI阈值变化不敏感，在相同的阈值变化区间内，精细化模型提取的绿潮覆盖面积最大增加了11%，而传统的NDVI阈值法提取的绿潮覆盖面积增加了41%。

综上所述，本节所提出的精细化模型在一定程度上改善了利用传统方法提取MODIS数据绿潮覆盖面积偏大的问题，并且降低了对NDVI阈值的敏感性。

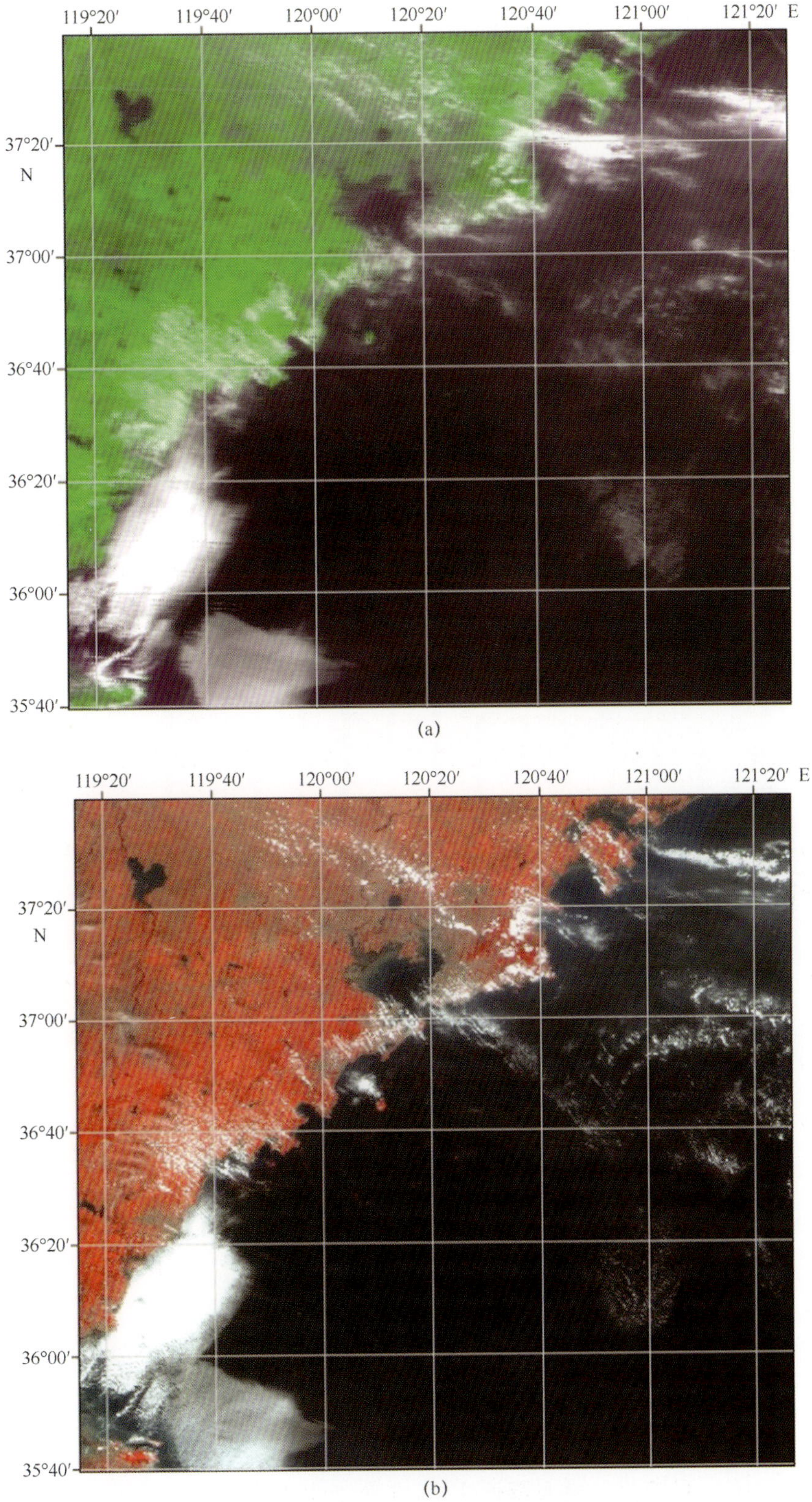

图 3-9 2012 年 7 月 9 日影像情况

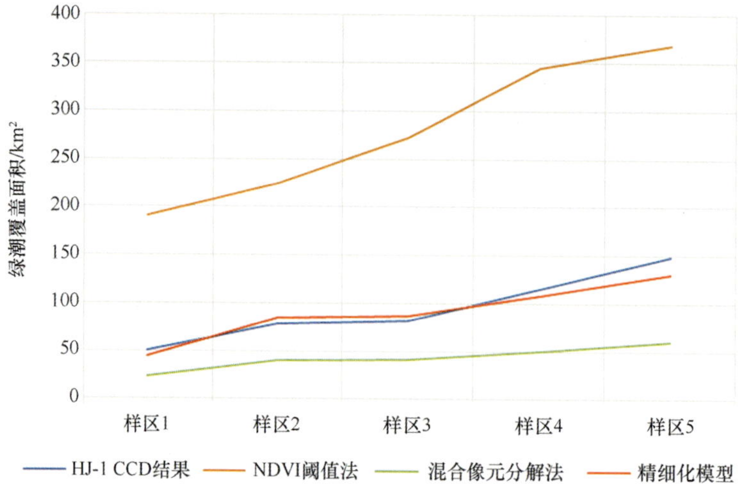

图 3-10　三种方法提取绿潮覆盖面积与真值的关系曲线

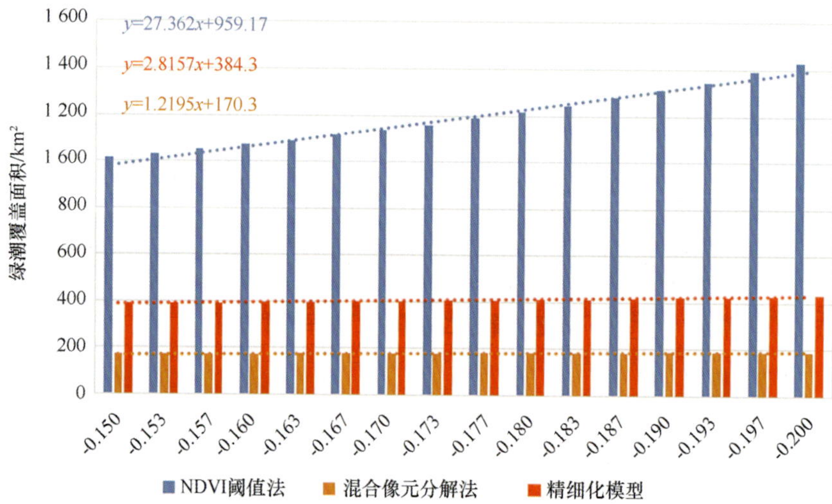

图 3-11　三种方法对 *NDVI* 阈值的敏感性分析

3.1.2.3　基于“NDVI-绿潮覆盖率”拟合法绿潮信息提取

1）数据

采用准同步的 MODIS 和 HJ-1 CCD 影像开展研究（见图 3-12 和图 3-13）。2013 年 6 月 29 日，浒苔绿潮处于暴发期，天气晴朗，MODIS 和 HJ-1 影像成像时间（北京时间）分别是 10：21 和 9：50。2014 年 5 月 26 日，浒苔绿潮处于发展中期，天气有轻微薄雾，MODIS 和 HJ-1 成像时间（北京时间）分别是 10：03 和 9：45。其中，MODIS 影像地面分辨率 250 m，扫描宽度为 2 330 km，有红外和近红外 2 个波段。HJ-1A 和 HJ-1B 卫星上均装载两台 CCD 相机，联合完成对地刈幅宽度为 700 km、地面分辨率为 30 m、4 个谱段的推扫成像，

图 3-12　2013 年 6 月 29 日卫星影像（左：MODIS，右：HJ-1 CCD）

其中 3、4 波段为红外和近红外波段。

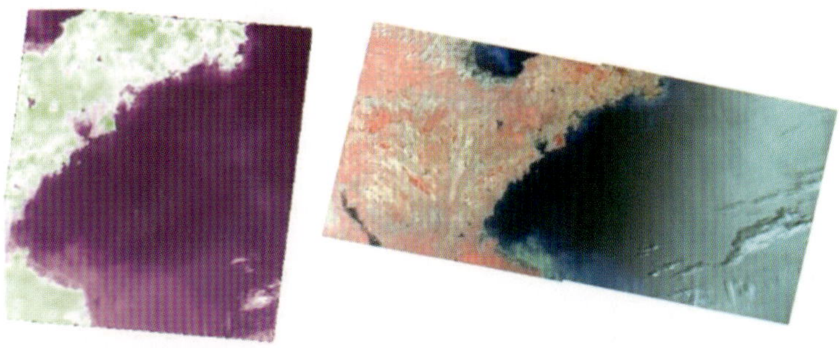

图 3-13　2014 年 5 月 26 日卫星影像（左：MODIS，右：HJ-1 CCD）

2）技术路线

利用高分辨率遥感影像 HJ-1 CCD（30 m），对中低分辨率遥感影像 MODIS（250 m）混合像元进行分解，应用“NDVI-丰度”关系获得绿潮混合像元中绿潮丰度规律，大幅提高绿潮覆盖面积监测精度。技术路线如图 3-14。

3）“NDVI-丰度”混合像元分解模型

应用 2013 年 6 月 29 日影像对裁切的 10 对子图像（见图 3-15）建立（NDVI，Abundance）样本集。样本集中 NDVI 小于-0.3 的所有样本其对应的丰度值都为 0，因此，去掉了 NDVI 小于等于-0.3 的样本。

应用剩余样本建立绿潮像元丰度 y 与 NDVI 值 x 关系模型（见以下公式）。

$$y = \begin{cases} 0.975x^2 + 0.561x + 0.099 & -0.2438 \leqslant x < 0.7151 \\ 1 & x \geqslant 0.7157 \end{cases}$$

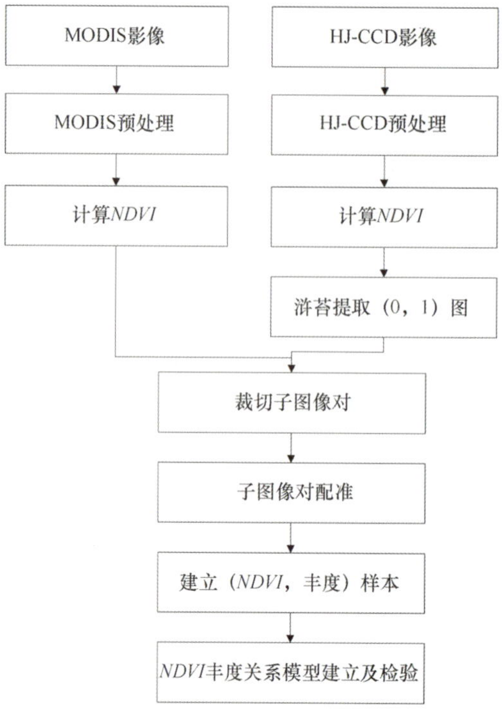

图 3-14　遥感影像技术路线图

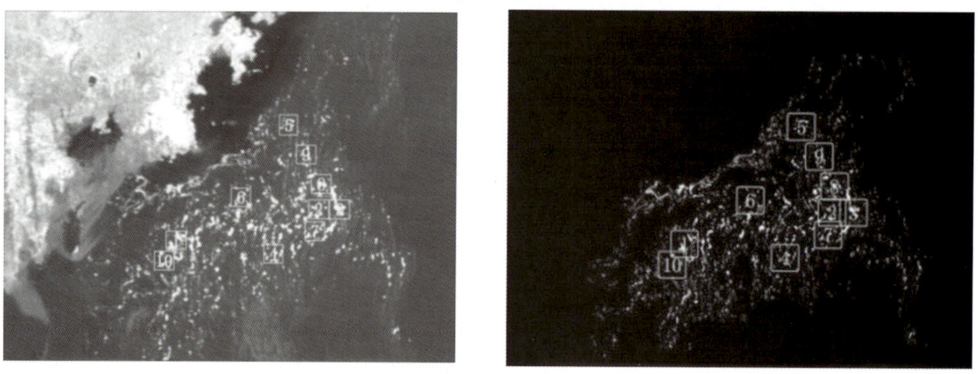

图 3-15　10 对子图像的位置（左：MODIS *NDVI*，右：HJ-1 CCD 绿潮提取结果）

4）模型验证

应用 HJ-1 CCD 提取结果验证模型。为保证二者的配准精度，本研究分别从 2014 年和 2013 年 MODIS *NDVI* 影像和 HJ-1 CCD 影像中裁切子图像对（见图 3-16）进行空间配准，应用本研究发展的模型计算 MODIS 子影像中每个绿潮像元的丰度，然后应用配准后的 HJ-1 CCD 绿潮提取结果计算 MODIS *NDVI* 绿潮像元的丰度来验证模型计算的丰度。MODIS *NDVI* 图像与上述两种方式计算丰度散点图见图 3-17。从图上可以看出 HJ-1 CCD 计算结果相对均匀地分布于模型计算结果的两侧。2013 年和 2014 年 HJ-1 CCD 计算丰度和模型计算丰度间相关系数分别为 0.69 和 0.60，差值均值分别为 -0.02 和 -0.03；HJ-1 CCD 计算两景 MODIS 子图像绿潮覆盖面积分别为 2.99 km^2 和 1.27 km^2，模型计算面积分别为 2.79 km^2 和 1.01 km^2，总面积差分别为 -0.20 km^2 和 -0.26 km^2。

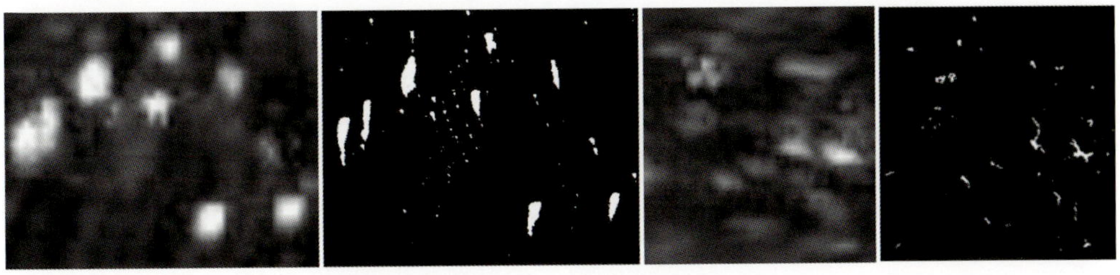

图 3-16 模型验证所用 2 对子图像

（左：2014 年 MODIS *NDVI* 和 HJ-1 CCD 绿潮提取结果，右：2013 年 MODIS *NDVI* 和 HJ-1CCD 绿潮提取结果）

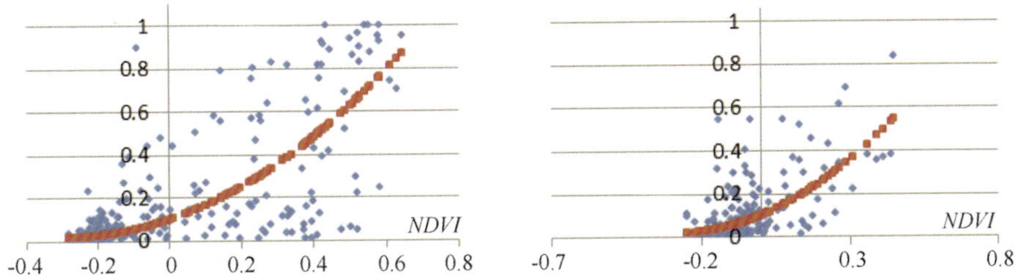

图 3-17 模型反演丰度（棕）与 HJ-1 CCD 计算丰度（蓝）对比

（左：2014 年，右：2013 年）

5）模型应用

应用本文发展的模型对 2014 年 5 月 26 日和 2013 年 6 月 29 日整景 MODIS 影像进行浒苔信息提取。信息提取分为两步：（1）应用阈值法结合人工解译，提取 MODIS 影像中所有浒苔像元；（2）应用模型计算浒苔像元的浒苔丰度，然后根据浒苔像元丰度计算整景影像中浒苔覆盖面积。2014 年和 2013 年 MODIS 影像浒苔像元丰度反演结果见图 3-18。为评估模型提取的浒苔覆盖面积，与应用 NDVI 阈值法结合人工解译提取准同步 HJ-1 CCD 影像浒苔覆盖面积进行对比分析，2014 年和 2013 年 HJ-1 CCD 影像浒苔提取结果见图 3-19，浒苔覆盖面积分别为 397 km^2 和 259 km^2。应用本文模型计算丰度然后求取整景影像中浒苔覆盖面积分别为 415 km^2 和 189 km^2，其与环境提取面积相对偏差分别为 4.5%和-27%。

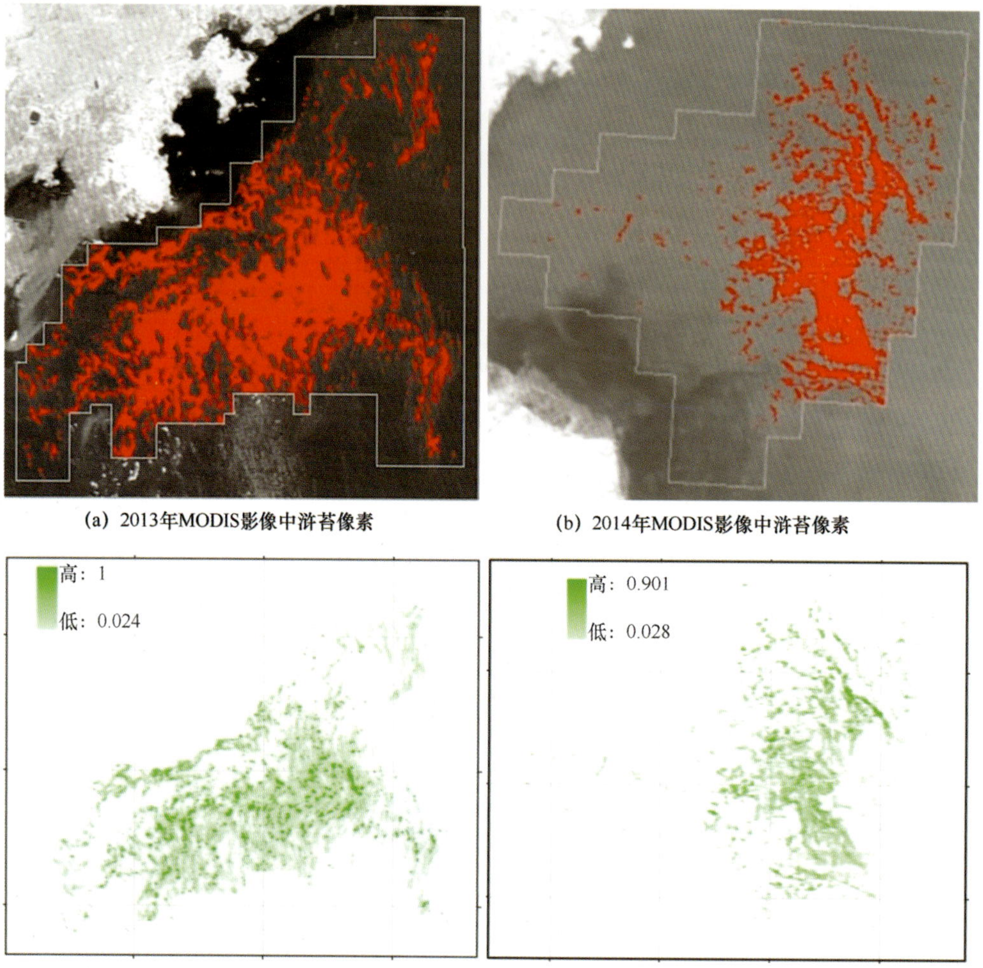

(a) 2013年MODIS影像中浒苔像素　　(b) 2014年MODIS影像中浒苔像素

(c) 2013年浒苔像素丰度模型计算结果　　(d) 2014年浒苔像素丰度模型计算结果

图 3-18　MODIS 影像浒苔信息提取结果图

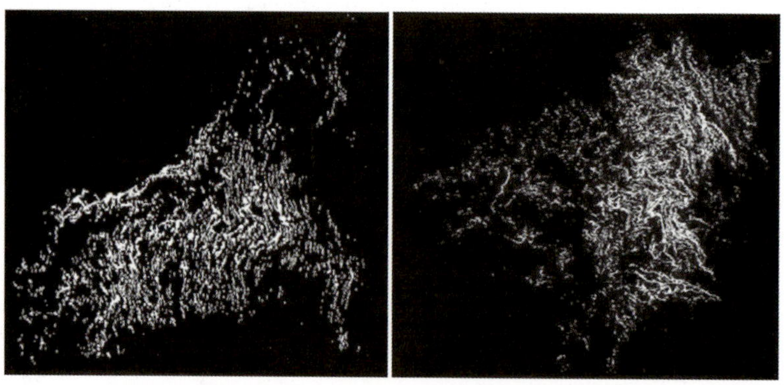

(a) 2013 年 6 月 29 日　　(b) 2014 年 5 月 26 日

图 3-19　HJ-1CCD 提取结果图

3.1.3 绿潮分布范围提取

为了提取绿潮分布范围面积，发展绿潮分布轮廓线自动提取算法。经过距离分析、逻辑运算、膨胀腐蚀运算，所提取的轮廓线效果达到了人工操作水平，可有效获取绿潮的分布面积。图 3-20 为绿潮轮廓线的提取流程图。

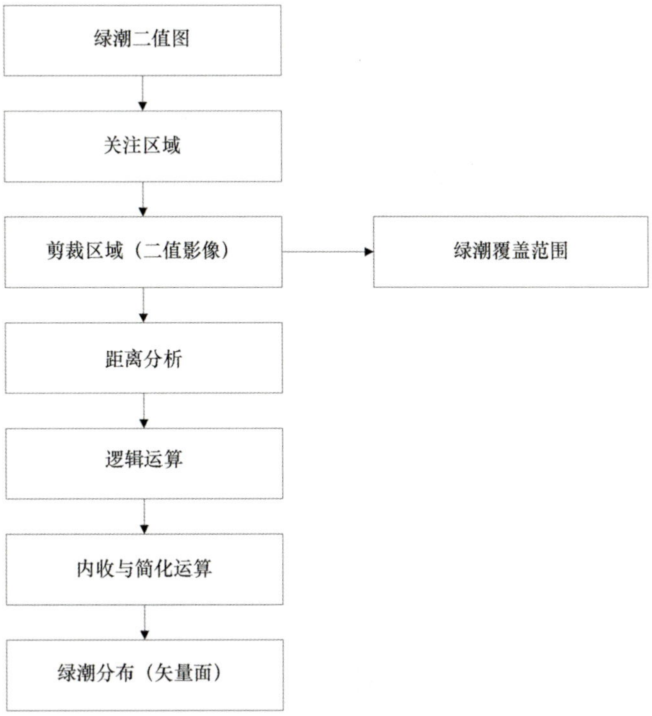

图 3-20 基于二值影像的绿潮信息提取流程

经过绿潮遥感信息提取后的二值影像如图 3-21 所示，其中白色区域代表绿潮区域。为突出绿潮信息，对二值影像进行渲染处理，将绿潮区域渲染为绿色，非绿潮区域渲染为浅灰蓝色，如图 3-22 所示。

不同用户对象关注不同区域的绿潮分布情况，如青岛海洋部门仅关注青岛近海区域，可利用手动绘制绿潮可能分布区域，选择计算关注区域内的绿潮分布信息。图 3-23 为手绘可能的绿潮区域，其基本包含了所关注的绿潮分布范围。

为提高业务化工作效率，排除非关注区域的影响，利用自动裁剪功能，将整幅二值影像依照可能的绿潮区域裁剪为小幅影像。图 3-24 为裁剪后的小幅影像。

基于裁剪后的影像，进行距离分析。常用的距离分析方法分为：（1）欧氏距离分析；（2）成本加权距离分析；（3）用于垂直移动限制和水平移动限制的成本加权距离分析；（4）获取最短路径。其中，欧氏距离分析测量每个像元距离最近源的直线距离（像元中心至像元中心的距离）。又分为：

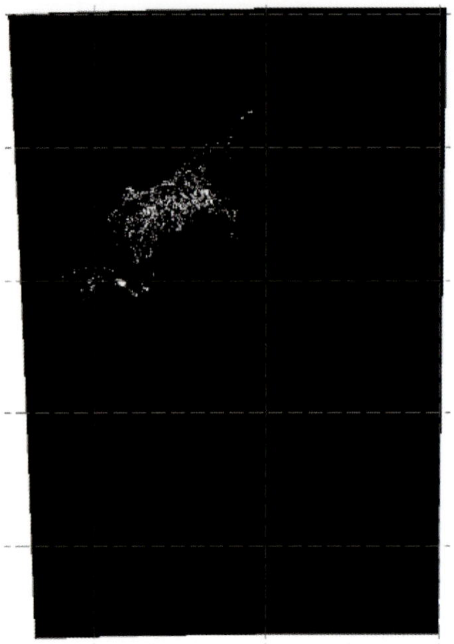

图 3-21　绿潮遥感信息提取产品

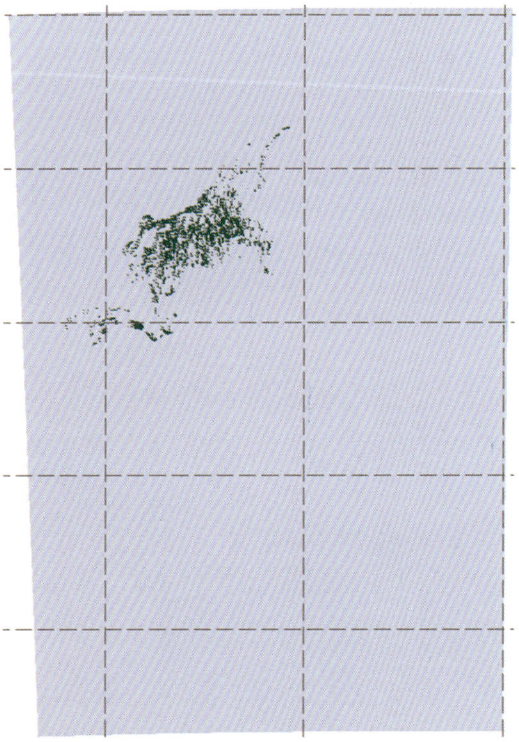

图 3-22　绿潮遥感信息提取产品——二值影像渲染

（1）欧氏距离（Euclidean Diatance）——求得每个像元至最近源的距离。

（2）欧氏方向（Euclidean Direction）——求得每个像元至最近源的方向。

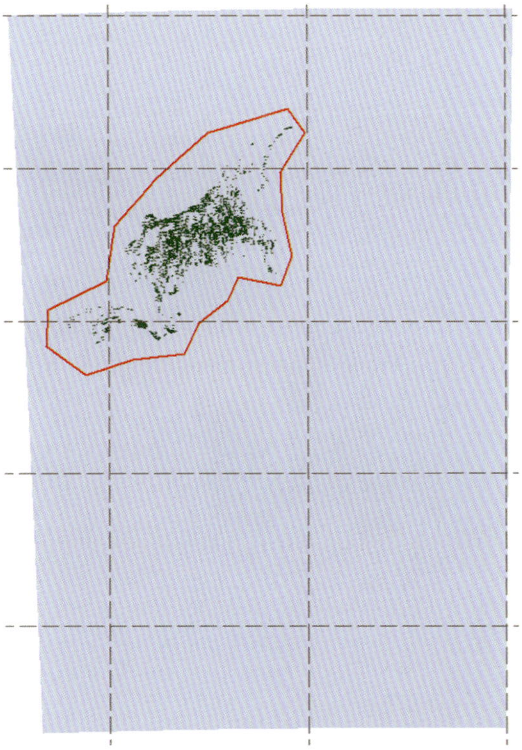

图 3-23　可能绿潮区域绘制

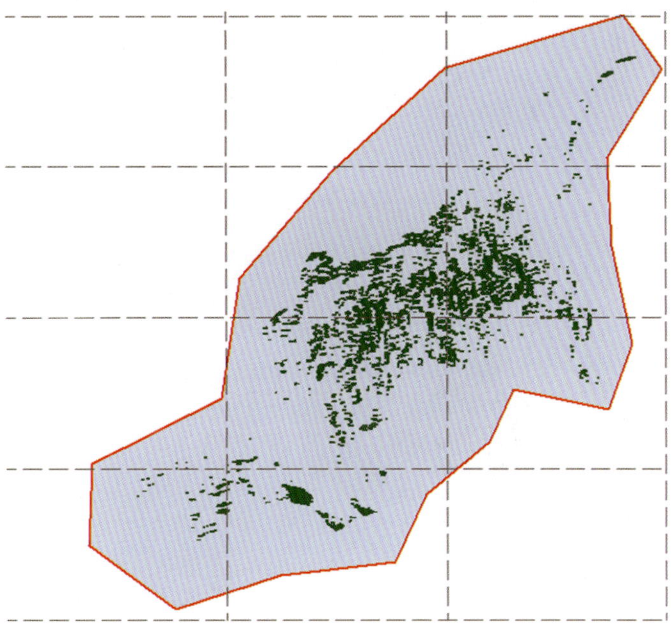

图 3-24　绿潮影像裁剪结果

（3）欧氏分配（Euclidean Allocation）——求得每个像元的最近的源。

针对业务应用的需求，采用欧氏距离分析中的欧式距离方法。所得结果如图 3-25 所示，灰色区域为限制最大距离后分析的结果。

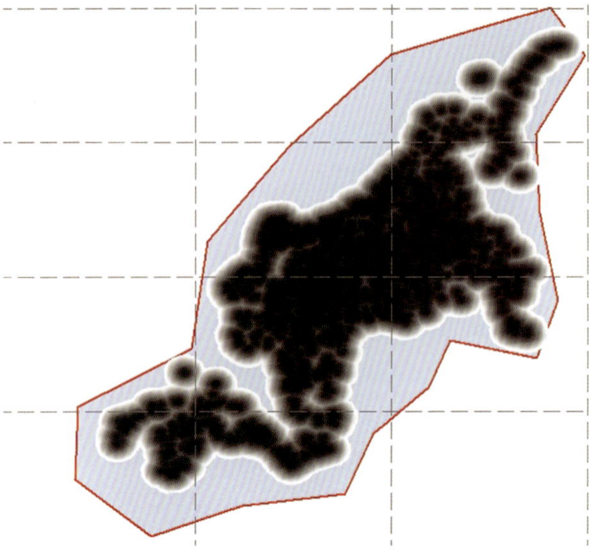

图 3-25　绿潮距离分析成果影像

对于距离分析后的影像，采用逻辑运算的方式将之转换为矢量面区域，如图 3-26 中距离分析影像与逻辑运算成果面的叠加显示。

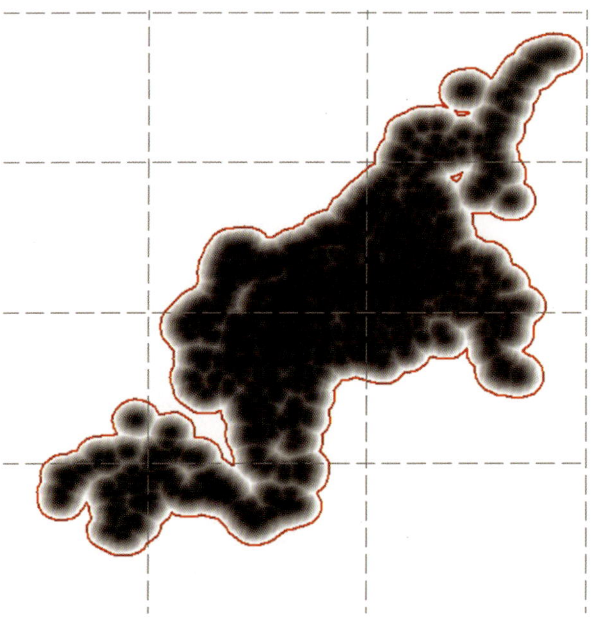

图 3-26　绿潮逻辑运算成果——矢量面

对于逻辑运算的成果矢量面，采用内收与简化的方式，简化矢量面。

系统使用 GIS 手段进行绿潮二值影像分析，获得了精确地绿潮分布范围和面积，如图 3-27和图 3-28 所示。

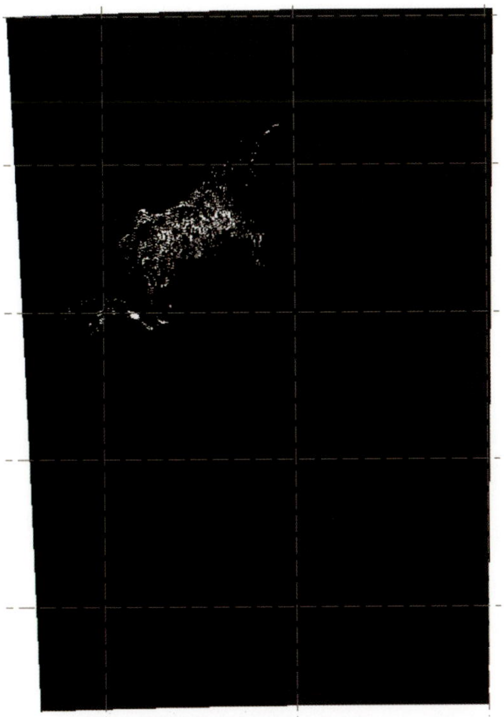

图 3-27　绿潮二值影像

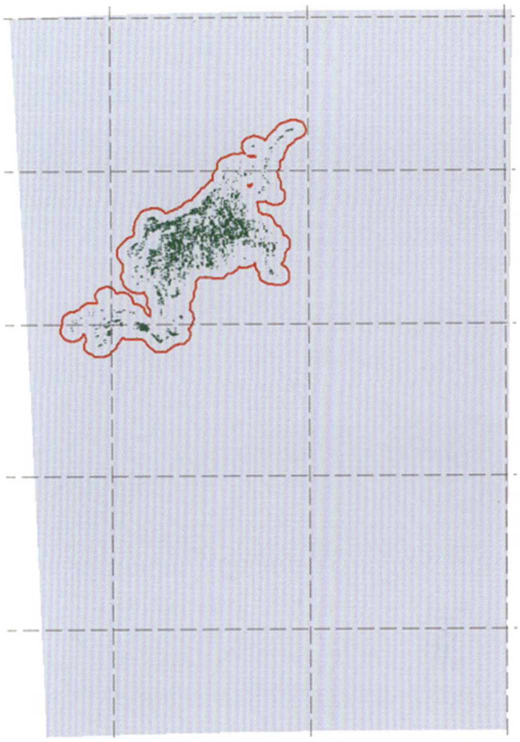

图 3-28　绿潮分布范围

3.2　SAR 遥感监测技术

3.2.1　绿潮后向散射特性

当电磁波入射到海面时，SAR 接收到的是电磁波和海面微尺度波形成 Bragg 共振的回波信号。当绿潮较薄时，绿潮阻挡了海面微尺度波的形成，减弱了绿潮区域的雷达回波信号波，即雷达后向散射系数降低，因此，绿潮较薄时，该区域的 SAR 图像灰度级较低，通常为低灰度的斑点、斑块或者条带。当海面有绿潮大面积堆积时，其成像原理与草地类似，不仅有绿潮本身粗糙面的贡献，还有二次散射与体散射的贡献，大大增加了回波信号的强度，所以该区域 SAR 图像灰度级升高，通常为灰度较高的斑点、斑块或者条带。

通常情况下，绿潮暴发期间海面绿潮藻对雷达波产生有别于海洋现象的较强烈的后向散射。这种现象改变了通常海面的后向散射特性，能够在 SAR 图像上有很好地反映。因此，定量研究各种海洋动力环境条件下绿潮对海面的后向散射特性的影响量，可为绿潮信息的反演提供理论基础。

3.2.2 基于动态阈值的海面目标提取算法

在适当海况条件下，由于海面绿潮生物具有较强烈的后向散射，海面绿潮区域对入射雷达波的后向散射较强，在雷达图像上表现为亮目标特征。在目前的绿潮监测中，普遍的做法是解译人员根据前期建立的绿潮生物判读标志，结合海面风场、有效浪高和成像时间等先验知识，综合图像的整体分析判断；或将相关的解译经验、判别原则等以专家知识的形式集成到半自动化的检测系统中去，最后由人工筛查确认，以提高检测效率。

为了实现雷达图像对海面绿潮生物的自动检测与海面亮目标特征参数的自动提取，基于目标特征的绿潮生物提取算法，研究海面绿潮藻识别与分类算法，提出一套表征海面绿潮藻特性的技术指标及相关算法，实现绿潮监测的业务化。该算法主要包括：海面亮目标区域的自动提取、目标特征指标的开发与计算、绿潮藻识别与分类方法。

首先利用基础地理数据对目标监测窗口中的非海域部分进行掩膜，剔除岛屿植被及陆地植被对海面绿潮生物提取的影响。

其次，对剩余区域的亮目标进行自动检测。其方法主要是根据检测窗口内目标、与海面背景像元后向散射强弱的对比，动态调整图像分割阈值，从而解决单一阈值不能很好适应整幅图像辐射差异的问题。参考 Anne H. S. Solberg 等（2007），选取了 *PMR*（Power-Mean Ratio）作为确定目标窗口内阈值大小的指标。*PMR* 定义为：

$$PMR = |\sigma/\mu|$$

其中，σ 为窗口内像元雷达后向散射系数标准偏差，μ 为窗口内像元雷达后向散射系数均值。由此可见，*PMR* 可作为窗口内像元明暗对比的量度。根据窗口内 *PMR* 值的大小，将待确定的窗口内动态阈值分为若干个级别。对于不同的级别 k 设定不同的动态阈值偏移量 ΔdB_k，用于计算动态阈值 T。

由窗口内像元雷达后向散射系数均值 μ、动态阈值偏移量 ΔdB_k 计算窗口内动态阈值 T 的计算方法为 $T=\mu-\Delta dB_k$。可见，窗口内 *PMR* 值越大，动态阈值偏移量 ΔdB_k 越大，动态阈值 T 越小。窗口内 *PMR* 值越大，说明窗口内像元的 σ^0 值差异越大，因此较大的动态阈值 T 有利于海面亮目标区域的提取，反之同理。

3.2.3 基于目标特征的海面绿潮识别算法

针对提取后的目标区，为进行绿潮生物的定量化识别和研究，应采用目标特征来实现绿潮生物的识别。所选取的目标特征指标主要分为两类：目标、海面背景电磁波散射特性指标及海面均一性指标。

目标、海面背景电磁波散射特性指标主要包括：

（1）目标后向散射系数均值μ_{gtide}

海面目标的雷达后向散射系数反映了其对雷达入射波的后向散射程度，其计算公式为：

$$\mu_{\text{gtide}} = \frac{\sum_{i} \sigma_{i\text{gtide}}^{0}}{n}$$

其中，$\sigma_{i\text{gtide}}^{0}$为目标第$i$个像元的雷达后向散射系数；$n$为目标像元总数。

（2）目标后向散射系数标准偏差σ_{gtide}

σ_{gtide}表征了目标各像元雷达后向散射系数的差异，是决定目标均一性PMR_{gtide}的重要参数，其计算公式为：

$$\sigma_{\text{gtide}} = \sqrt{\frac{\sum_{i=1}^{n}(\sigma_{i\text{gtide}}^{0} - \mu_{\text{gtide}})}{n}}$$

其中，$\sigma_{i\text{gtide}}^{0}$为目标上第$i$个像元的雷达后向散射系数，$n$为目标的组成像元个数，$\mu_{\text{gtide}}$为目标后向散射系数均值。

（3）海面后向散射系数均值μ_{sea}

类似μ_{gtide}，μ_{sea}表征了海面背景的雷达回波特性，反映了成像时的海况特征，是计算“目标-海面后向散射系数均值差”、“目标-海面边界后向散射系数梯度均值”和“海面均一度”的基础。其计算方法与（1）类似。

（4）海面后向散射系数标准偏差σ_{sea}

类似σ_{gtide}，σ_{sea}主要反映了成像时海况特征，其计算方法与（2）类似。

（5）目标-海面后向散射系数均值差

$\Delta\mu$表征了窗口内目标与海面背景对入射雷达波后向散射强弱的差异，统计绿潮生物与其他自然现象在$\Delta\mu$数值上的差异，从而研究海面目标的解译、分类方法。其计算公式为：

$$\Delta\mu = |\mu_{\text{gtide}} - \mu_{\text{sea}}|$$

（6）目标-海面边界后向散射系数梯度均值$\nabla\sigma^{0}$

根据对雷达图像的分析可知，海洋绿潮生物与自然现象在边界上存在亮度差异，因此引入目标-海面边界后向散射系数梯度均值$\nabla\sigma^{0}$，其计算方法为：

$$\nabla\sigma^{0} = \sum_{i}^{n} grade(\sigma_{i}^{0})/n$$

其中，i为目标-海面边界上第i个像元；n为目标-海面边界上像元个数总和；$grade(\sigma_{i}^{0})$为目标-海面边界上第i个像元梯度的欧式距离，其计算方法为：

$$grade(\sigma_{i}^{0}) = [(S_{X}\sigma_{i}^{0})^{2} + (S_{Y}\sigma_{i}^{0})^{2}]^{1/2}$$

其中，S_X、S_Y分别为水平、垂直方向的Sobel算子，其计算方法为：

S_X:

−1		1
−2	·	2
−1		1

S_Y:

1	2	1
	·	
−1	−2	−1

目标、海面均一性指标主要包括：

（1）目标均一度 PMR_{gtide}

PMR_{gtide}定义为目标后向散射系数标准偏差与后向散射系数均值之比的绝对值，即：

$$PMR_{gtide} = | \sigma_{gtide} / \mu_{gtide} |$$

PMR_{gtide}表征了目标物理性质上的一致性与均匀性，PMR_{gtide}越小，表明目标越均匀、一致。

（2）海面均一度 PMR_{sea}

类似 PMR_{gtide}，PMR_{sea}表征了海面背景的均匀程度，PMR_{sea}越小，表明海面背景越均匀、一致。

最后综合分析海面绿潮生物在 SAR 影像中以上各种特征参数值的分布范围，比较各特征参数的统计结果，并在此基础上，建立目标识别函数，实现雷达图像海面绿潮生物的识别分类。

3.3 多源数据融合技术

可用于监测、反演绿潮的卫星数据种类繁多，其监测原理相差较大，各类数据可比性差，很难直接进行比较、分析。另外，监测时间的不同步也增加了各类数据的利用难度。为了充分利用多源、多时相数据，获取更多绿潮信息，开展多源数据融合技术研究，形成一套规范化的多源监测数据融合技术流程。

3.3.1 基于数值模拟技术的多时间窗遥感信息匹配融合

可用于绿潮信息提取的卫星数据种类繁多，监测时间的不同步增加了各类数据融合难度。例如，上午 9：00 至下午 14：00 MODIS 卫星成像约 4 次，上午 6：00 和下午 18：00 SAR 卫星成像 2 次，航空监测时间不定，均为白天。为充分利用多时间窗、多源的绿潮监测数据，获取全面绿潮信息。基于绿潮快速漂移预测模拟技术，对邻近时间段、不同时刻的遥感信息进行同步匹配，将时间不同但是比较相近的空基、岸基、海基和船基等多源监测信息结果统一到一个基准时刻，获取大范围、高精度的绿潮综合分布信息。然后应用 GIS 空间分析功能去除多源结果存在的重叠区，并制作完整的绿潮融合图，初步建立多时间窗遥感信息融合模型，实现绿潮的全天时、全天候监测。该方法创新性地解决了业务化监测过程中多源遥感数据时间不同步的问题，极大地提高了遥感数据的利用率，提升了遥感监测能力。具体流程如图 3-29。

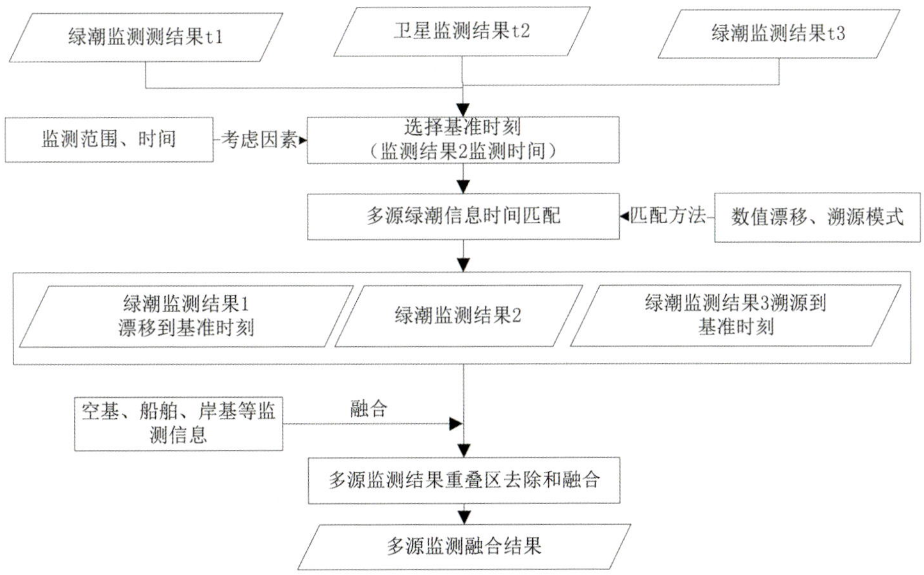

图 3-29　多时间窗数据源信息匹配流程

3.3.2　绿潮卫星遥感监测信息融合

3.3.2.1　高、低分辨率光学遥感监测信息的融合

建立公共区域内低分辨率遥感影像 NDVI 值与高分辨率遥感影像覆盖率的统计关系，以此对整景低分辨率遥感影像的绿潮监测结果进行修正。技术流程如图 3-30 所示。

3.3.2.2　SAR 与光学遥感监测信息的融合

卫星 SAR 影像和光学影像探测绿潮的机理不同，其中光学影像获取的是地物的反射或辐射信息，在不受云雾及太阳光照等条件限制时，可以较好地识别海面绿潮区域。卫星 SAR 影像获取的是地物的后向散射信号，其对具有较大密集度的绿潮堆积区的识别较为准确，可辅助光学影像进行绿潮探测结果密集度的分级。但 SAR 影像中，低亮度区探测的绿潮结果并不可靠。因此，将光学影像和 SAR 影像进行融合，可以提高绿潮遥感检测的识别率。技术流程如图 3-31 所示。

首先判别卫星光学影像和 SAR 影像绿潮探测结果是否有公共区域，如果无，则融合结果为两种遥感数据绿潮探测结果的直接叠加。

在相同覆盖区域内，通过检测 SAR 影像中具有较强后向散射信号的区域，识别出具有较大密集度的绿潮堆积区，此部分 SAR 绿潮探测结果可用于分析不同密集度绿潮区域的光

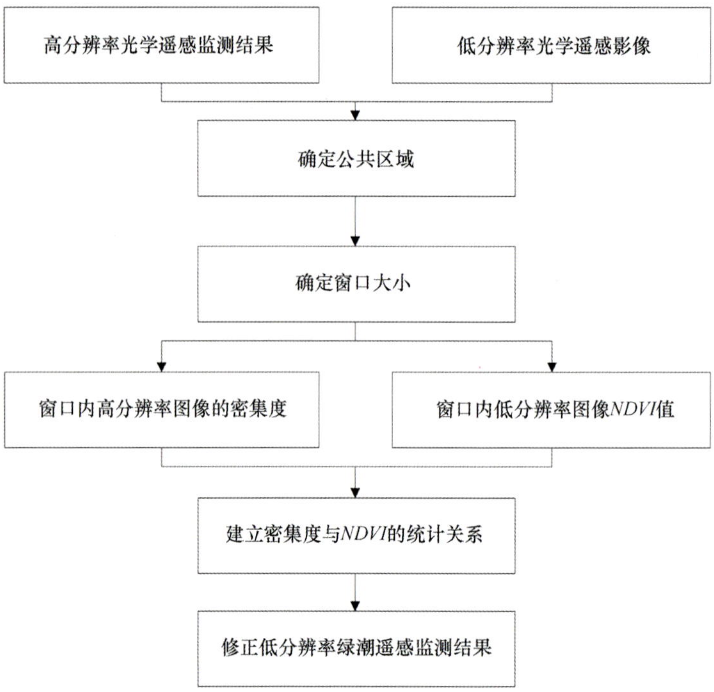

图 3-30　高、低分辨率光学遥感监测信息的融合流程图

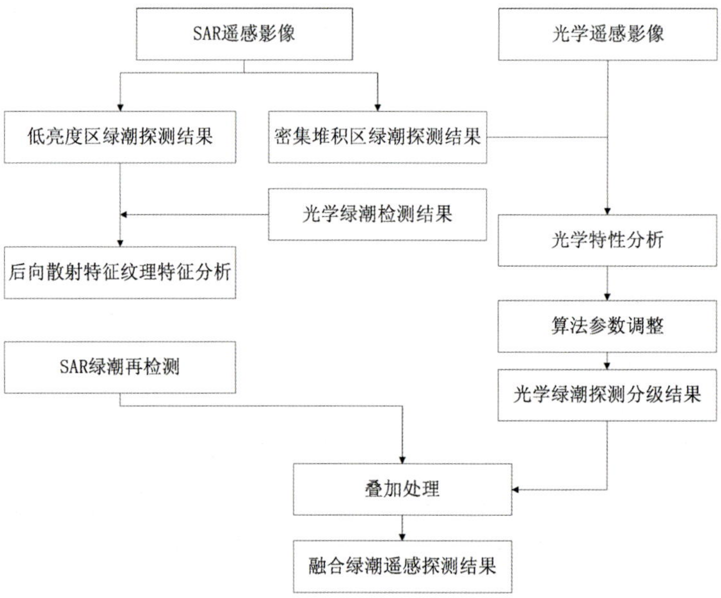

图 3-31　光学影像与卫星 SAR 融合流程图

学特性，进而得到区分不同密集度绿潮区域的光学影像特征参数，实现对绿潮探测区域的分级，识别出绿潮堆积密集区和松散分布区。

海面出现的少量绿潮可以抑制海面粗糙度，SAR 影像中低亮度区可能是绿潮造成的，也可能是低风速等其他因素造成的。利用公共区域中基于光学影像的绿潮检测结果，识别出 SAR 影像低亮度区中的绿潮区域，分析统计绿潮区后向散射特性和纹理特征。然后对非重叠区的 SAR 影像进行绿潮再检测，进一步提高 SAR 赤潮探测的识别率。

3.3.2.3 卫星遥感监测信息与其他监测信息的融合

将航空遥感、船舶以及浮标获取的局部海域绿潮探测结果及获取的影像资料，叠加到卫星遥感绿潮探测结果中，通过将现场资料与卫星遥感绿潮探测结果的关联，加强对卫星遥感绿潮大范围整体分布及不同密集度绿潮分布区水体特性和表面特征的认识。技术流程如图 3-32 所示。

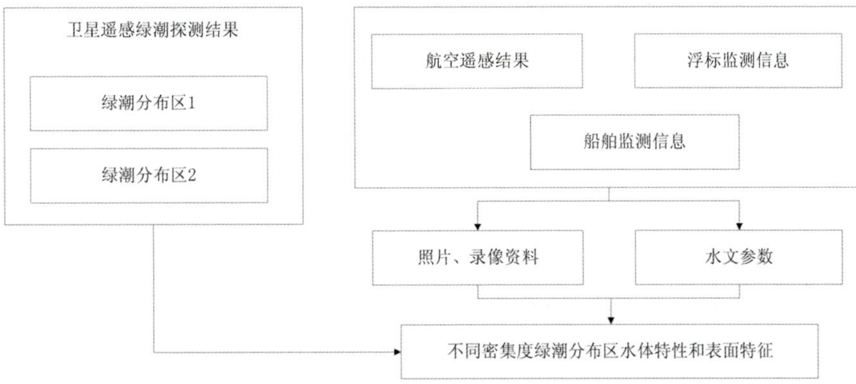

图 3-32 卫星遥感与航空、船舶、浮标等资料融合流程图

3.4 技术成果

针对我国黄海绿潮灾害影响范围广、持续时间长、绿潮呈条带或斑块状分布的特点，充分利用 MODIS - Terra/Aqua、HJ、HY、RADAR - SAT、COSMO - SAR、TERRA - SAR、ENVISAT 和航空高光谱等遥感手段，实现对黄海绿潮连续、大范围、快速的监测。结合绿潮应急数值模拟预测技术，实现不同时间段数据的匹配融合，解决了数据源时间不同步的问题。通过自主开发多源遥感影像处理与绿潮信息提取软件，结合交互式经验参数，实现绿潮覆盖点信息准自动化提取；通过开发空间信息膨胀、腐蚀、筛选、光滑等算法，实现绿潮范围信息的自动化提取；通过信息标准化与叠加处理等方法，实现卫星、航空、现场监测与数值模拟等多源多手段绿潮信息的融合。

4 黄海绿潮环境动力实时同化预报技术

黄海绿潮发展过程应急预测预警和生态模型建立都基于绿潮海表面环境动力预报系统。绿潮海表面环境动力预报系统主要包括气象和海洋数值预报系统。数值气象（海洋）预报是指根据大气（海洋）实际情况，在一定的初值和边值条件下，通过大型计算机作数值计算，求解描写天气（海洋）演变过程的流体力学和热力学的方程组，预测未来一定时段的大气（海洋）运动状态和天气现象的方法。现有的气象数值预报主要基于 MM5、WRF 等模式模拟风场、热通量场、降水等海面环境动力要素，为海洋数值预报提供大气强迫场，也为应急预测预警系统提供风场。现有海洋数值预报模式主要包括近海和区域模式，主要基于 POM、ROMS、FVCOM 海洋模式模拟关注海域海流等海洋动力要素。

4.1 绿潮海表面环境动力预报系统

4.1.1 绿潮海表面环境动力预报模式介绍

本系统中大气模式采用美国大气研究中心（NCAR）开发的 WRF（Weather Research and Forecasting Model）-ARW（Advanced Research WRF）版本。此模式现已基本替代 MM5 模式成为国内外许多研究中心和业务化预报部门业务化工作使用的主要模式，如美国国家环境预报中心（NCEP）等。

4.1.1.1 WRF 模式的流程结构

WRF 是正在开发的新一代中尺度非静力模式和资料同化系统，具有研究和气象模拟功能的广泛的应用范围。WRF 模式由美国国家大气研究中心（NCAR）、国家大气海洋局（NOAA）的预报系统实验室（FSL）、国家大气环境研究中心（NCEP）、奥克拉荷马大学的风暴研究预报中心（CAPS）和联邦航空局（FAA）等多单位联合发展，是新一代非静力平衡、高分辨率的中尺度模拟和资料同化模式。该模式具有广泛的应用前景，能进行分辨率从几米到几千千米的模拟，适用于教学研究，业务预报、资料同化和物理过程参数化研究，以及气象再分析产品制作等。

WRF 模式程序具有操作的可移植性、可维护性、扩展性、易读性、运行结构性和互用性等特点，并且可在带边界条件和嵌套的有限区域模式中重复使用。这种模块化的、结构化的程序设计思想允许多个动力框架、物理过程同时并存。在程序结构设计上，WRF 模式采用三重结构，包括驱动层、中介层和模式层。调用结构的最高层是驱动层，最低层为模式层，中介层位于驱动层和模式层之间。最高层驱动层负责控制初始化、时间步长、输入输出（I/O）、模拟区域、程序安装管理和并行等；模式层主要是数值模拟方程、物理过程等源代码部分，该部分允许用户修改和添加自己的程序而不影响整体功能；中介层主要负责将驱动层和模式层连接起来，该层里包括了驱动层和模式层的连接信息。其程序结构设计如图 4-1 所示。

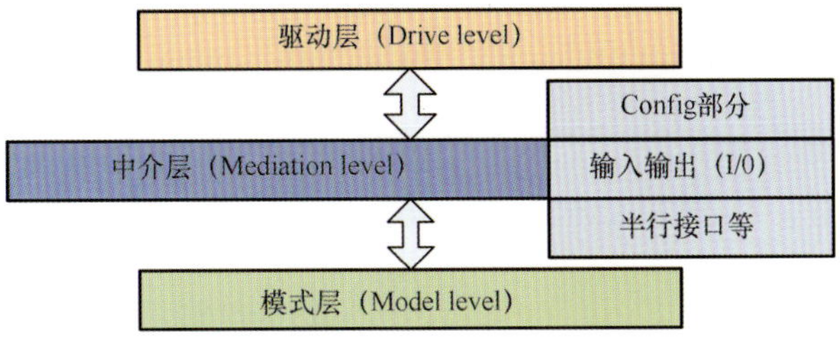

图 4-1　WRF 模式的结构流程

WRF 模式应用了继承式软件设计、多级并行分解算法、选择式软件管理结构，并有先进的数值计算和资料同化技术、多重移动套网格性能以及更为完善的物理过程（尤其是对流和中尺度降水过程）。因此，WRF 模式将有广泛的应用前景，包括在天气系统模拟、大气化学、区域气候、纯粹的模拟研究等方面。WRF 模式包括前处理模块、数据同化模块、主程序模块以及模式产品后处理模块（图 4-2）。其中前处理模块包括对标准格点资料的预处理和地形资料的处理；观测资料同化模块包括对各种常规和非常规资料的预处理及三维（四维）变分同化；主程序模块对积分区域内的大气过程进行积分运算；后处理部分对模式积分结果进行分析，将各种物理量转化到等压面和等高面上，并转化成各种绘图软件所需要的格式。

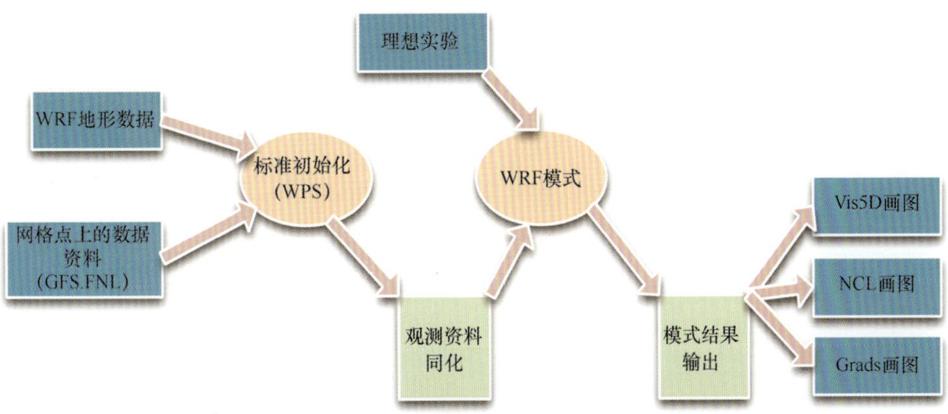

图 4-2　WRF 模式主要模块及其相互关系图

4.1.1.2 WRF 模式的动力框架

目前，WRF 模式有 ARW 和 NMM（Nonhydrostatic Mesoscale Model）两套动力解决方案，本项目主要基于由美国大气研究中心（NCAR）发展的 ARW 方案。ARW 目前为显式分离的欧拉模式，它分为地形追随质量（气压）坐标和高度坐标（理想模块），其中气压和温度是由热动力方程诊断出来的。模式的控制方程是全弹性的欧拉非静力平衡方程，但仍保留有静力平衡选项。水平方向采用 Arakawa C 型跳点网格，运用了高分辨率的地形和下垫面分类资料，垂直方向 WRF 提供了两种选择：一种为高度坐标（Eulerian height coordinate），即地面为 0 m，逐步上升到大气顶；另外一种为质量坐标（Eulerian mass coordinate），是在 σ 坐标的基础上建立的，即地面为 1，模式顶为 0。在时间积分方案上，WRF 推荐使用 Runge-Kutta 3 阶方案，但也提供了 Runge-Kutta 2 阶方案作为选择。总体来说，WRF 建立的起点比较高，具有许多新的而且方便使用的特点，物理过程包含陆面过程，大气水平和垂直涡动扩散，积云对流参数化方案，太阳短波辐射和大气长波辐射方案等。模式的水平分辨率、垂直方向层次、积分区域及各种物理过程可根据用户需求调整。

1）垂直坐标

WRF 模式的垂直坐标是地形追随的气压坐标，用 η 表示为：$\eta = P_h - P_{ht}/\mu$，其中，$\mu = P_{hs} - P_{ht}$，P_h 是气压的静力平衡部分，P_{hs}、P_{ht} 分别指地面和模式层顶的气压，其中模式层顶气压被指定为常数。这个坐标也被称为质量垂直坐标，坐标的形式如图 4-3 所示。

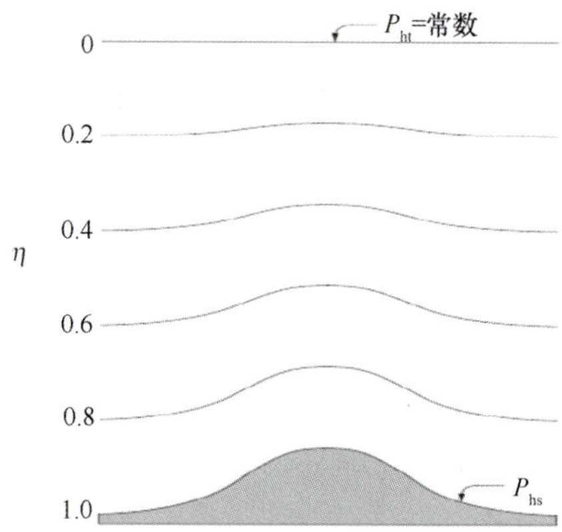

图 4-3　WRF 模式垂直坐标示意图

2）格点分布

WRF 模式水平格点采用 Arakawa C 格式，格点分布见图 4-4。

3）方程组

变量的通量形式可表示为：

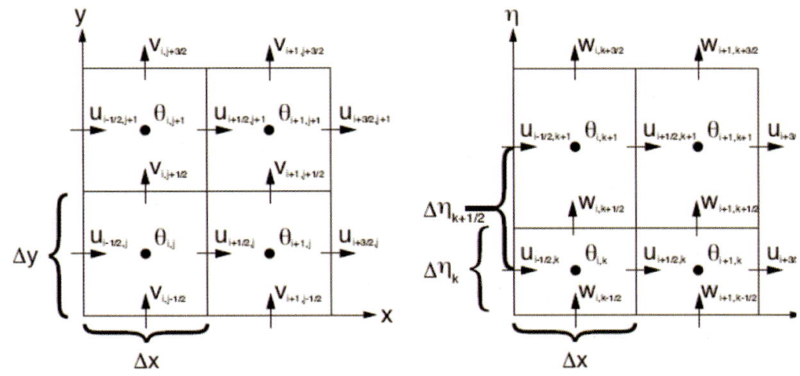

图 4-4　WRF 模式水平和垂直格点示意图

$$V=\mu v=\mu(U,\ V,\ W),\ \Omega=\mu\bar{\eta},\ \Theta=\mu\theta$$

其中，$\mu\ (x,\ y)$ 表示 $(x,\ y)$ 位置每单位气柱的质量，$\bar{\eta}$ 表示垂直速度，$v=(u,\ v,\ w)$，θ 为位温，其他变量还有位势 $\phi=gz$，气压 P，比容 $\alpha=1/\rho$。

应用上面定义的变量通量形式的欧拉方程组可以写为：

$$\partial_t U+(\nabla\cdot V_u)-\partial_x(p\phi_\eta)+\partial_x(p\phi_x)=F_u$$

$$\partial_t U+(\nabla\cdot V_v)-\partial_y(p\phi_y)+\partial_y(p\phi_y)=F_v$$

$$\partial_t W+(\nabla\cdot V_w)-g(\partial_\eta p-\mu)=F_w$$

$$\partial_t\Theta+(\nabla\cdot V\theta)=F_\Theta$$

$$\partial_t\mu+(\nabla\cdot V)=0$$

$$\partial_t\phi+\mu^{-1}[(V\cdot\nabla\phi)-gW]=0$$

$$\partial_\eta\phi=-\alpha\mu$$

$$p=p_0(R_d\theta/p_0\alpha)^r$$

引入湿变量后方程组写为：

$$\partial_t U+(\nabla\cdot V_u)-\mu_d\alpha\partial_x p+(\alpha/\alpha_d)\partial_\eta p\partial_x\phi=F_u$$

$$\partial_t U+(\nabla\cdot V_v)-\mu_d\alpha\partial_y p+(\alpha/\alpha_d)\partial_\eta p\partial_y\phi=F_v$$

$$\partial_t W+(\nabla\cdot V_w)-g[(\alpha/\alpha_d)\partial_\eta p-\mu_d]=F_w$$

$$\partial_t\Theta+(\nabla\cdot V_\theta)=F_\Theta$$

$$\partial_t\mu_d+(\nabla\cdot V)=0$$

$$\partial_t\phi+\mu_d^{-1}[(V\cdot\nabla\phi)_d-gW]=0$$

$$\partial_t Q_m+(V\cdot\nabla q_m)_\eta=F_{Q_m}$$

另外，干空气密度倒数的诊断方程为：$\partial_\eta\phi=-\alpha_d\mu_d$

全气压诊断方程为：$p=p_0\ (R_d\theta_m/p_0\alpha_d)^r$

其中，α_d 是干空气密度的倒数，α 是考虑了全部水物质的空气密度的倒数。WRF 模式时间积分方案采用的是时间分裂的积分方案，即低频波部分采用 3 阶 Runge-Kutta 时间积分方案，高频声波部分采用小时间步长积分扰动变量控制方程组以保证数值稳定性。

Runge-Kutta 3 阶积分方案完成一步积分，即 $\phi^t \to \phi^{t+1}$ 由三步组成：

$$\phi^{*} = \phi^{t} + \frac{\Delta t}{3} R(\phi^{t})$$

$$\phi^{**} = \phi^{t} + \frac{\Delta t}{2} R(\phi^{*})$$

$$\phi^{t+1} = \phi^{t} + \frac{\Delta t}{3} R(\phi^{**})$$

其中，R（ϕ）表示模式方程组。另外，模式离散化时格点方案采用 Arakawa C 格式。

WRF 模式在实现时间分裂积分方案时，是将“快波”项放在方程组的右边，用小步长积分，而在等式左边则是“慢波”项，采用相对较大的积分步长，它们在小步长积分过程中认为是常量。定义小步长中的扰动量分别为（上标 t 表示大的时间步长第 t 时间层）：

$$V'' = V - V^t,\ \Omega'' = \Omega - \Omega^T,\ \Theta'' = \Theta - \Theta^t,$$

$$\phi'' = \phi - \phi^t,\ p'' = p - p^T,\ \alpha'' = \alpha - \alpha^t,\ \mu'' = \mu - \mu^t$$

$$R_V^t = F_V^t - (\nabla \cdot \vec{v}^t V^t)_\eta - \mu^t \alpha^t \frac{\partial p'^t}{\partial v} - \left(\eta \mu^t \frac{\partial \bar{\mu}}{\partial v}\right) \alpha'^t - \mu \frac{\partial \phi'^t}{\partial v} - \frac{\partial \phi'^t}{\partial v}\left(\frac{\partial p'^t}{\partial \eta} - \mu'^t\right)$$

则可得地形追随静力气压坐标下的时间分裂的积分方程：

$$\frac{\partial U''}{\partial T} + \mu^t \alpha^t \frac{\partial p'''}{\partial x} + \left(\eta \mu^t \frac{\partial \bar{\mu}}{\partial x}\right) \alpha'^T - \mu^t \frac{\partial \phi''^T}{\partial x} - \frac{\partial \phi^t}{\partial x}\left(\frac{\partial p''}{\partial \eta} - \mu''\right) = R_U^t$$

$$\frac{\partial U''}{\partial T} + \mu^t \alpha^t \frac{\partial p'''}{\partial y} + \left(\eta \mu^t \frac{\partial \bar{\mu}}{\partial y}\right) \alpha'^T - \mu^t \frac{\partial \phi''^T}{\partial y} - \frac{\partial \phi^t}{\partial y}\left(\frac{\partial p''}{\partial \eta} - \mu''\right) = R_V^t$$

$$\frac{\partial \mu''}{\partial T} + (\nabla \cdot \vec{V}^{T+\Delta T})_\eta = R_\mu^t$$

$$\frac{\partial \Theta''}{\partial T} + (\nabla \cdot \vec{V}^{T+\Delta T} \theta^t)_\eta = R_\theta^t$$

$$\frac{\partial W''}{\partial T} - g \overline{\left(\frac{\partial p''}{\partial \eta} - \mu''\right)}^T = R_\phi^t$$

$$\frac{\partial \phi''}{\partial T} + \frac{1}{\mu'}(\vec{V}''^{T+\Delta T} \nabla \phi') \eta - g \overline{W}''^T = R_\phi^t$$

其中，上标 T 表示小的时间步长第 T 时间层，上述方程组的右端

$$R_V^t = F_V^t - (\nabla \cdot \vec{v}^t V^t)_\eta - \eta^t \alpha^t \frac{\partial p'^t}{\partial y} - \left(\eta \mu^t \frac{\partial \bar{\mu}}{\partial y}\right) \alpha'^t - \mu \frac{\partial \phi'^t}{\partial y} - \frac{\partial \phi'^t}{\partial y}\left(\frac{\partial p'^t}{\partial \eta} - \mu'^t\right)$$

$$R_\mu^t = F_\Theta^t - (\nabla \cdot \vec{V}^t)_\eta R_\phi^t = -(\vec{v}^t \nabla \cdot \phi^t)_\eta + g w^t$$

$$R_W^t = F_w^t - (\nabla \cdot \vec{v}^t W^t)_\eta - g \overline{\left(\frac{\partial p'^t}{\partial \eta} - \mu'^t\right)}^T$$

$$R_\Theta^t = F_\Theta^t - (\nabla \cdot \vec{v}^t \Theta^t)_\eta$$

4.1.1.3 模式的物理方案

在当前 WRF 模式中，包含了辐射、边界层、陆面过程参数化、积云对流参数化和微物理过程等多种适合研究和模拟应用的方案。在本项目中，WRF 模式采用以下物理方案。

1）微物理过程

本系统中采用 Lin 等（1983）方案，微物理参数化方案主要来自于 Lin 等（1983）、Rutledge 和 Hobbs（1984），并作了适当的修改，包括饱和调整和冰晶沉降，涵盖六类水汽相态：水汽、云水、雨、云冰、雪和霰。这个方案是 WRF 模式中相对复杂的微物理方案，比较适合于高分辨率模拟应用。

2）积云对流方案

本系统中采用 Grell-Devenyi（2002）集合方案，该方案在每个格点上运行多个积云对流参数化方案和变量，计算变量，而后对结果进行平均，反馈给模式。理论上来说，可以采用加权平均的方法来优化该方案，而默认的方法为取同样的权重进行平均。所有参加集合的方案均为质量通量型方案，但上升和下沉气流的卷入卷出参数及降水效率不同。将这种静态控制因子的差异与动态控制因子的差异相结合来确定云的质量通量。动态控制因子包括 CAPE、低层垂直速度或水汽辐合。基于 CAPE 的动态控制因子或者平衡 CAPE 的变化速率，或者将释放 CAPE 给气候变量，或者在对流时间尺度上移除 CAPE。基于水汽辐合的动态控制因子在云降雨和垂直积分的水汽平流之间取得平衡。另一个动态控制因子为激发因子，允许对流发生的最大云帽强度是可以变化的。

3）土壤方案

本系统中采用 Noah 陆面模式，该方案是基于 MM5 的 5 层土壤模式的简单的陆面过程模式（Paulson，1970；Dyer 和 Hicks，1970；Webb，1970）。5 层土壤的厚度分别为 1 cm、2 cm、4 cm、8 cm 和 16 cm。在这 5 层以下，温度取为深层土壤的平均值。能量收支包括辐射、感热潜热通量。允许雪盖的存在，但是雪盖不随时间变化。土壤湿度随着土地利用类型和季节的不同而取固定值，不能显式地处理植被的作用。

4）边界层方案

本系统中采用边界层方案为 YSU 方案（Hong 等，2006），该方案在控制方程中加入反梯度项表示非局地通量，在行星边界层顶显式处理挟卷层。根据大尺度涡旋模式的研究结果，将挟卷表示成与地表浮力通量成比例的量。边界层顶定为临界理查逊数为零的高度（MRF PBL 中为 0.5），使其唯一有效地依赖于浮力廓线，这样计算的边界层高度一般来说比 MRF 要低。

5）大气辐射方案

本系统中采用 Dudhia（1989）辐射方案，该方案是从 MM5 模式中继承而来的。该方案考虑了地形变化和阴影等对辐射的影响作用。

6）台风 Bogus 方案

在台风风场的计算中，初始场中台风的强度通常达不到观测台风的强度，其中心位置、最大风速等均与观测有一定的偏差。为使初始场中台风达到足够的强度，进而提高模拟台风风场的质量，在本系统中采用 Bogus 方案，它由 MM5 中 Regrid 方案发展而来，首先探测初始场中台风位置，对其进行有效去除，然后再利用 Rankine vortex 理想台风模式通过实测台风信息对其进行重建，并对台风边界和背景场进行平滑处理，有效防止寄生波的产生。

4.1.2 模式设置及运行

黄海绿潮海表面环境动力数值预报系统共包括有三个区域，分别是东中国海区、北海区和青岛近海（图 4-5）。气象数值预报系统主体采用 WRF 3.4 模式，东中国海区模式覆盖范围为（14.5°—48.58°N，103.8°—140.4°E），空间分辨率为 27 km，风场预报结果如图 4-6。北海区模式覆盖范围为（28.5°—42.5°N，116°—129°E），空间分辨率 9 km，风场预报结果如图 4-7。青岛近海区模式覆盖范围（35°—36.5°N，119°—121.5°E），空间分辨率 3 km，

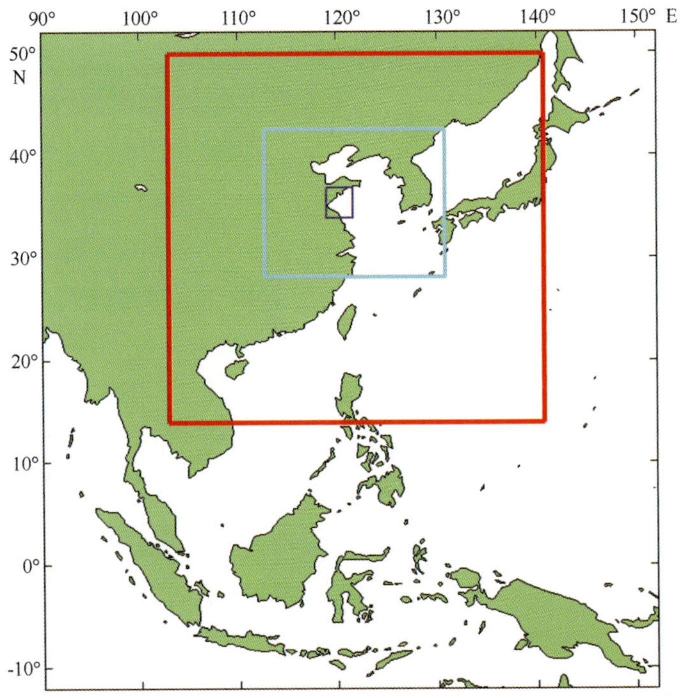

图 4-5 气象数值预报区域示意图

风场预报结果如图 4-8。东中国海区和北海区的预报系统采用双重嵌套方式，同时起算运行，青岛近海与北海区预报系统采用单向嵌套方式。

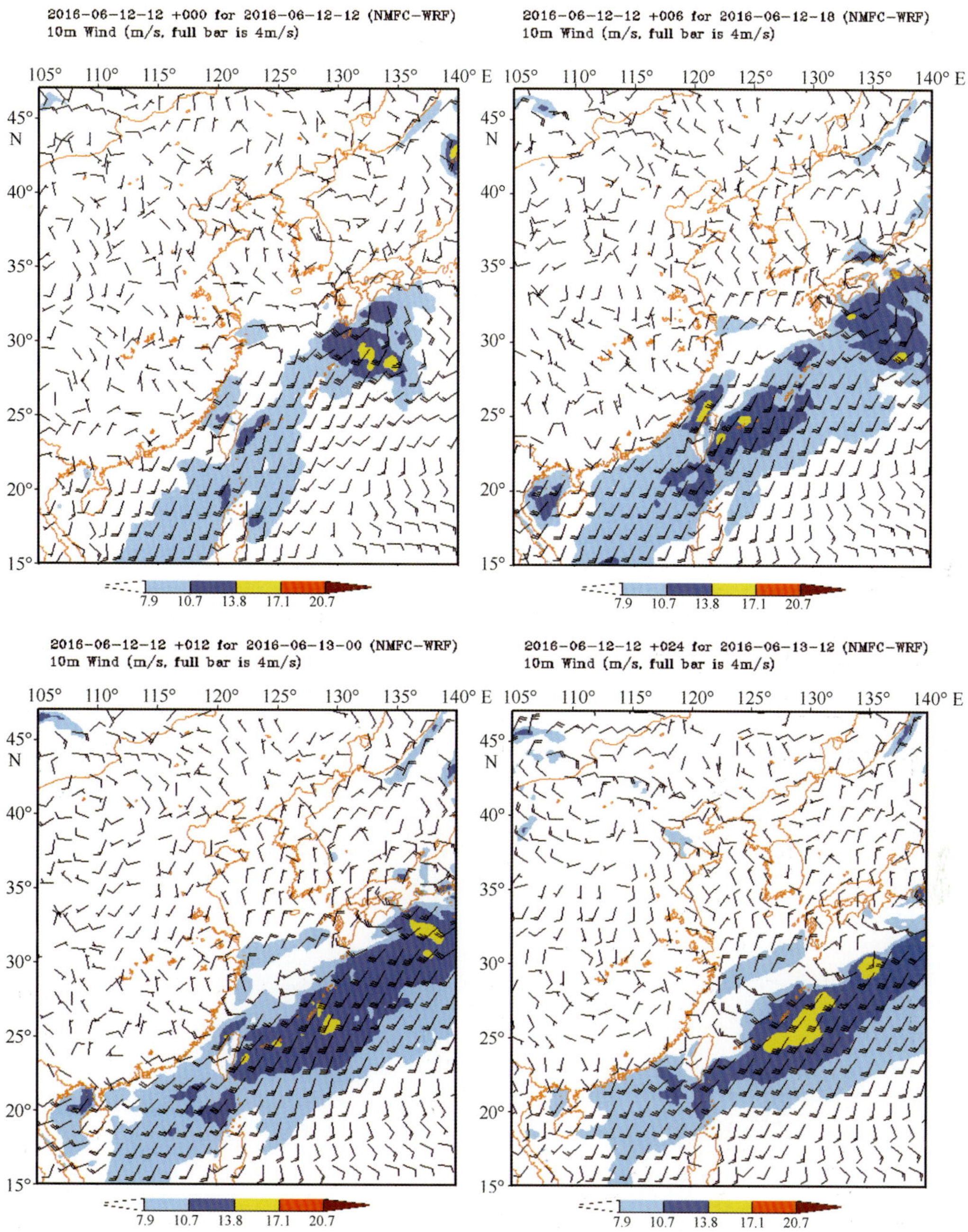

图 4-6　东中国海区风场预报结果

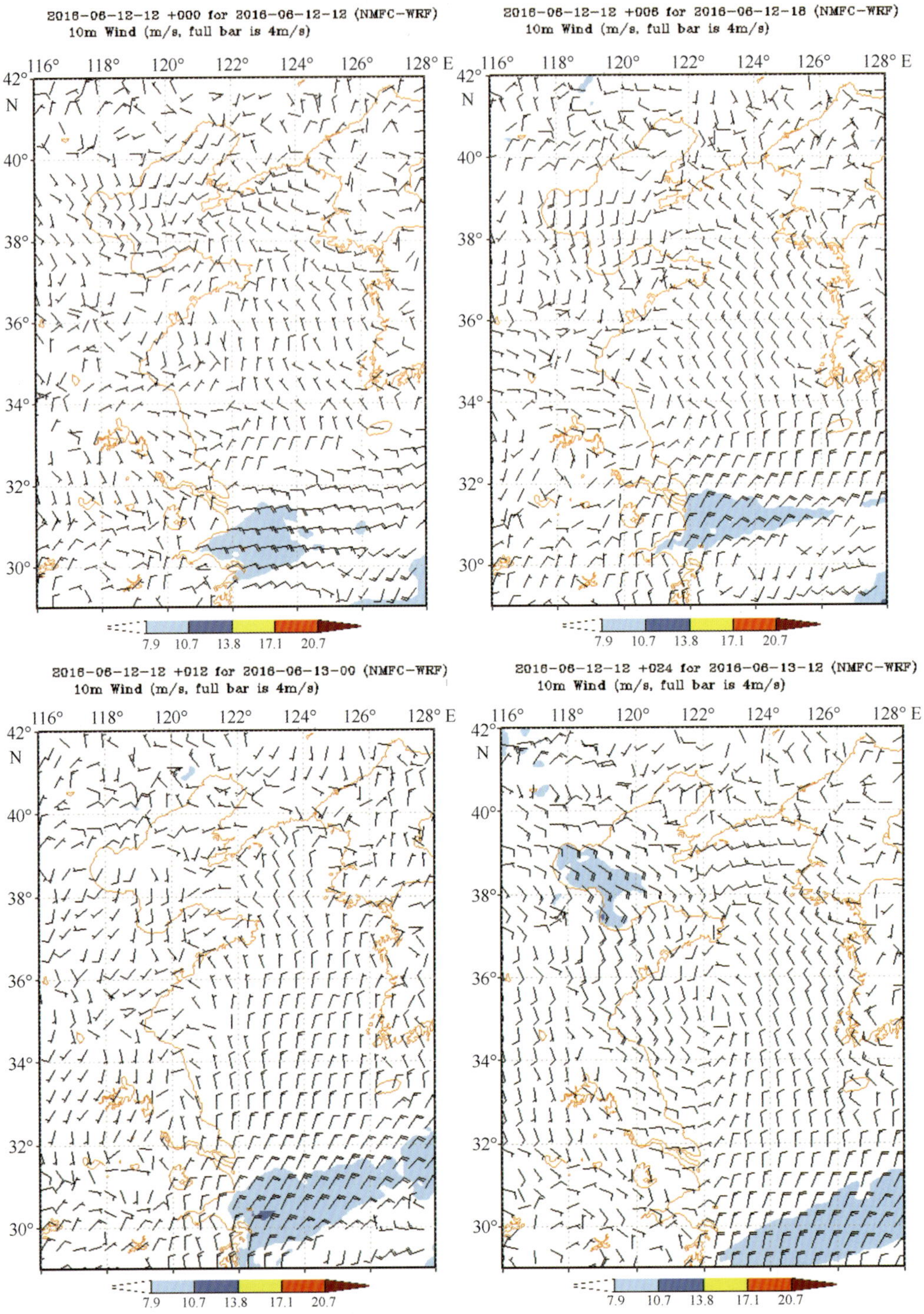

图 4-7　北海区风场预报结果

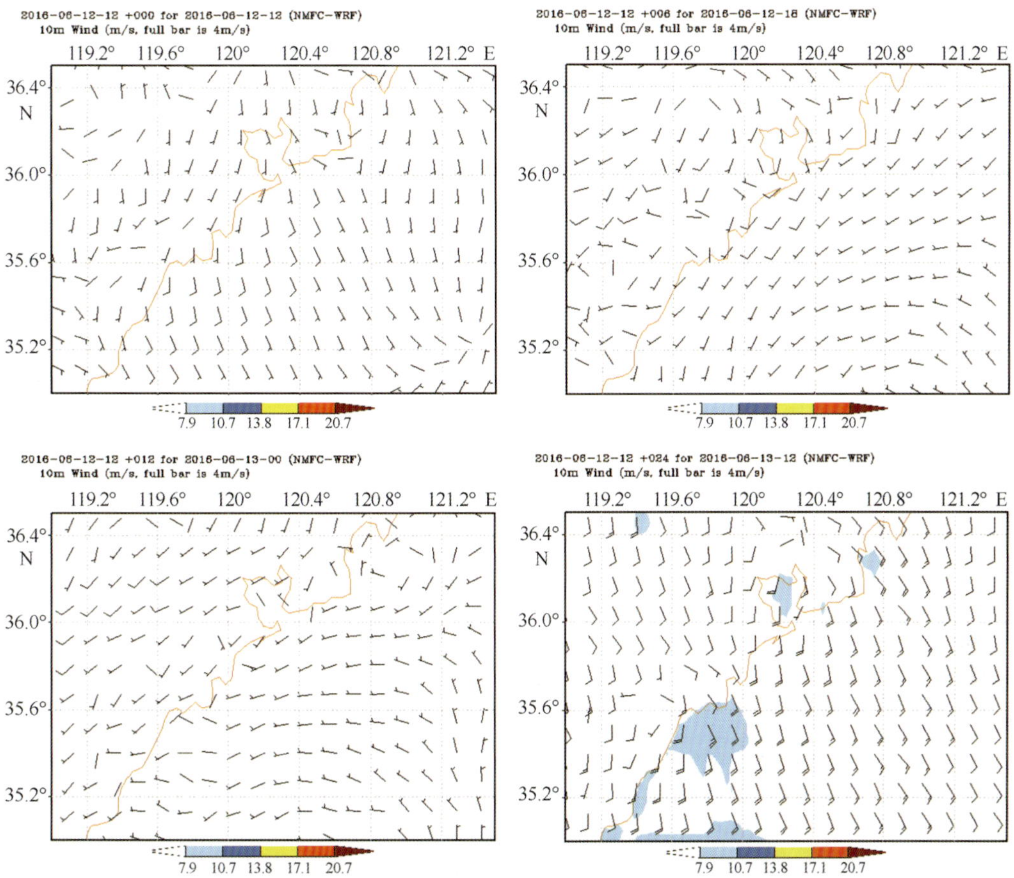

图 4-8　青岛近海区风场预报结果

模式预报过程均使用欧拉质量坐标、兰勃托投影方式和 3 阶 Runge-Kutta 时间积分方案，垂直方向为不等距的 30 个 σ 层，模式顶气压为 50 Pha。模式采用的初始场和侧边界条件为美国国家环境预报中心（NCEP）提供的全球预报资料（GFS，水平分辨率 1°×1°），时间间隔为 6 h。

为提高模式初始场质量，开发了 WRF-3DVAR 业务化同化模块，现已实现完成高空站、地面站、船舶、海洋站、浮标、ASCAT 风场等资料 24 h 同化时间窗的实时数据同化，并已投入业务化应用。

4.2　绿潮海洋环境动力预报系统

4.2.1　ROMS 模式介绍

Regional Ocean Modeling System（ROMS，https：//www. myroms. org）区域海洋模式是一

个广为使用的包含自由表面、静力假定和垂向采用 S（Stretched Terrain-following Coordinates）坐标系的曲线正交的三维原始方程模式。ROMS 作为主要的海洋业务化模式之一，在 COOPS 已经开始大量使用，并且将其列为今后 5 年业务化海洋预报的重要模式之一，但在我国此模式系统应用尚不十分广泛。

1）ROMS 模式特征

ROMS 模式的一般特征包括：

（1）原始方程中包含位温、盐度和一个状态方程；

（2）流体静力学和 Boussinesq 近似；

（3）三阶迎风对流项；

（4）点源、汇项；

（5）水平方向：正交曲线坐标和 C 网格；

（6）边界条件包括：封闭海盆、周期性、指不性、辐射、梯度等，干湿网格；

（7）垂向：S 坐标；

（8）自由表面；

（9）三对角隐式方法解垂向黏性项和扩散项；

（10）混合项：沿等 S，Z 或密度而水平拉普拉斯和双谐波黏性和扩散，水平自由或无滑边界条件，用一个空间变化系数表达垂向谐波黏性和扩散。

在 ROMS 的随海底地形变化的 S 坐标中，每一点的垂向分层都由一个 σ 值来表征。σ 的取值范围为 $-1 \leqslant \sigma \leqslant 0$，0 为海表，-1 为海底。在不同的海区，模式的垂直分层数是一致的，而因为海底的深度是不一样的，所以对应层的层深就会不同。

ROMS 中，垂向 σ 值与真实的层深的对应关系有多种，使用的一种公式如下：

$$z(x, y, \sigma, t) = S(x, y, \sigma) + \zeta(x, y, t)\left[1 + \frac{S(x, y, \sigma)}{h(x, y)}\right]$$

$$S(x, y, \sigma) = h_c\sigma + [h(x, y) - h_c]C(\sigma)$$

其中，$h(x, y)$ 为 (x, y) 点的海底深度。$\zeta(x, y, t)$ 为 t 时刻 (x, y) 点的海表高度。$C(\sigma)$ 叫做垂向拉伸函数（Vertical Stretching Functions），具有以下性质：

（1）$C(\sigma)$ 是一个无量纲，非线性，单调函数；

（2）$C(\sigma)$ 是一个连续可微函数，或一个分段可微函数，在段与段之间是平滑的过渡的；

（3）$C(\sigma)$ 一定可以分解出包含拉伸坐标 σ 的部分

$$\sigma(k) = \begin{cases} \dfrac{k - N}{N}, & \text{atvertical } W - \text{points}, \ k = 0, \cdots\cdots, N, \\ \dfrac{k - N - 0.5}{N}, & \text{atvertical } \rho - \text{points}, \ k = 0, \cdots\cdots, N \end{cases}$$

（4）$C(\sigma)$ 的值必须要在 -1 到 0 之间，在海表为 0，海底为 -1。

为了便于理解 σ 和 C（σ）的关系，在此要指出的是，σ 的值是均匀分布于 0 和-1 之间的，而 C（σ）是非均匀分布于 0 和-1 之间的。我们使用的 C（σ）为：

$$C(\sigma) = (1 - \theta_B)\frac{\sinh(\theta_S\sigma)}{\sinh\theta_S} + \theta_B\left[\frac{\tanh\left[\theta_S\left(\sigma + \frac{1}{2}\right)\right]}{2\tanh\left(\frac{1}{2}\theta_S\right)} - \frac{1}{2}\right]$$

θ_S 和 θ_B 为表层和底层控制系数，ROMS 的垂向分层系统比起传统模式，一大优势就是不但可以在表层为了能对混合层和跃层有更好的模拟而进行加密，也可以同时在底层进行加密。这两个系数的取值范围分别是 $0<\theta_S\leqslant 20$ 和 $0\leqslant\theta_B\leqslant 1$，它们有如下的特性：

（1）θ_S 越大，位于 hc 以上水深的分辨率就越高（hc 一般取为最小水深与可在输入文件中定义的 Tcline 之间的较小者，即 hc = min（hmin，Tcline），hmin 指 h（x，y）的最小值，Tcline 指拉伸参数）；

（2）$\theta_B = 1$，当 θ_S 增大时，海表和海底的分辨率同量级的增大；

（3）$\theta_S \neq 0$，且最好 $\theta_S \leqslant 8$；

（4）可能一些模拟会对值的变化很敏感。

流体力学原始方程在 z 坐标和 S 坐标间转换需要用到以下公式：

$$\left(\frac{\partial}{\partial x}\right)_z = \left(\frac{\partial}{\partial x}\right)_\sigma - \left(\frac{1}{H_z}\right)\left(\frac{\partial z}{\partial x}\right)_\sigma \frac{\partial}{\partial\sigma}$$

$$\left(\frac{\partial}{\partial y}\right)_z = \left(\frac{\partial}{\partial y}\right)_\sigma - \left(\frac{1}{H_z}\right)\left(\frac{\partial z}{\partial y}\right)_\sigma \frac{\partial}{\partial\sigma}$$

$$\frac{\partial}{\partial x} = \left(\frac{\partial\sigma}{\partial z}\right)\frac{\partial}{\partial\sigma} = \frac{1}{H}\frac{\partial}{\partial\sigma}$$

其中：

$$H_z \equiv \frac{\partial z}{\partial\sigma}$$

水平直角坐标系、垂直 S 坐标系下的原始方程组：

$$\frac{\partial u}{\partial t} - fv + \vec{v}\cdot\nabla u = -\frac{\partial\phi}{\partial x} - \left(\frac{g\rho}{\rho_0}\right)\frac{\partial z}{\partial x} - g\frac{\partial\zeta}{\partial x} + \frac{1}{H_z}\frac{\partial}{\partial\sigma}\left[\frac{(K_m + v)}{H_z}\frac{\partial u}{\partial\sigma}\right] + F_u + D_u$$

$$\frac{\partial v}{\partial t} + fu + \vec{v}\cdot\nabla v = -\frac{\partial\phi}{\partial y} - \left(\frac{g\rho}{\rho_0}\right)\frac{\partial z}{\partial y} - g\frac{\partial\zeta}{\partial y} + \frac{1}{H_z}\frac{\partial}{\partial\sigma}\left[\frac{(K_m + v)}{H_z}\frac{\partial v}{\partial\sigma}\right] + F_v + D_v$$

$$\frac{\partial C}{\partial t} + \vec{v}\cdot\nabla C = \frac{1}{H_z}\frac{\partial}{\partial\sigma}\left[\frac{(K_c + v)}{H_z}\frac{\partial C}{\partial\sigma}\right] + F_C + D_C$$

$$\rho = \rho(T,\ S,\ P)$$

$$\frac{\partial\phi}{\partial\sigma} = \left(\frac{-gH_z\rho}{\rho_0}\right)$$

$$\frac{\partial H_z}{\partial t} + \frac{\partial(H_z u)}{\partial x} + \frac{\partial(H_z v)}{\partial y} + \frac{\partial(H_z\Omega)}{\partial\sigma} = 0$$

其中：

$$\vec{v}=(u,\ v,\ \Omega)$$

$$\vec{v}\cdot\nabla=u\frac{\partial}{\partial x}+v\frac{\partial}{\partial y}+\Omega\frac{\partial}{\partial\sigma}$$

σ 坐标中的垂向速度为：

$$\Omega(x,\ y,\ \sigma,\ t)=\frac{1}{H_z}\left[\omega-\frac{z+h\partial\zeta}{\zeta+h\partial t}-u\frac{\partial z}{\partial x}-v\frac{\partial z}{\partial y}\right]$$

且：

$$\omega=\frac{\partial z}{\partial x}+u\frac{\partial z}{\partial x}+v\frac{\partial z}{\partial y}+\Omega H_z$$

垂向边界条件，在海表（$\sigma=0$）：

$$\left(\frac{K_m}{H_z}\right)\frac{\partial u}{\partial\sigma}=\tau_s^x(x,\ y,\ t)$$

$$\left(\frac{K_m}{H_z}\right)\frac{\partial v}{\partial\sigma}=\tau_s^y(x,\ y,\ t)$$

$$\left(\frac{K_C}{H_z}\right)\frac{\partial C}{\partial\sigma}=\frac{Q_C}{\rho_0 C_p}$$

$$\Omega=0$$

垂向边界条件，在海底（$\sigma=-1$）：

$$\left(\frac{K_m}{H_z}\right)\frac{\partial u}{\partial\sigma}=\tau_b^x(x,\ y,\ t)$$

$$\left(\frac{K_m}{H_z}\right)\frac{\partial v}{\partial\sigma}=\tau_b^y(x,\ y,\ t)$$

$$\left(\frac{K_C}{H_z}\right)\frac{\partial C}{\partial\sigma}=0$$

$$\Omega=0$$

2）动力和热力学方程

（1）控制方程

描述海洋中水动力和热力系统的基本方程包括关于运动的动量方程，描述质量守恒的连续方程，海水的状态方程，温度和盐度的守恒方程。为了把这些方程应用到陆架浅海区域，针对浅海的一些特征，对这些方程作了一些假定和近似：

①认为水体内部的密度差异可以忽略，除非这个差异是由重力所引起的，此为 Boussinesq approximation。

②近岸海域里的深度尺度（D）与水平尺度（L）之比是个小量，即 $\delta=\frac{D}{L}\ll 1$。因而垂向的运动方程可采用静力平衡近似，即重力与垂直压强梯度力平衡。此为 hydrostatic assumption。

考虑右手笛卡儿坐标系，东向为 x 轴正方向，北向为 y 轴正方向，垂直向上为 z 轴正方向。自由海面位于 $z=\eta$（x，y，t），底地形为 $z=-H$（x，y）。$\bar{V}$ 是水平速度矢量，$\bar{V}=$（U，V），∇是水平梯度算子，则连续方程可写作：

$$\frac{\partial U}{\partial x}+\frac{\partial V}{\partial y}+\frac{\partial W}{\partial z}=0$$

动量方程：

$$\frac{\partial u}{\partial t}+\bar{V}\cdot\nabla U-fV=-\frac{1}{\rho_0}\frac{\partial P}{\partial x}+F_u+D_u$$

$$\frac{\partial v}{\partial t}+\bar{V}\cdot\nabla V-fU=-\frac{1}{\rho_0}\frac{\partial P}{\partial y}+F_v+D_v$$

垂直静力平衡方程：

$$\rho g=-\frac{\partial P}{\partial z}$$

温盐的守恒方程：

$$\frac{\partial T}{\partial t}+\bar{V}\cdot\nabla T=F_T+D_T$$

$$\frac{\partial S}{\partial t}+\bar{V}\cdot\nabla S=F_S+D_S$$

海水的状态方程：

$$\rho=\rho(T,\ S,\ P)$$

其中，ρ_0 代表海水参考密度，ρ 是海水的现场密度，g 为重力加速度，T 为温度，S 为盐度，P 为压力，f 为柯氏参数，D_u，D_v，D_T，D_S 为扩散项，F_u，F_v，F_T，F_S 为外力项。

（2）S 坐标系统

对地形和侧边界不连续的数值网格会造成模式计算上的误差，依地形变化的坐标或称 sigma 坐标，最早是应用在大气模拟中，采用随地形等比例分层的方式可以用来描述流场受到地形影响下的变化。而 ROMS 所使用的坐标系统称为 S 坐标（Beckmann and Haidvogel，1993），该坐标系统在设计上弹性较大，采取水深非等比例分层的方式，由坐标参数的设定将 S 坐标转换为传统的 sigma 坐标，增加计算网格的解析度，对于计算范围内包含水深变化大的区域，可以改善不连续数值网格所造成的计算误差。

S 坐标与卡氏坐标的转换关系如下：

$$x^*=x,\ y^*=y,\ t^*=t$$

$$z=\zeta(1+s)+h_c s+(h=h_c)C(s)\quad -1<s<0$$

$$C(s)=(1-b)\frac{\sin(\theta\cdot s)}{\sin(\theta)}+b\frac{\tanh\left[\theta\left(s+\frac{1}{2}\right)\right]-\tanh\left(\frac{1}{2}\theta\right)}{2\tanh\left(\frac{1}{2}\theta\right)}$$

其中（θ，b）为 S 坐标的设定参数，其设定值分别为 $0<\theta<20$ 与 $0<b<1$。

当 $\theta=0$ 时，S 坐标便可以转换成传统的 sigma 坐标，并且调整参数 b，则可以提高表层网格的解析度。

任何物理变数 G 在两坐标系下微分形式如下：

$$\left(\frac{\partial G}{\partial x}\right)_z=\left(\frac{\partial G}{\partial x}\right)_s-\left(\frac{1}{H_z}\right)\left(\frac{\partial z}{\partial x}\right)_s\left(\frac{\partial G}{\partial s}\right)$$

$$\left(\frac{\partial G}{\partial y}\right)_z=\left(\frac{\partial G}{\partial y}\right)_s-\left(\frac{1}{H_z}\right)\left(\frac{\partial z}{\partial y}\right)_s\left(\frac{\partial G}{\partial s}\right)$$

$$\left(\frac{\partial G}{\partial y}\right)=\left(\frac{\partial s}{\partial z}\right)\left(\frac{\partial G}{\partial s}\right)=H_z\left(\frac{\partial G}{\partial s}\right)$$

因此控制方程可以改写为：

$$\frac{\partial H_z}{\partial t}+\frac{\partial(H_z u)}{\partial x}+\frac{\partial(H_z v)}{\partial y}+\frac{\partial(H_z\Omega)}{\partial s}=0$$

$$\frac{\partial u}{\partial t}+\bar{V}\cdot\nabla u-fv=\frac{1}{\rho_0}+\frac{\partial P}{\partial x}+F_u+D_u$$

$$\frac{\partial v}{\partial t}+\bar{V}\cdot\nabla v-fv=-\frac{1}{\rho_0}+\frac{\partial P}{\partial y}+F_v+D_v$$

$$\frac{\partial P}{\partial s}=-\left(\frac{gH_z}{\rho_0}\right)$$

$$\frac{\partial T}{\partial t}+\bar{V}\cdot\nabla T=F_T+D_T$$

$$\frac{\partial S}{\partial t}+\bar{V}\cdot\nabla S=F_S+D_S$$

其中 $\bar{V}=(u,v,\Omega)$ 垂向方向流速分量可表示为：

$$\Omega(x,y,s,t)=\frac{1}{H_z}\left[w-(1+s)\frac{\partial\zeta}{\partial t}-u\frac{\partial z}{\partial x}-v\frac{\partial z}{\partial y}\right]$$

$$w(x,y,s,t)=\frac{\partial z}{\partial t}+u\frac{\partial z}{\partial x}+v\frac{\partial z}{\partial y}+\Omega H_z$$

在自由表面（$s=0$）以及海底（$s=-1$）处垂直方向的通量为 0，即

$$w(x,y,0,t)=w(x,y,-1,t)=0$$

动量方程式中自由表面受到风剪切应力的影响其边界体条件为：

$$\frac{K_m}{H_z}\left(\frac{\partial u}{\partial s},\frac{\partial v}{\partial s}\right)=(\tau_s^x,\tau_s^y)$$

而海底的边界条件为：

$$\frac{K_m}{H_z}\left(\frac{\partial u}{\partial s},\frac{\partial v}{\partial s}\right)=(\tau_b^x,\tau_b^y)$$

海底摩擦力的设定为二次摩擦定律：

$$(\tau_b^x,\ \tau_b^y) = C_d \cdot \sqrt{u^2 + v^2} \cdot (u,\ v)$$

其中，C_d 为摩擦系数，K_m 为垂直黏性系数，由湍封闭模式决定。

（3）湍封闭模型

由于运动方程式的求解需要在解析度有限的空间与时间网格上进行，分子的扩散和黏性、三维湍流及内波破碎等无法直接在网格上计算的运动过程，需要进行参数化处理，控制方程中（D_u，D_v，D_T，D_S）即为此类计算参数。

湍封闭模型是基于 Potta 和 Kolmogorov 的湍流假设，由 Mellor 和 Yamada（1974，1982）合作完成，通常称为 Mellor-Yamada 湍封闭模型，用来计算流场中无法直接进行求解的运动过程，例如湍流现象。而湍封闭模式与 S 坐标的结合，使得本模式可以比较理想的模拟出底边界层和上边界层，这对于研究浅水运动和由潮驱动的动力过程而言是相当重要的。

湍封闭模型以湍流的动能 k 与湍流混合长度 l，来计算垂直黏滞系数 Km，其湍流运动方程如下所示：

$$\frac{D}{D_t}(k) - \frac{\partial}{\partial z}\left(K_q \frac{\partial}{\partial z}(k)\right) = K_m\left[\left(\frac{\partial u}{\partial z}\right)^2 + \left(\frac{\partial v}{\partial z}\right)^2\right] - K_H\left[\frac{g}{\rho_0}\frac{\partial \rho}{\partial z}\right] - \frac{(c_\mu^0)k^{3/2}}{B_1 l}$$

$$\frac{D}{D_t}(k \cdot l) - \frac{\partial}{\partial z}\left(K_q \frac{\partial}{\partial z}(k \cdot l)\right) = K_1 l\left\{K_m\left[\left(\frac{\partial u}{\partial z}\right)^2 + \left(\frac{\partial v}{\partial z}\right)^2\right] - K_H\left[\frac{g}{\rho_0}\frac{\partial \rho}{\partial z}\right]\right\} - \frac{k^{3/2}}{B_1}W$$

其中：

$$k = \frac{1}{2}(u'^2 + v'^2 + w'^2)$$

$$W = 1 + E_2\left(\frac{1}{kL}\right)$$

$$\frac{1}{L} = \frac{1}{\zeta - z} + \frac{1}{H + z}$$

而垂直黏性系数以及热扩散系数表示为：

$$K_m = klS_m$$

$$K_H = klS_H$$

$$K_q = klS_q$$

其中 S_m，S_H，S_q 定义为稳定函数（stability function），公式为：

$$S_H = \frac{A_2[1 - 6A_1/B_1]}{[1 - (3A_2B_2 + 18A_1A_2)G_h]}$$

$$S_m = \frac{A_1[1 - 3C_1 - 6A_1B_1^{-1}]}{[1 - 9A_1A_1G_h] - SH[G_h(18A_1^2 + 9A_1A_2)G_h]}$$

$$S_q = 0.41S_m$$

$$G_h = \min\left(-\frac{l^2}{q^2}\frac{g}{\rho^0}\frac{\partial \rho}{\partial z},\ 0.028\right)$$

其中 A_1，A_2，B_1，B_2，C_1，E_1，E_2 分别为 0.92，0.74，16.6，10.1，0.008，1.8，1.33。

（4）开边界条件

在海域的开边界上，海面水位通过下式计算得到：

$$\eta = E_{\text{mean}} + a\cos(wt - \Phi)$$

其中，a 是 M_2 分潮的振幅；w 是 M_2 分潮的频率；Φ 是 M_2 分潮的迟角；E 是该点相对于平均海平面的余水位。

另外，流速开边界采用辐射条件或无梯度边界条件给定，温度和盐度的开边界条件采用无梯度边界条件。

（5）温度计算模块

考虑海表面热量交换过程，太阳短波辐射减去海面长波辐射作为外部热量的输入量，同时在模式中，海表热通量的计算参考了海表温度观测值和海表温度模拟结果：

$$Q_{\text{model}} = Q + \frac{dQ}{dSST}(SST_{\text{obs}} - SST_{\text{model}}$$

在热力学方程式计算后，将所得的温度结果用观测数据进行了半个月的弱同化：

$$K_m \frac{\partial T}{\partial z} = \frac{Q}{\rho C_p} + C(T_{\text{obs}} - T_{\text{model}})$$

其中，$C=\dfrac{1}{15\times86400/600}$，$SST_{\text{obs}}$ 来自于 NECP 资料，T_{obs} 来自于 SODA 资料。

图 4-9 显示了 ROMS 模式的结构组成。ROMS 已获得了广泛的应用，包括在海盆尺度的海洋环流系统（Haidvogel 等，2000）和陆架环流系统（Marchesiello 等，2003）的研究。Fennel 等（2006）利用 ROMS 模式发展了一个动力-生物地球化学耦合模式来研究美国东海岸的营养盐循环。Li 等（2007a）利用动力-生物地球化学耦合模式模拟了浮游生物量和初级生产力的空间分布和季节循环。此外，ROMS 模式还可用于模拟极端天气条件（如飓风）时的海洋环流和温盐变化（Li 等，2006，2007b）。

4.2.2 FVCOM 模式介绍

绿潮海洋环境动力预报模式还采用了 FVCOM 模式以模拟黄海近岸的海洋环境动力情况。FVCOM 模式由美国麻省大学（UMASS）海洋科学和技术学院海洋生态模式实验室和美国伍兹霍尔海洋研究所（WHOI），于 2000 年成功建立的具有领先水平的非结构网格海洋环流与生态模式。2006 年由 UMASS-D/WHOI 模式开发团队进一步完善。此模式综合了现有海洋有限差分和有限元模式的优点，解决了数值计算中浅海复杂岸界拟合，质量守恒以及计算有效性的难题。和其他的自由表面海洋模式一样，FVCOM 模式采用修正的 Mellor-Yamada 2.5 阶和 Smagorinsky 湍流闭合方案分别计算垂向和水平混合。与目前流行的有结构网格模式（如 Princeton Ocean Model（POM）和 Regional Ocean Model System（ROMS））相同，FVCOM 也采用时间分裂算法，外模式为二维，采用垂向积分方程；内模式为三维，采用垂直结构方

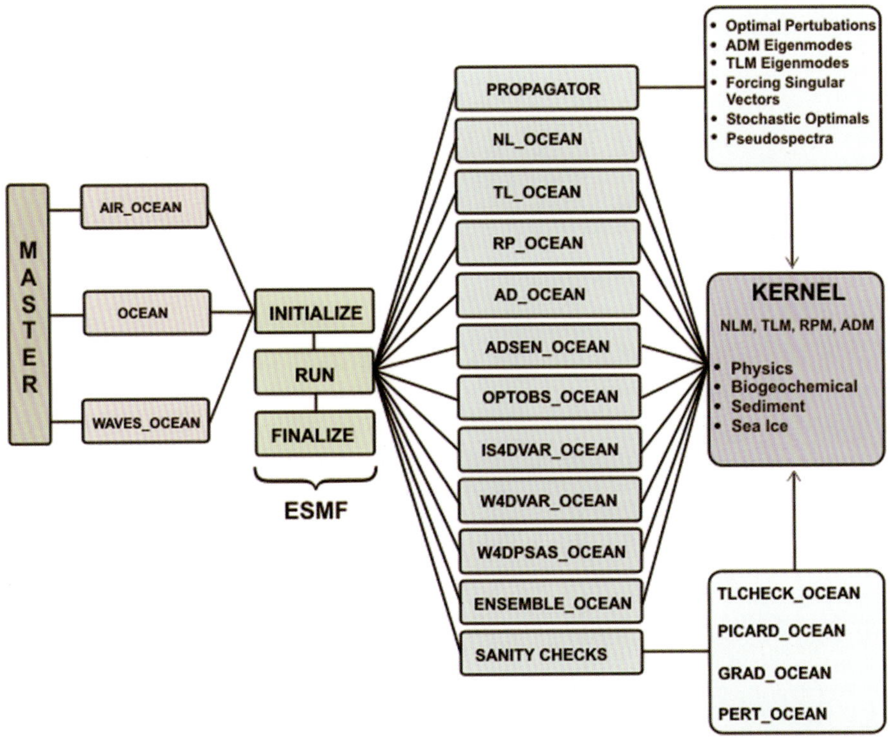

图 4-9　ROMS 计算流程图

程。根据 CFL 条件，内外模式可分别采用不同的时间步长。该模式的控制方程和数值算法等内容与 POM 模式相似，在此不再赘述，关于此模式的特点及有关方程详见 FVCOM 的用户手册。该模式具有以下 6 个突出特点。

（1）水平方向采用无结构化非重叠的三角形网格，可以方便拟合复杂的边界与进行局部加密，这个优点使其在研究岛屿众多、近岸岸线复杂的问题时表现尤为突出；

（2）三维全动力原始方程，包含全部对流项、扩散项、正压项、斜压项和地转项；

（3）采用湍流二阶闭合子模式提供垂直混合系数；

（4）垂直方向采用 σ 坐标；

（5）包含内外两个模态，外模态为垂直平均的二维子模式，提高了计算时效和数值方法的稳定性；

（6）自由表面，方便表面起伏特征模拟。

1）模式基本控制方程

在（x、y、σ）坐标下，基本控制方程可写为：

（1）连续性方程

$$\frac{\partial \eta}{\partial t}+\frac{\partial UD}{\partial x}+\frac{\partial VD}{\partial y}+\frac{\partial \omega}{\partial \sigma}=0$$

（2）运动方程

$$\frac{\partial UD}{\partial t}+\frac{\partial U^2D}{\partial x}+\frac{\partial UVD}{\partial y}+\frac{\partial U\omega}{\partial \sigma}-fVD+gD\frac{\partial \eta}{\partial x}$$

$$=\frac{\partial}{\partial \sigma}\left(\frac{K_M}{D}\frac{\partial U}{\partial \sigma}\right)-\frac{gD^2}{\rho_0}\frac{\partial}{\partial x}\int_{\sigma}^{0}\rho d\sigma+\frac{gD\sigma}{\rho_0}\frac{\partial D}{\partial x}\int_{\sigma}^{0}\frac{\partial \rho}{\partial \sigma}d\sigma+F_X$$

$$\frac{\partial VD}{\partial t}+\frac{\partial UVD}{\partial x}+\frac{\partial V^2D}{\partial y}+\frac{\partial V\omega}{\partial \sigma}+fUD+gD\frac{\partial \eta}{\partial y}$$

$$=\frac{\partial}{\partial \sigma}\left(\frac{K_M}{D}\frac{\partial V}{\partial \sigma}\right)-\frac{gD^2}{\rho_0}\frac{\partial}{\partial y}\int_{\sigma}^{0}\rho d\sigma+\frac{gD\sigma}{\rho_0}\frac{\partial D}{\partial y}\int_{\sigma}^{0}\frac{\partial \rho}{\partial \sigma}d\sigma+F_y$$

（3）湍流闭合方程

$$\frac{\partial q^2D}{\partial t}+\frac{\partial Uq^2D}{\partial x}+\frac{\partial Vq^2D}{\partial y}+\frac{\partial \omega q^2}{\partial \sigma}=\frac{\partial}{\partial \sigma}\left(\frac{Kq}{D}\frac{\partial q^2}{\partial \sigma}\right)$$

$$+\frac{2K_M}{D}\left[\left(\frac{\partial U}{\partial \sigma}\right)^2+\left(\frac{\partial V}{\partial \sigma}\right)^2\right]+\frac{2g}{\rho_0}K_H\frac{\partial \tilde{\rho}}{\partial \sigma}-\frac{2Dq^3}{B_1\lambda}+Fq$$

$$\frac{\partial q^2lD}{\partial t}+\frac{\partial Uq^2lD}{\partial x}+\frac{\partial Vq^2lD}{\partial y}+\frac{\partial wq^2l}{\partial \sigma}=\frac{\partial}{\partial S}\left(\frac{Kq}{D}\frac{\partial q^2l}{\partial \sigma}\right)$$

$$+E_1l\left\{\frac{K_M}{D}\left[\left(\frac{\partial U}{\partial \sigma}\right)^2+\left(\frac{\partial V}{\partial \sigma}\right)^2\right]+E_3\frac{g}{\rho_0}K_H\frac{\partial \tilde{\rho}}{\partial \sigma}\right\}\widetilde{W}-\frac{Dq^3}{B_1}+F_l$$

（4）热力学方程

$$\frac{\partial TD}{\partial t}+\frac{\partial TUD}{\partial x}+\frac{\partial TVD}{\partial y}+\frac{\partial T\omega}{\partial \sigma}=\frac{\partial}{\partial \sigma}\left(\frac{K_H}{D}\frac{\partial T}{\partial \sigma}\right)+F_T-\frac{\partial R}{\partial z}$$

$$\frac{\partial SD}{\partial t}+\frac{\partial SUD}{\partial x}+\frac{\partial SVD}{\partial y}+\frac{\partial S\omega}{\partial \sigma}=\frac{\partial}{\partial \sigma}\left(\frac{K_H}{D}\frac{\partial S}{\partial \sigma}\right)+F_S$$

其中，$\sigma\left(=\frac{Z-\eta}{H+\eta}\right)$在 $Z=\eta$ 时，$\sigma=0$；$Z=-H$ 时，$\sigma=-1$。$D=H+\eta$，H 为水深，K_H 为物质垂向扩散系数，K_M 为动量垂向扩散系数，S 为盐度，η 为自由面起伏。

水平黏性和扩散项由下式定义：

$$F_x=\frac{\partial}{\partial x}(H\tau_{xx})+\frac{\partial}{\partial y}(H\tau_{xy})$$

$$F_y=\frac{\partial}{\partial x}(H\tau_{xy})+\frac{\partial}{\partial y}(H\tau_{yy})$$

其中

$$\tau_{xx}=2A_M\frac{\partial U}{\partial x}$$

$$\tau_{xy}=\tau_{yx}=A_M\left[\frac{\partial U}{\partial y}+\frac{\partial V}{\partial x}\right]$$

$$\tau_{yy} = 2A_M \frac{\partial V}{\partial y}$$

并且

$$F_\phi = \frac{\partial}{\partial x}(Hq_x) + \frac{\partial}{\partial y}(Hq_y)$$

$$q_x = A_H \frac{\partial \phi}{\partial x}$$

$$q_y = A_H \frac{\partial \phi}{\partial y}$$

其中，ϕ 可代表 T，S，q^2 和 $q^2 l$。

2）无结构三角形网格设计

用不重合的三角形单元将计算区域进行划分，每个三角形网格（element）由三个节点（node）、一个中心和三条边组成。用 E 和 N 来分别表示计算区域内三角形中心点的总数目和节点的总数目，那么中心点的坐标可表示为：

$$[X(i),\ Y(i)],\ i = 1:E$$

节点的坐标可表示为：

$$[Xe(j),\ Ye(j)],\ j = 1:N$$

由于三角形网格覆盖整个计算区域且互不重复，故 E 也是三角形网格的数目，这时我们只要先把 N 个节点的坐标赋值，再把 E 个三角形的三个顶点对应的节点的序号都按一个时针的方向分别赋值，具有公用边的三角形用整数 $NBEi\ (\hat{j})$ 标号，在边界处 $NBEi\ (\hat{j})$ 设为0，即建立了整个计算区域三角形网格的信息。在模式中，ζ、q^2、$q^2 l$、$\rho\theta$、T、S、ω、H、D、K_m、K_h、A_m 和 A_h 是在三角形节点上进行计算，u、v 是放在三角形中心上进行计算。节点上的变量是通过计算与该点相连的所有三角形的中心的连线所围成的切面的净通量确定。

3）风场和气压场计算

气压场和风场采用本项目建立的气象模式作为输入场。其中海面风应力由如下公式确定：

$$(\tau_x,\ \tau_y) = \rho_a C_D \mid v_W^\rho \mid (u_W,\ v_W)$$

其中，V_W^ρ 为风矢量，u_W，v_W 为风速分量，C_D 为海面的风拖曳系数，取值范围为：

$$C_D = \begin{cases} 1.2 \times 10^{-3} & \mid \vec{V}_W \mid < 11\ \text{m/s} \\ (0.49 + 0.065 \mid \vec{V}_W \mid) \times 10^{-3} & 11\ \text{m/s} \leqslant \mid \vec{V}_W \mid < 25\ \text{m/s} \\ 2.115 \times 10^{-3} & \mid \vec{V}_W \mid > 25\ \text{m/s} \end{cases}$$

4.2.3 模式设置及运行

根据绿潮所在位置、范围以及政府部门对应急预测的不同需求，北海预报中心现有东中国海区、北海区和青岛近海区三个区域的海流数值预报系统（图 4-10）。其中，东中国海区海流预报系统采用 ROMS 模式，模式范围为 99°—148°E，9°S—44.05°N，水平分辨率为 0.1°×0.1°，垂向分 25 层。北海区海流预报系统采用 ROMS 模式，模式范围为 117°—127°E，32°—41°N，水平分辨率为 1/30°×1/30°，垂向分 6 层。青岛近海区海流预报系统采用 FV-COM，模式范围为青岛近海，分辨率可达十米量级。

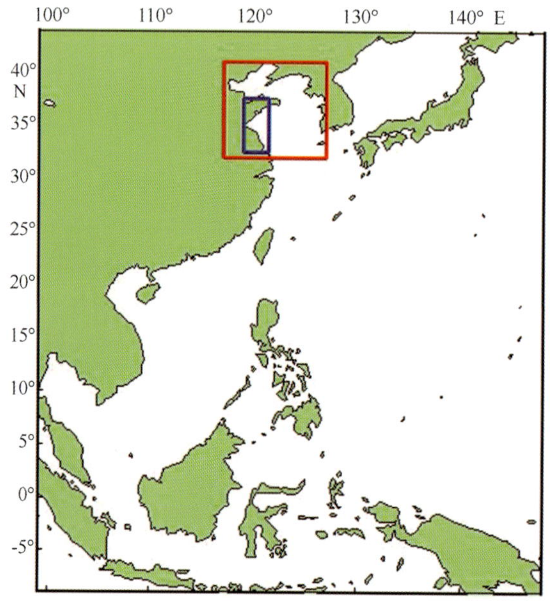

图 4-10　海流数值预报区域示意图

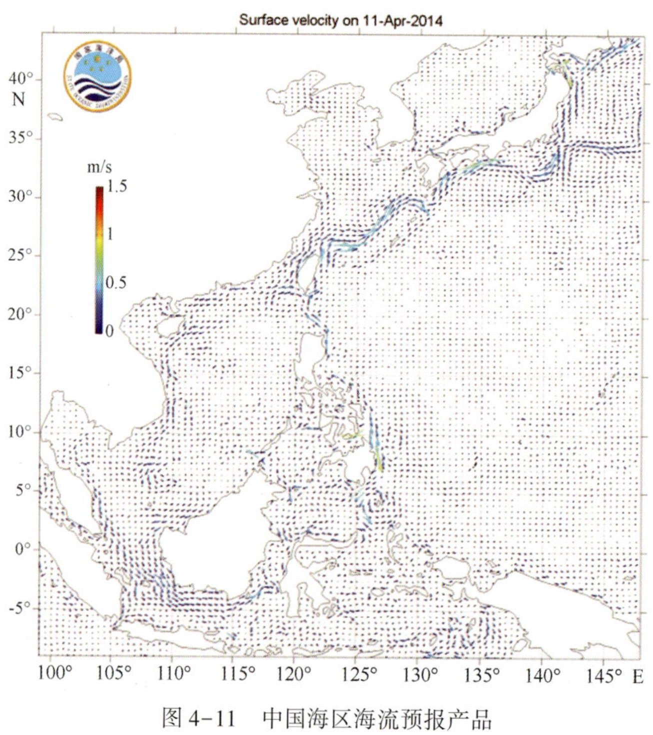

图 4-11　中国海区海流预报产品

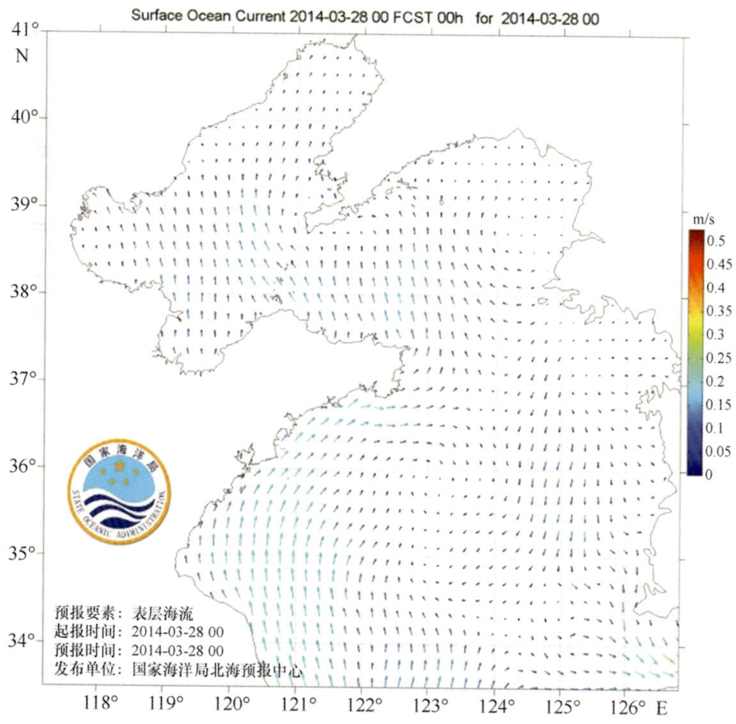

图 4-12　北海区海流预报产品

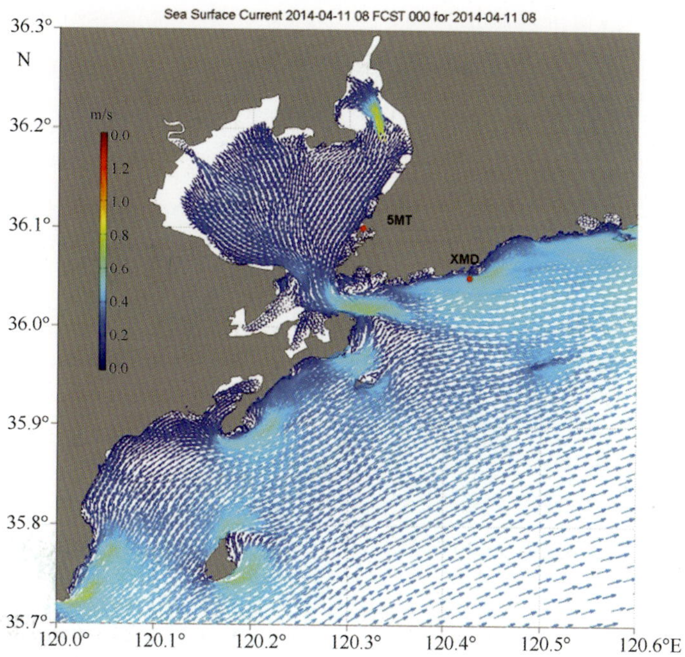

图 4-13　青岛近海海流预报产品

东中国海区和北海区的开边界由环流场和温盐场共同驱动。开边界水位采用 Chapman 边界条件，正压流速采用 Flather 边界条件，三维斜压流速采用 Orlanski 辐射边界条件。青岛近海区 FVCOM 模式的开边界由潮汐调和常数计算。海表面驱动场包括海面风、气压、湿度、气温、长波辐射、短波辐射、降水等。通量数据由本项目海面环境动力预报系统提供。

4.3 海洋环境动力实时同化预报技术

4.3.1 数据同化的意义

自从 20 世纪 20 年代 Richardson 开创性的数值天气预报试验以来，数值天气预报作为一种预报手段已经在天气预报中扮演着越来越重要的角色。气象预报准确率的提高很大程度上依赖于数值天气预报水平的提高。而制约数值预报结果准确性进一步提高的关键因素有两个：一是预报模式本身的准确程度；二是模式初始场的优劣。随着数值预报模式的不断完善，模式所考虑的物理过程日趋完备，初始条件的优劣对短期数值天气预报结果的影响日益突出。而数据同化是寻求观测数据与数值预报的初始场或背景预报场的最佳拟合，利用各自的误差数据来提高分析场质量的技术。通过增加观测数据的数量、提高观测数据的质量以及结合先进的同化方案来改善初始场，是提高模拟准确度的有效途径。

海洋模式是对海洋过程进行模拟计算的数学模式，是目前研究海洋物理过程和进行预报的主要实现手段之一。在实际运用过程中，海洋模式都做了一定程度的简化，所以存在客观误差。误差包括模式自身的误差以及输入资料的误差。前者有结构模型、模型参数初始状态等造成的误差；而后者主要包括流速、流向等实测误差。随着积分时间的推移，预报误差会逐渐累积，从而影响预报精度。因此，在进行预报时对误差进行实时校正是十分必要的。为了克服这种误差，有必要引入数据同化，尤其是实时的数据同化。

数据同化可以改进数值模式的预报时效和准确度。随着对数值预报时效性和准确性要求的不断提高，数据同化的方法也从 20 世纪 60 年代的简单同化方法（如插值法和牛顿张弛法等）发展到现在的具有良好数学物理基础的高级数据同化方法（如变分同化、卡曼滤波同化等）。充分有效地利用雷达观测的表面流场的数据能够提高海洋模式的模拟精度极其预报能力，因此，随着北海区雷达观测数据的增多，迫切需要开发一个能够融合大量的雷达观测资料的同化方法，来完善三维流场的数值预报。

4.3.2 气象模式资料数据同化

作为海面系统主要驱动的海面风场模拟是再分析产品制作重要的组成部分，其精度极大程度上影响风海流、海浪等模拟结果。如何提高模拟结果质量，成为本项目中重要问题之一。中尺度气象模式经过长期的发展，其计算框架和物理过程已较难有很大的改进，而同化则成为本项目模拟结果优化的有效途径。

现行的同化方法通常采用简单的 Nudging 同化方法，将模式起报时刻初始场通过人为给定影响半径的方法放入整个模式系统中，通过改善模式初始场质量来改进模式结果的精度，此方法以其方法简单、消耗计算机资源少等优点著称，但是这种同化方法也存在一定的缺陷：

（1）如果观测存在缺陷，这种低质量的观测数据仍将取代“较好”的模式背景场。

（2）权重系数函数、影响半径等重要参数主要是通过经验确定，存在较大的主观性。

（3）通常来讲，背景场中的各个变量存在满足其物理规律，使用该方法有可能发生少量的观测值修正的背景场出现物理上不连续的情况。

因此本项目有必要采用更加合理，并且计算效率较高的同化方法来提高风场等气象参数模拟精度。

4.3.2.1 WRF-3Dvar 技术介绍

WRF-3Dvar 资料同化是将观测资料与数值产品（初猜场或背景场）结合，利用各自的误差数据来提高大气等的分析场的技术。变分资料同化方法是通过代价函数的最小化迭代来实现同化的。分析值与观测值或初猜值之间的差别是通过它们各自误差来决定。NCAR 的 MMM 版本是由 NCAR 集体和合作者开发的，支持统一的模式空间变分资料同化系统（WRF-Var）。

WRF-Var 系统各个部分和 WRF 系统的其他部分的关系如图 4-14 所示。

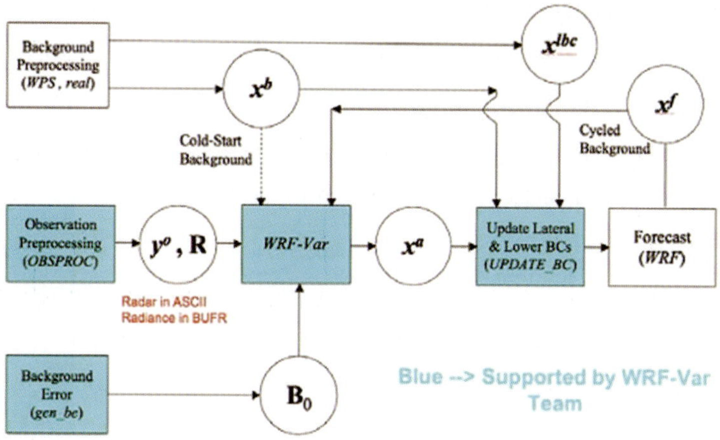

图 4-14 WRF-3Dvar 技术设计流程

X^b：从 WRF 模拟或者 WPS 的 real 输出的初猜场

Y^o：由 OBSPROC 处理过的观测场

B_0：从 gen_ be 得到的背景误差

4.3.2.2 WRF-3Dvar 系统建设情况

1) 基本过程

(1) GTS 资料解码过程

把通过 Vsat 小站接收到的欧亚地区的探空站的高空资料和地面站的常规观测资料以及现有的观测浮标、海洋站、船舶报等气象观测资料进行解码，转化为 WER-3Dvar 所使用的 little_r 格式。

数据流程：

①使用 cat 命令将每个站点数据合并成 fn. dat；

②使用 decode. exe（ptrans0. exe 和 ptransbx. exe）分别解码高空资料、地面资料和船舶报；

③利用 ocean_wind 程序解码 ASCAT 卫星实时风场数据；

④利用 boat. exe、sfc. exe、upa. exe、station. exe、buoy. exe 将解出的船舶、地面站、高空站、海洋站、浮标资料转化为 little_r 格式；

⑤利用 cat 命令将所有资料合并，供 OBSPROC 使用。

(2) OBSPROC 资料格式转换

利用 OBSPROC 完成的基本操作有：

①去除时间序列和空间（水平和顶部）外的数据；

②重新排序和合并重复（时间和空间上的）的数据；

③利用观测的信息修正静力假设的气压或高度场；

④检查多层次观测值的垂直一致性和超级绝热性；

⑤根据预先指定的错误文件分配观测误差；

⑥写出为 WRF-VAR 所用的 ASCII 或 BUFR 格式的观测文件；

⑦绘出观测值类型的分布。

(3) WRF-3dvar 同化

WRF-3dvar 是同化的主模块，该部分通过计算迭代方法计算代价函数的最小值来求得分析场的分布。WRF-3dvar 需要三种输入文件：

①从 WPS/real（cold-start）或者 WRF（warm-start）输出的 first guess 输入格式文件；

②观测场（ASCII）；

③利用 WRF-VAR 系统的“gen_be”工具得出背景误差数据文件（包括从 NMC 方法计算得出的当前背景误差方差）。

(4) Update_BC

在利用 WRF 模式运行数值模拟之前，必须修改侧边界条件文件使得它与 WRF-VAR 初始条件（分析场）相协调，这是绝对需要的，因为当为侧边界条件（在 wrfbdy_ d01 里）开始产生趋势时，在运行 WRF-VAR 时是与改变的初始值（在 $t=0$ 时）一致和随后的，所以初始的趋向需要在（wrfbdy_d01）文件里在初始时间里更改调整，而且，在循环运行模式（热启动）里，基于由 WPS/real. exe 和在分析时间产生的 WRFINPUT 文件，WRF-VAR 分析文件的低层边界值需要更新，所以就有三个输入文件：WRF-VAR 分析场，从 WPS/real. exe 来的 WRFINPUT 和 WRFBDY 文件，以及一个 NAMELIST 文件：为运行 update_bc. exe 的 param. in。

2）同化基本流程

（1）WRF-3Dvar 同化流程

考虑最大可能使用更多的观测资料对初始场进行优化，设计模式同化时间窗 24 h，每 6 h 进行一次 WRF-3Dvar，其流程设计如图 4-15。

①定义使用的环境变量，如各个部分工作的文件夹、常用函数库、调用的命令等等。

②开始时间循环

A 计算该步计算的开始时间、结束时间；

B geogrid 产生地形文件；

C ungrib 初始场和边界条件；

D metgrid 水平差值到模式网格；

E real. exe 垂直差值到模式分层；

F 开始 domain 循环；

F1 解码观测资料

F2 使用 obsproc 转成 little_ r 格式

F3 运行 3dvar

F4 更新第 n 时刻边界

G 结束 domain 循环；

H WRFrun，对于热启动文件使用 wrf 输出输入文件功能；

I 结束时间循环。

③开始模拟

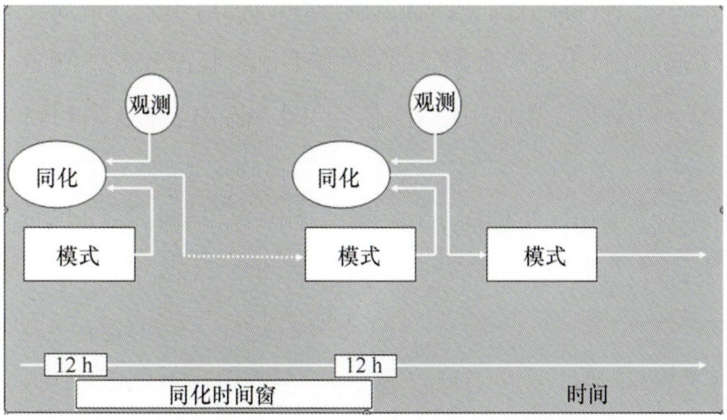

图 4-15　WRF-3Dvar 系统工作流程图

（2） WRF-3Dvar 方法的优点

① 更多观测资料加入，得到的分析场能够反映当时大气的真实状态；

② 模式热启动，减少模拟模式调整时间；

③ 减少初始场动力不匹配的问题；

④ 3Dvar 耗时较短，可以项目时间的需求。

4.3.2.3 气象模式同化试验

为了更清楚地展示数据同化对数值模式预报结果准确度的提高，我们做了两组试验：同化试验和对照试验。

两组试验模拟起始时间均为 2008 年 9 月 10 日 12 时（UTC），且采用相同的物理选项和参数方案，同化试验与对照试验唯一的区别在于：同化试验中模式同化了常规观测数据（地面、船舶、探空、浮标等）和非常规观测数据（Ascat 风场）；而对照试验则未同化任何观测数据。同化试验中同化窗口为模式起始时刻前 24 h。

图 4-16 至图 4-21 给出了同化前后大连站和青岛站温度和露点温度的模拟值同实测数据的对比。通过对比发现，两组试验得到的温度和露点温度虽然在数值大小上存在一定差异，但发展趋势基本一致，而且，同化了大量观测数据后，模式对露点温度的改善得到了充分的体现，数据同化使得模拟后的露点温度更接近实测，这说明模式对大气湿度的模拟准确度得到了提高，使模拟后的大气状态更加接近实际大气状态。

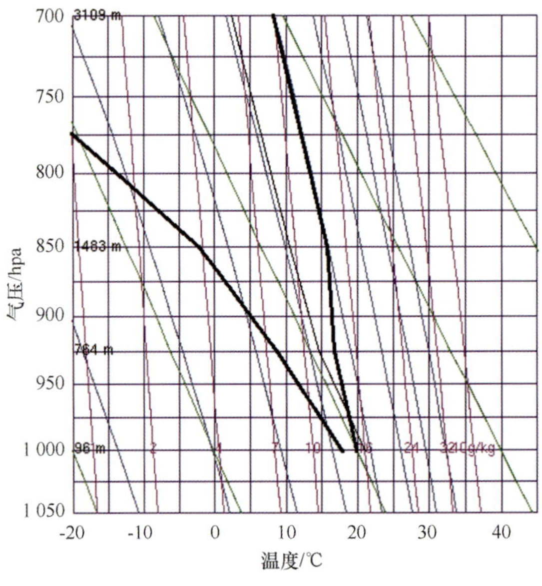

图 4-16　大连站 2008 年 9 月 10 日 12 时（UTC）斜温图

左边黑线为露点温度；右边黑线为温度

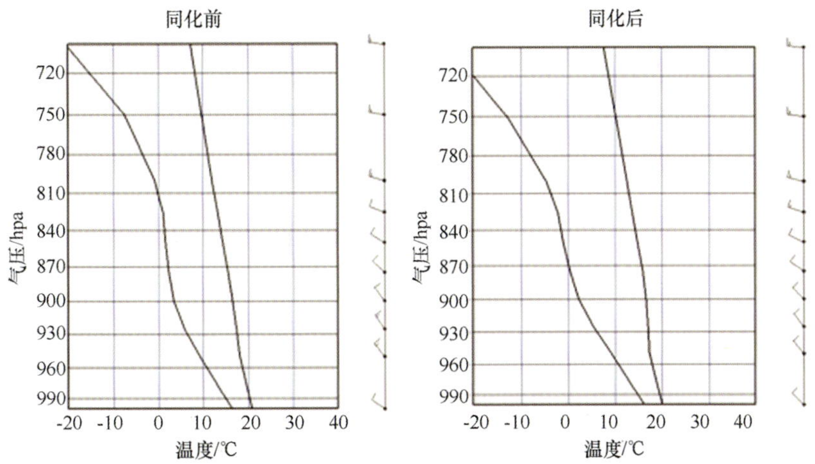

图 4-17　大连站 2008 年 9 月 10 日 12 时（UTC）温度和露点温度同化前后对比图

左边线为露点温度；右边线为温度

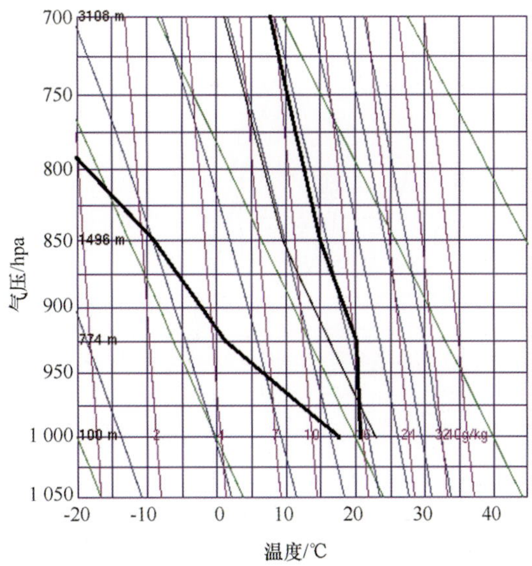

图 4-18　大连站 2008 年 9 月 11 日 00 时（UTC）斜温图

左边黑线为露点温度；右边黑线为温度

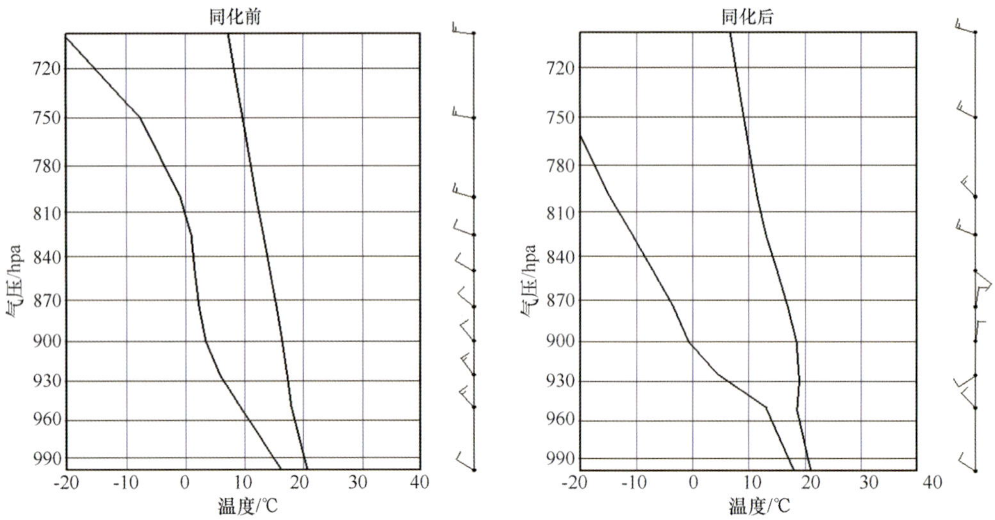

图 4-19　大连站 2008 年 9 月 11 日 11 时（UTC）温度和露点温度同化前后对比图

左边黑线为露点温度；右边黑线为温度

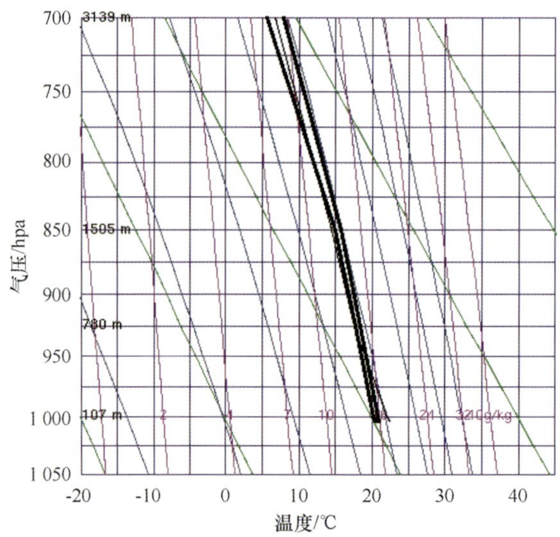

图 4-20　青岛站 2008 年 9 月 10 日 12 时（UTC）斜温图

左边黑线为露点温度；右边黑线为温度

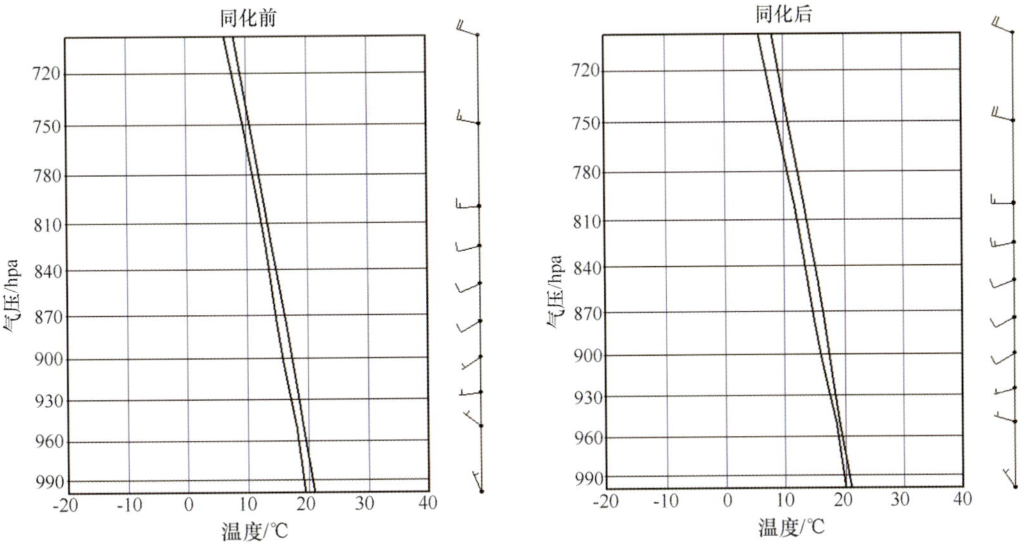

图 4-21　青岛站 2008 年 9 月 10 日 12 时（UTC）温度和露点温度同化前后对比图

左边黑线为露点温度；右边黑线为温度

现有的数值试验表明，WRF 模式同化大量常规观测数据和非常规观测数据后，模拟结果与实际大气状态更为接近，数据同化对数值模式初始场有很大的改进作用。

4.3.3　地波雷达海流数据同化

4.3.3.1　集合卡曼滤波同化方法

卡曼（Kalman）滤波的理论最早是 R. E. Kalman 于 1960 年首先提出的。由于标准卡曼滤波只能用于线性系统，而自然界大部分系统只能用非线性模型来描述。1994 年海洋学者 G. Evensen 首次提出集合卡曼滤波（Ensemble Kalman Filter，ENKF）并把集合卡曼滤波真正用到数据同化中，利用概率论理论和一些简单的理想数值试验来证明了集合卡曼滤波可能性和可行性。

集合卡曼滤波是一种顺序资料同化方法，是一种用集合统计来估计卡曼滤波方程组中的分析误差协方差矩阵和背景场误差协方差矩阵的方法，是在传统卡曼滤波同化技术基础上发展起来的。两者的不同之处在于：传统卡曼滤波同化技术通过误差协方差递推方程计算模式预报误差协方差矩阵，这要付出昂贵的计算时间，占用大量的内存，而集合卡曼滤波同化技术则利用集合预报思想，通过一组集合预报得到预报误差协方差矩阵，很好地克服了卡曼滤波同化技术计算量大的缺点。

集合卡曼滤波同化技术自 1994 年由 Evensen 提出后，不断发展并在大尺度模式资料同化应用中取得巨大成功。其主要思路是：首先，根据背景场和观测值的特征误差分布来对背景场和观测值加以一系列的扰动，扰动后的平均作为最佳估计，样本协方差作为背景误差协方差的近似；经过积分，这些加上不同扰动的背景场和观测场进行分析，得到一组分析值，用这组分析值的差异作为分析误差的统计样本来进行分析误差协方差的估计。对这组分析值作预报，就可以得到一组预报值。同样，可以再将这组预报值的差异作为背景误差的统计样本来进行背景误差协方差的估计，进行同化。

集合卡曼滤波是一种纯的统计蒙特卡罗方法，模式状态的集合在状态空间中随时间演变，集合的均值为模式预报值的最优估计，集合的发散分布代表了误差方差。在测量时刻，每一个测量值被另一个集合所取代，集合的期望值就是测量值的最优估计，集合的方差反映了测量误差。集合卡曼滤波同化方法主要包含预报阶段和分析阶段两步。

具体来看，通过模式积分运算进行预报，如果在同化时间节点存在观测数据，则将前一个同化时间步长内的背景场与观测场进行数值同化，经过计算得到分析场，由分析场作为下一个时间步长的初始场继续积分运算进行预报。

1）集合卡曼滤波方法的优势

第一，集合卡曼滤波方法，简化了同化系统中背景误差协方差的计算和传播过程。而其他数据同化方法，在误差协方差矩阵的演化方面需要消耗大量的计算资源。变分同化方法，在同化部分中需要用到伴随方程来求解目标函数。因此在同化过程中，在同化观测数据的同时，还需要同步伴随方程，大大增加了对计算资源的消耗。而集合卡曼滤波方法由于不必将误差协方差矩阵向前预报，也就避免了求解伴随方程这一问题。

在传统卡曼滤波方法中，在每一步更新之后，误差协方差矩阵都要向前传递。而误差协方差矩阵的规模往往很大，其传递往往要占用很多机时，动力系统的变量维数很大时，卡曼滤波方法的实施将非常困难。为了解决这一问题，人们往往假定，背景误差协方差矩阵是各项同性的，并且随时间不变。这一假定的好处就是简化更新过程，提高计算效率，但对实际应用而言，由于是在某一假定前提下，长期保持背景误差协方差矩阵不变，但是观测数据是随时变化的，当观测数据的空间分布发生变化，不再符合前提假定时，将导致背景误差协方差矩阵与观测误差协方差矩阵的不协调。这样一来，固定的协方差矩阵反而限制了增益矩阵的实时更新，对同化结果产生重要影响。然而对集合卡曼滤波方法而言，其通过一组状态集合的方式来传递误差协方差矩阵，在实际计算过程中，只需要记录状态集合，从而节省了空间，而且降低了对计算资源的消耗。

第二，集合卡曼滤波方法解决了传统卡曼滤波无法在强非线性系统中有效实施的问题。集合卡曼滤波方法，通过对一组集合状态进行时间积分，这一组集合状态定义了模式状态的概率密度函数，在积分过程中，概率密度函数将随时间演化。在演化过程中，认为统计噪声在背景误差协方差和观测误差协方差中占有主导地位。因此可以将此积分过程抽象为通过马尔可夫链蒙托卡罗方法求解概率密度演化的 Fokker-Planck 方程（Keppenne，2000）。因此即使在强的非线性系统下，集合卡曼滤波方法也能有效把握误差的演化过程。同时在积分过程中，在不断同化观测数据的同时，能给出关于估计系统状态的误差统计变量。而传统方法中，由于采用了切线模型，这一准近似假设，在强非线性动力系统下，将会导致所谓的闭合问题以及误差的无限增长。

第三，集合卡曼滤波方法，是一种循序同化方法，在同化过程中，能不断同化新的观测数据。在没有获得观测数据时，将一组模式状态不断向前积分，直至获得新的观测数据为止。获得了观测数据之后，在对应时刻，系统启动同化部分。吸收最新的观测数据之后，经过分析方程的计算，得到新的一组系统状态。再继续向前积分。直到获得下一组新的观测数据。这样一个循环过程，更加符合实际需要，便于及时有效利用实时获得的观测数据。

第四，集合卡曼滤波同化方法在同化多种变量时，在分析过程中，能有效考虑各变量之间的相关关系。在同化观测数据时，通过分析方程计算新的一组系统状态时，包含着系统变量的统计特征，例如不同变量的协相关关系。因此，即使仅仅同化一种观测数据，也会使得其他未同化变量产生相应的改善。

2）集合卡曼滤波方法的发展历程

集合卡曼滤波方法在实际应用中，只能选取有限个数的状态集合。如果组成集合的状态个数太少，就无法形成对系统状态概率密度的有效估计，而现有计算条件无法支持选取足够的状态个数（van Leeuwen，1999）。针对这一缺陷，许多学者不断探索新的办法。

Evensen 和 van Leeuwen（1995）通过奇异值分解方法来求解同化系统的更新方程，同化中只采用特征值显著的模态。该方案在观测数据相关性高以及观测个数远大于状态个数的情况下，能得到较好的结果。而 Houtekamer 和 Mitchell（1998）指出，如果通过系统的短期预报结果来计算模型的背景误差协方差矩阵，并在同化过程中采用该协方差矩阵作为系数，将导致“inbreeding”问题。同时他们还针对这一问题提出了一种解决办法，即双集合卡曼滤波方法。双集合卡曼滤波方法将状态个数分为两部分，一部分用于计算背景误差协方差矩阵，并将其结果用于另一部分的同化更新方程中。随后，van Leeuwen（1999）针对双集合卡曼滤波方法进行细致研究，发现该方法仍然能导致类似但程度较轻的“inbreeding”问题。其原因为用一组状态集合来计算增益矩阵，而同时又将该增益矩阵应用于更新同一组状态集合中。因此，双集合卡曼滤波方法并不可行。

接着，Anderson（2001）和 Hamill et al.（2001）又提出一种新的解决办法。更新过程中，通过对背景误差协方差矩阵乘以一个守恒因子，使得系统状态的背景误差始终保持一定的规模，避免更新方程中观测数据的权重系数随同化过程而减小，维持系统状态在相空间的平衡。Anderson（2001）提出一种集合调整卡曼滤波数据同化方法。该方法与传统集合卡曼滤波方法类似，其差别主要在于，在同化部分更新系统状态中，增加对观测数据滤波的伴随模块。经过实验验证，集合调整卡曼滤波方法比传统的集合卡曼滤波更有优势。这也说明，传统集合卡曼滤波方法中观测数据的误差估计主要是通过对误差的随机估计得到的，而该随机方法对数据同化效果有反作用，限制了传统集合卡曼滤波方法的表现。在传统集合卡曼滤波方法中，每一个系统状态都是独立更新的，如果在一组状态中，有两个状态非常类似，而他们同化的观测数据差别很大，则更新过程中，观测数据的权重也将增大，得到的新状态集合中，这两个状态之间的相关性将降低，使得这一组系统状态更具有代表性。如果观测数据与模式预报结果的相关性很高，这也是现实中往往会发生的，其结果将导致一系列误差（Hamill et al.，2001），因此，学者们开始考虑将观测数据的权重限制在一定范围内，减少对整个场的影响。Houtekamer 和 Mitchell（2001），Hamill et al.（2001）通过“Schur product”（Paulsen et al.，1989）对背景误差协方差矩阵进行滤波，即在状态集合的背景误差协方差矩阵乘以一个与距离有关的函数。对每一组观测数据都划定一个影响半径，距离观测数据最近的地方，权重为 1.0，超过了影响半径之外的距离，权重为 0。该方法虽然会导致一些虚假的不稳定，但仍能提高同化效果。

Hamill 和 Snyder（2000）基于集合卡曼滤波方法和三维变分方法，发展了一套混合数据同化方法，在该方法中，背景误差协方差矩阵的估计结合了状态集合的协方差和一个稳定模式。同时，他们将该方法付诸于一个准地转的理想模型，发现，当状态集合的个数增大时，同化结果有一定程度的提高。经过近十年的不断演化，集合卡曼滤波方法逐步成熟，并不断被应用于实际中。本项目中，我们以集合卡曼滤波方法为基础，构建适用于青岛近海的表层海流数值同化系统。

4.3.3.2 改进集合卡曼滤波方法

改进集合卡曼滤波方法，与传统集合卡曼滤波方法的不同之处在于：传统集合卡曼滤波在每两次数据同化间隔内，需要进行 N 次完整的积分运算（N 为集合数），即每一个集合都要经过整个同化时间步长的运算进行预报。而改进集合卡曼滤波则只需要进行 1 次完整的积分运算，采用初始集合最优估计做顺序积分的变化趋势，代替 N 个集合的依次积分作为集合扰动矩阵，在集合扰动矩阵与观测资料的误差协方差矩阵方差最小的情形下得到分析场，并以此分析场作为下一步积分的初始场，如此循环。

采用集合卡曼滤波方法计算分析场的公式为：

$$A_a = A + A'A'^T H^T (HA'A'^T H^T + \gamma\gamma^T)^{-1} D',$$

其中，$A \epsilon R^{n\times N}$ 为模式运算的结果向量，$A' \epsilon R^{n\times N}$ 是集合扰动矩阵，H 为观测算子，$\gamma \epsilon R^{n\times N}$ 为观测扰动值集合，D 为观测矩阵，$D' = D - HA \epsilon R^{m\times N}$，$n$ 为向量的维数，m 为观测数。

在改进集合卡曼滤波方法的计算中，最核心的问题便是简化 N 次集合预报的过程，将同化时间步长内 N 次运算结果分别与前一次运算结果相减的差值矩阵作为集合扰动矩阵，以此计算分析场。一个同化时间步长内的具体计算过程如下：

$$①A_0 \to A_1 \to A_2 \to \cdots\cdots \to A_{N-1} \to A_N \in R^{1\times N},$$

$$②A'_1 = A_1 - A_0,\ A'_2 = A_2 - A_1,\ \cdots\cdots,\ A'_N = A_N - A_{N-1} \in R^{1\times N}$$

$$A' = (A'_1,\ A'_2,\ \cdots\cdots,\ A'_N) \in R^{n\times N},\ \overline{A'} = \frac{1}{N}\sum_{i=1}^{N}(A'_i) \in R^{1\times N}$$

$$③B' = A' - \overline{A'} \in R^{n\times N}$$

$$④A = B' + A_N \in R^{n \times N}$$

$$⑤HA' = HA - \overline{HA} \in R^{m \times N}$$

设集合数为 N，将相邻同化时间间隔 N 等分，保存同化时间间隔内的 N 个模式运算结果。相邻的两个结果相减得到集合扰动矩阵 A'，并取平均$\overline{A'}$。集合扰动矩阵 A'与$\overline{A'}$相减得到 B'。B'与该时刻同化前模式的运算结果 A_N 的和作为集合矩阵 A。观测算子 H 不需要单独计算，直接计算 HA 为集合中向量在观测点的投影，即第 N 列集合矩阵 A 投影到观测场所得到的 m 个值。然后根据上述的计算结果 A、HA'、$\gamma\gamma^T$、D 等，采用 Evensen2004 提出的平方根算法 analysis4 程序计算分析场。

虽然集合卡曼滤波同化方法的计算效率已经比传统卡曼滤波同化有了明显的提升，但是随着高频实时观测数据的增多，对于实时同化系统和计算资源的要求也越来越高，改进集合卡曼滤波同化方法可以在保证预报精度的前提下减小计算量，提高同化系统的运算速度。

4.3.3.3 地波雷达海流数据同化技术路线

具体技术路线如下。

以卡曼滤波方法为例，同化的主要方程为：

$$\varphi^a = \varphi^f + K(d - H\varphi^f)$$

$$K = p^f H^T (HP^f H^T + R)^{-1}$$

$$p^a = (I - KH)P^f$$

根据方程，整个地波雷达数据同化流程如下图：

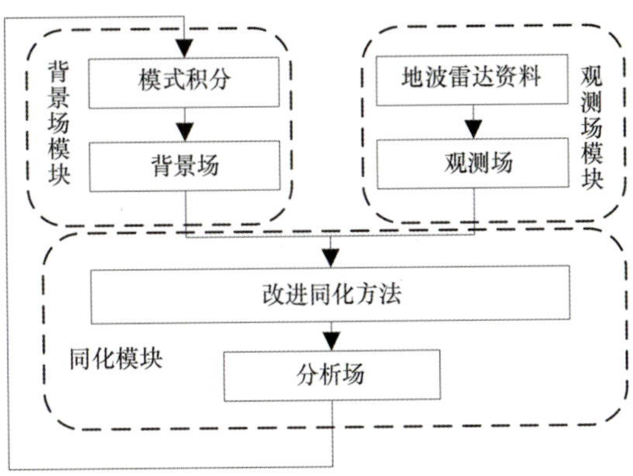

图 4-22 地波雷达数据同化流程

1) 建立北海区海洋环境动力模式——背景场（预报场）模块

海洋模式是对海洋过程进行模拟计算的数学模型，是目前研究海洋物理过程和进行预报的主要实现手段之一。海洋模式提供的预报场在同化方程中称为背景场。在实际运用过程中，海洋模式都做了一定程度的简化，所以存在客观误差。误差包括模式自身的误差以及输入资料的误差。前者有结构模型、模型参数初始状态等造成的误差；而后者主要包括流速、流向等实测误差。随着积分时间的推移，预报（背景场）误差会逐渐累积，从而影响预报精度。同化技术就是在进行预报时对误差进行实时校正。同时，背景场误差（方程中 P^f）又是同化方程的主要参量之一。

本系统中拟采用两个嵌套的三维海洋近岸模式来提供青岛近海地区动态的温盐流预报（背景）场。大区包含整个北海区，小区范围只局限于青岛近海。大区和小区模式都考虑风、潮和斜压作用，风场数据来自北海区 WRF 气象模式。嵌套模式的采用保障了小区模式的水平精度。

2）雷达数据收集和整理——观测场模块

将长时间序列的雷达观测数据处理成可以直接读取的统一格式。

参考单站等观测数据，利用比较、插值等方法对雷达观测数据进行质量控制和误差分析。

利用统计方法给出观测误差的协方差矩阵。

3）同化模块

根据雷达观测数据的特点（如高频、空间相关性等），采用顺序同化方法，建立数据同化模块。

考虑近岸海洋数值模式高度非线性的特点，选择集合卡曼滤波的同化方法。

设计和试验各种主要的集合卡曼滤波方法，利用理想数据对各类集合卡曼滤波同化方案进行比较和验证，进行具有指定协方差形式的正态分布随机扰动场产生方法的研究。

4）分析和输出模块

根据同化效果构建三维流场的预报，分析加入雷达数据同化后海洋模式的预报能力，并验证预报的有效性。

4.3.3.4 同化试验及结果讨论

根据我们前面对雷达数据的描述可以发现，雷达数据的水平分辨率跟模式的水平分辨率近似。所以为了进一步了解同化模块对数据的要求，我们共设计了四个实验：

（1）对照试验，在该实验中不加入任何数据同化；

（2）同化 1，在该实验中同化进入所有可用的观测数据；

（3）同化 2，在该实验中，使用 20%的观测数据，均匀减少，即增大观测数据的密度；

（4）同化 3，在该实验中，使用 5%的观测数据，均匀减少，即增大观测数据的密度。

所有这些实验都是从 2012 年 1 月 1 日启动，同化窗口为 2012 年 2 月 1 日至 2 月 29 日。分析间隔为 1 h，不过在观测缺省时不进行分析，但是缺省的时刻不多，可以忽略。分析变量为表层的温盐流，因为观测数据也仅代表表层 0.5 m 的高度。垂向上的变量将随着模式向前积分而随之发生改变，因为模式每步的计算就是按照从边界到中心，从表层到底层的顺序。

4.3.3.5 同化前后流场对比分析

首先分析前两个“twins”实验，其中一个是不加同化的对照实验，另一个是采用了同化方法后，并且同化进去所有可用的观测数据的同化 1 实验。之前我们提到过这两个实验的水平分辨率为 500 m，这跟雷达观测数据的水平分辨率是一致的。

图 4-23 为对照实验和同化 1 实验表层流场（放大到雷达观测区域及附近海域）对比图，通过该图来分析同化对预报流场的影响。该图显示同化后更新的流场主要集中在雷达观测覆盖的区域及邻近海域，随着模式的向前积分，整个模拟区域的流场都随之得到更新。对比同时刻雷达观测的表层流场（见图 4-24），我们发现对照实验的表层流场跟雷达观测的表层流场吻合性较差，因为观测的流场在该时刻的主流方向为东向，而对照实验的主流方向为东北向。并且，观测流速值比参照实验模拟的流速值稍微偏大。从图 4-23 中，我们可以看出，同化后流速的大小和主流向都得到了明显的改善，这说明该同化流程可以很好的捕捉近岸流的尺度和范围。

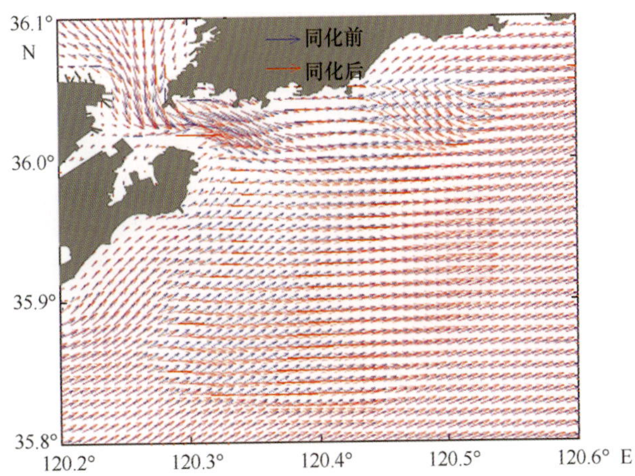

图 4-23 同化前（蓝色箭头）后（红色箭头）表层流场对比图（2012. 2. 15 2：00）

为了检测同化带来的信息，我们计算了两个实验结果和观测数据的表层平均动能；

$$E_k = \frac{1}{\Omega}\int_{\Omega} U^2 \mathrm{d}s$$

其中，Ω 代表雷达观测覆盖的区域，$U \equiv \| u_H \|$ 代表水平流速。假定海水密度为常量并且省略掉。该方法的优点在于可以评价修订了的流场（尤其是近岸流场），特别是改善的流场最大值略偏移位置时。

图 4-25 展示了参照实验和同化 1 实验对比于观测数据的散点图，相关系数显示在图片的左上方，拟合线和 45°倾斜线也显示在图片上。从图中可以看出，对照实验低估了近岸流的能量，同化后近岸流的表达能力得到了很大的改善，能量几乎和观测达到一致。

为了评估该同化方法的同化质量随时间的变化情况，计算了对照试验和同化 1 实验在 u

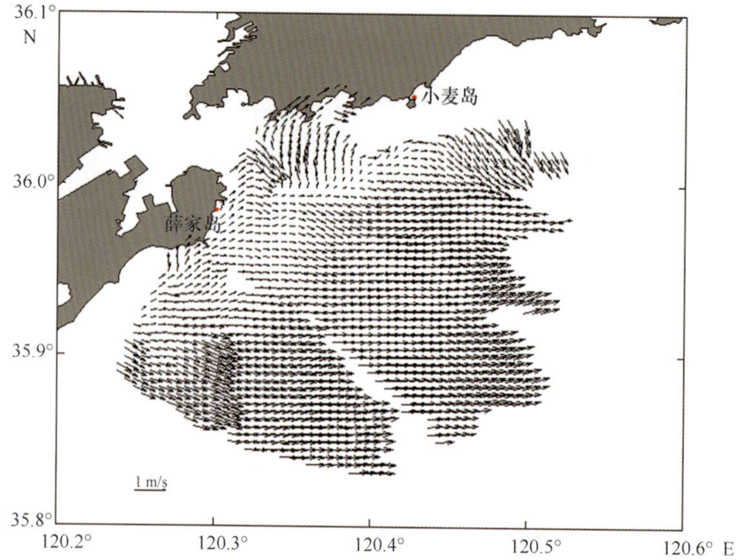

图 4-24　雷达观测的表层流场图（2012. 2. 15 2：00）

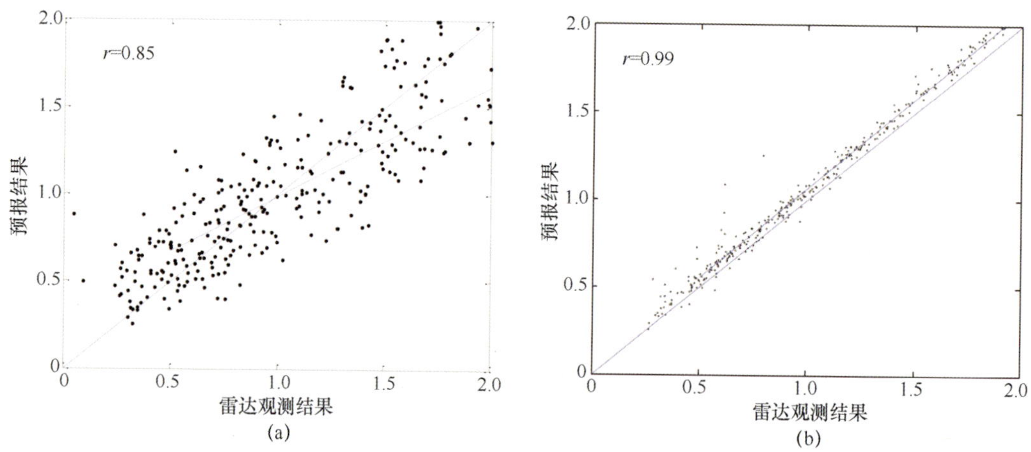

图 4-25 对照实验（a）和同化 1 实验（b）对比与观测数据的散点图

分量和 v 分量上的均方根（RMS）误差（见图 4-26）。从图中可以看出，同化后两个分量上的均方根误差均明显小于对照实验（即同化前）的结果。均方根误差减少值在10 cm/s左右，并且 u 分量的减少值小于 v 分量的减少值。这是因为沿岸流的流速要大于离岸流的流速。

总之，同化了雷达数据后，表层流场的结构明显接近于观测值。

4.3.3.6　观测场密度对同化结果影响分析

雷达观测数据的水平分辨率与我们模式的水平分辨率是几乎一致的，但是，通常卫星或者浮标观测数据的水平分辨率达不到这样的水平。为了证实观测数据水平分辨率对同化效果的影响，于是，通过改变观测数据的密度，我们进行了另外两个同化实验，即同化 2 和同化 3。

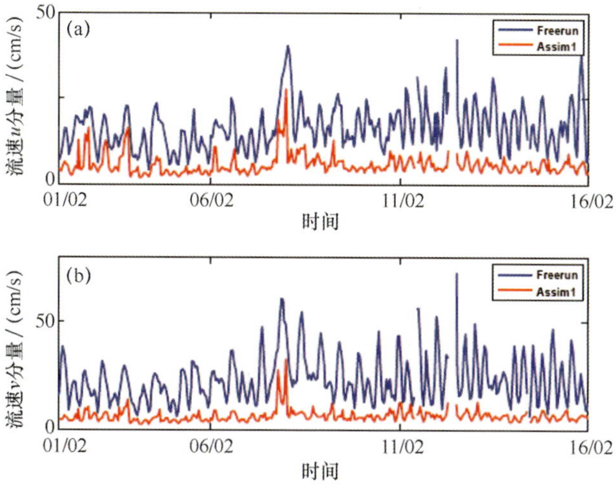

图 4-26 对照试验（蓝线）和同化 1 实验（红线）在 u 分量（a）和 v 分量（b）的均方根误差

首先，我们对比观测和同化实验得到的表层流场。图 4-27 和图 4-28 分别为同化 2 和同化 3 的表层流场与观测的流场对比图。对比同时刻的同化 1 实验的表层流场结果（图 4-23），我们发现差别不是很大。随着同化实验使用的观测数据的减少，同化效果轻微减弱，即使仅使用 20%的数据，模拟场仍然得到了改善。但是只使用 5%的观测数据时，同化明显降低，这时，背景场的主导地位显现出来。为了对同化效果进行定量分析，我们同样计算了这两个实验在该时刻的均方根误差，如表 4-1 所示。

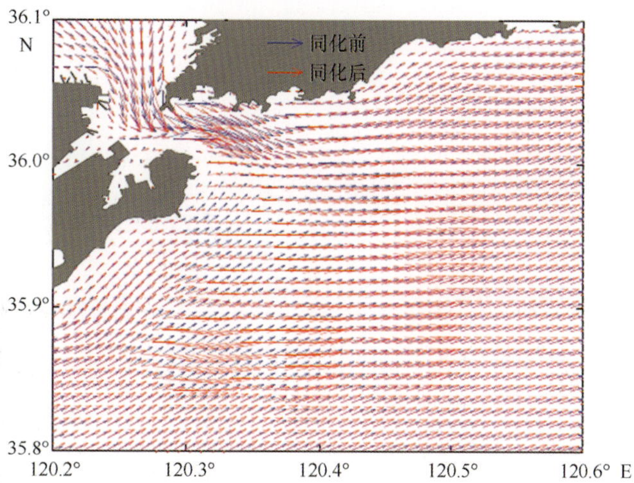

图 4-27 同化 2（红色）与观测的（蓝色）表层流场对比图（2 月 15 日 2：00）

为了评估同化效果随时间的变化情况，我计算了所有同化实验和对照试验相对于雷达观测数据的均方根误差（图 4-29）。从图中可以看出，随着观测数据的减少，均方根误差增大，同化效果降低。但是，仅使用 20%的数据的同化效果跟使用全部数据的同化效果相差不大，说明观测数据描述的结构比观测数据本身的数量要重要得多。

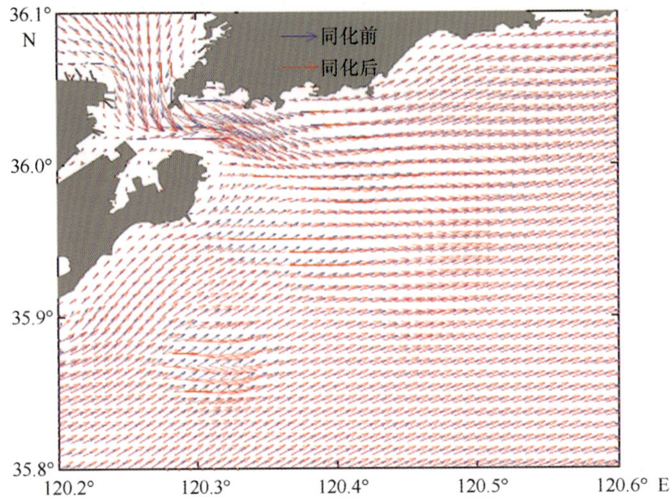

图 4-28　同化 3（红色）与观测的（蓝色）表层流场对比图（2 月 15 日 2：00）

表 4-1　均方根误差　　单位：cm/s

实验名称	U	V
对照试验	22. 58	16. 35
同化 1	5. 64	3. 10
同化 2	9. 86	6. 55
同化 3	17. 61	11. 71

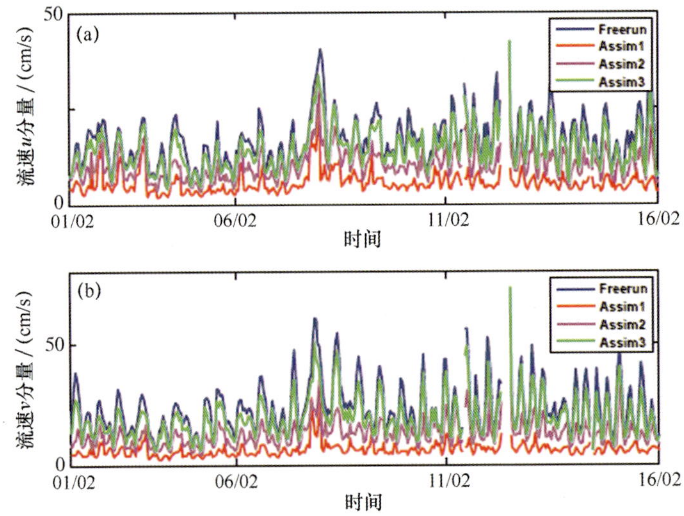

图 4-29　对照试验（蓝线）和同化 1 实验（红线）、同化 2 实验（粉色）、同化 3 实验（绿色）在 u 分量（a）和 v 分量（b）的均方根误差

通过现有实验表明，所研发的同化方法适用于高频雷达观测数据的同化工作。并且，同

化后近岸流得到了很大的改善。通过对比同化不同的观测数据的密度的实验，我们发现，首先，我们的同化方法是成功的，因为，随着观测数据的减少，同化效果是降低的。其次，观测数据描述的流场结构比观测数目本身要重要得多。因此，在保证观测提供的结构的基础上，可以适当的删减观测数据。将相关性高的数据舍弃掉。换句话说，增大观测数据覆盖的范围比增大观测密度更重要、更有用。

4.4 预报系统验证

4.4.1 海表面环境动力预报系统验证

4.4.1.1 检验方法

进行 2015 年 1—12 月数值预报产品中 0~24 h、24~48 h、48~72 h 这 3 个时段范围内的逐时风向的均方根误差检验和逐时风速的均方根误差和相对误差检验。

（1）逐时海表面 10 m 风向预报平均绝对误差（R_θ）检验

计算公式为 $R_\theta = \dfrac{\sum_{i=1}^{N} |\theta_{fi} - \theta_{oi}|}{N}$，其中 θ_{oi}为检验海域实测的逐时海表面 10 m 风向，θ_{fi}为检验海域预报的逐时海表面 10 m 风向，N 为检验样本数。

（2）逐时海表面 10 m 风速预报均方根误差（R_D）检验

计算公式为 $R_D = \sqrt{\dfrac{\sum_{i=1}^{N} (d_{oi} - d_{fi})^2}{N}}$，其中 d_{oi}为检验海域实测的逐时海表面 10 m 风速，d_{fi}为检验海域预报的逐时海表面 10 m 风速，N 为检验样本数。

（3）逐时海表面 10 m 风速预报相对误差（P_D）检验

计算公式为 $P_D = \dfrac{\sum_{i=1}^{N} \left|\dfrac{d_{fi} - d_{oi}}{d_{oi}}\right|}{N}$，其中 d_{oi}为检验海域实测的逐时海表面 10 m 风速，d_{fi}为检验海域预报的逐时海表面 10 m 风速，N 为检验样本数。

4.4.1.2 检验结果

计算浮标 2015 年 1—12 月 N13（37° 13.59′N，122° 49.75′E）、N14（35° 14.28′N，120° 44.87′E）和小麦岛海洋站的海表面风场 0~24 h 预报误差。统计分析看出，浮标站24 h 预报结果的风速均方根误差在 1.96~2.2 m/s 之间，风向平均绝对误差在 18.6°~33.39°；而

海洋站 24 h 预报结果的风速均方根误差在 2.22 m/s，风向平均绝对误差在 26.11°，相对浮标误差较高，这主要是由于海洋站位于岸边，风速、风向受地理位置和周边环境影响较大，风力较之海上有明显衰减，使得实测风速小于预报风速，但整体趋势仍较为一致；对于离岸较远、受陆地影响小的开阔海面，数值模拟结果可以很好地反映风力变化。

从相关系数上看，浮标站风向的相关系数在 0.78~0.93 之间，海洋站风向相关系数在 0.81~0.90 之间，说明预报与实测风向的一致性较好，能反映天气系统的演变过程。研究结果发现，黄海平均风速较低的 6—8 月，风速相关系数也较低，主要原因为夏季天气系统较弱，风速小，呈现出较强的随机性变化趋势，冬季受冷空气影响系统稳定，且平均风速大，因此相关性更好；风向也呈现出夏季相关系数变小的特征，但总体上相关性较好。

4.4.2 海洋环境动力预报系统验证

4.4.2.1 检验方法

逐月对 2015 年的数值预报产品中逐时海流流向进行均方根误差检验，逐时海流流速进行均方根误差和相对误差检验。

（1）逐时海流流向预报平均绝对误差（R_θ）检验

计算公式为 $R_\theta = \dfrac{\sum_{i=1}^{N} |\theta_{oi} - \theta_{fi}|}{N}$，其中 θ_{oi} 为检验海域实测的逐时海流流向，θ_{fi} 为检验海域预报的逐时海流流向，N 为检验样本数。

（2）逐时海流流速预报均方根误差（R_D）检验

计算公式为 $R_D = \sqrt{\dfrac{\sum_{i=1}^{N} (d_{oi} - d_{fi})^2}{N}}$，其中 d_{oi} 为检验海域实测的逐时海流流速，d_{fi} 为检验海域预报的逐时海流流速，N 为检验样本数。

（3）逐时海流流速预报相对误差（P_D）检验

计算公式为 $P_D = \dfrac{\sum_{i=1}^{N} \left| \dfrac{d_{fi} - d_{oi}}{d_{oi}} \right|}{N}$，其中 d_{oi} 为检验海域实测的逐时海流流速，d_{fi} 为检验海域预报的逐时海流流速，N 为检验样本数。

4.4.2.2 检验结果

对绿潮海域综合流流速和流向数值预报产品进行了 N13、N14 站位 2015 年 1—12 月逐月检验，并得到了各月各站位流速相对误差、均方根误差和流向平均绝对误差，以及曲线对比图、散点图和相关系数。

选取浮标实测流速>20 cm/s 的数据进行统计，结果可以看出，各站各月综合流流速预报的均方根误差为 8.09~16.17 cm/s，相对误差在 12.69%~26%，误差最小值出现在 N14 站位。各站各月综合流流向预报的绝对误差为 19.34°~27.17°，满足业务化系统建设要求小于 30°的条件。

4.5 技术成果

建立了黄海海域精细化大气海洋动力环境业务化预报系统。该系统集成多套国际先进的气象、海流、波浪数值预报模式，实现了在绿潮发生海域海洋、大气环境要素的精细化预报。自主研发绿潮环境动力实时同化技术，利用自主研发的改进集合卡曼滤波同化技术实现对地波雷达海流实时观测数据的同化；利用三维变分循环同化技术实现海面海洋站、浮标海面风和气压实时观测数据的同化。

5 黄海绿潮发展过程应急预测预警技术

在不考虑绿潮自身生态特征的情况下，绿潮藻在海水中的移动可以看做是质点跟随海流的物理运动，所以现有的绿潮发展过程应急预测主要采用拉格朗日粒子追踪方法，基于绿潮海表面和海洋环境动力预报系统的风场和流场，建立绿潮应急漂移模型。利用绿潮应急漂移模式，进行绿潮外缘线趋势和绿潮斑块精细化预测，主要预测未来绿潮漂移路径、方向、速度和可能影响范围等。基于绿潮漂移预测模式，考虑温度、光照、营养盐供给等因素对浒苔生长和死亡的影响，可建立绿潮生态动力学模式，进一步对绿潮藻的生物量进行预测。

针对绿潮预测预警业务化工作的需要，研究绿潮灾害等级划分和警报发布技术。统计分析了绿潮监测预警工作的基础数据，在分级指标和发布内容的选取中遵循了科学性、实用性、可操作性的原则，适用于今后的绿潮预警业务化工作。本技术的实行将使绿潮预报和警报发布工作更加科学化、标准化、制度化，有利于绿潮灾害的准确分级和预警报的及时发布。

5.1 黄海绿潮应急快速漂移预测模式建立

5.1.1 拉格朗日粒子追踪方法介绍

动力数学模式是基于欧拉场建立，而要描述质点的运动，需采用拉格朗日的观点，这就涉及到如何将欧拉场中的结果转换为拉格朗日质点位移。

在欧拉场中，对平面二维问题，任意空间点的速度可表示为：

$$\vec{V} = \vec{V}(x,\ y,\ t)$$

采用拉格朗日观点，任意质点的速度可表示为：

$$\vec{V}_L = \vec{V}_L(x_L,\ y_L,\ t) = \frac{\mathrm{d}\vec{X}}{\mathrm{d}t}$$

上式实际上建立了求解质点位移的一阶常微分方程。改写上式，质点的运动轨迹可通过如下积分求得。

若每一时刻的 $\vec{V}_L$ 已知，可通过数值积分的方法由上式求出质点的运动轨迹。

粒子的漂移速度$\vec{V}_L$计算公式为：

$$\vec{V}_L = \vec{V}_W + \vec{V}_t + \vec{V}_r + \vec{V}_h$$

式中，$\vec{V}_W$——由风力和波浪作用产生的速度分量；

$\vec{V}_t$——潮流作用产生的速度分量；

$\vec{V}_r$——潮致余流作用产生的速度分量；

$\vec{V}_h$——环流（包括风海流和密度流）作用产生的速度分量。

潮流流速分量$\vec{V}_t$和$\vec{V}_r$，由潮流系统预报的潮流场数据插值得到。环流流速分量$\vec{V}_h$，由环流预报系统预报环流流场数据插值得到。

5.1.2 风力系数

风力系数是粒子漂移速率与风速的比值。粒子漂移速率U_{WC}（东分量）和V_{WC}（北分量），分别由下式计算：

$$U_{WC} = C_1 U_W$$

$$V_{WC} = C_1 V_W$$

式中，U_W——风速的东向分量；

V_W——风速的北向分量；

C_1——风力系数（%）。

风力系数C_1是一个常数，根据实测结果，C_1的变化范围5%~50%。如果表面流场计算已经考虑了风的因素，风力系数应相应地减小。在绿潮漂移预测模式中，绿潮藻漂移的速度是作用于藻体上的风力和海流的综合结果，与漂移物的形状、大小等特征有关。

5.1.3 风偏角

风偏角是风向与粒子漂移方向的夹角，顺时针为正。风力引起的漂移速率，U_{Wd}（东分量）和V_{Wd}（北分量）由下式计算：

$$U_{Wd} = U_{WC}\cos\theta + V_{WC}\sin\theta$$

$$V_{Wd} = U_{WC}\sin\theta + V_{WC}\cos\theta$$

式中，U_{Wd}——风偏角的风速东向分量；

V_{Wd}——风偏角的风速北向分量；

θ——风偏角。

5.1.4 考虑障碍物的阻挡作用

2008年黄海绿潮大面积暴发。为了有效阻挡和打捞绿潮，在2008年北京奥运会帆船/板赛场附近海域采用围栏和流网等障碍物进行阻挡（图 5-1（a）中 A、B、C、D、E 指奥运会帆船/板赛区，在其外围的虚线指围栏和流网），因此在绿潮漂移预测模式中设置不同的标志使绿潮斑块大部分被阻挡在围栏和流网外，而海水可以通过围栏和流网（见图 5-1），有效模拟了障碍物的阻挡。

5.1.5 绿潮应急预测方法建立

应急预测业务流程：基于应急遥感监测结果和海洋大气动力环境场，利用绿潮应急快速漂移模式，自动搜索绿潮所在区域相关动力环境数据，快速预测绿潮发展过程中漂移的轨迹和方向，并根据政府及相关部门的需要，漂移预测结果以漂移趋势图、动态图和轨迹图等不同形式出现。

模式输入场：基于绿潮灾害应急多源监测数据的融合结果，根据应急预测的需求，输入绿潮斑块的外缘线或者代表绿潮斑块散点。

海洋大气动力环境场：绿潮动力环境实时同化系统每天 8：00 之前提供业务化的大气和海洋环境要素（主要包括海面风场、潮流场和环流场等）。

快速算法：鉴于绿潮预测和打捞工作十分紧急，国家海洋局北海预报中心抓紧研发了快速预测方法。根据卫星监测综合结果，基于业务化的海洋动力环境实时同化系统的海面风场和流场，在模式中自动搜索绿潮所在范围，缩小模式的计算范围，很大程度缩短了计算时间，实现对绿潮漂移轨迹和方向的快速预测。

产品内容：环境预报产品包括黄海海域 72 h 风、浪预报，关注海域（海阳或青岛海域）72 h 天气、风向、风速、波高、海温、潮时的专项海洋环境预报。绿潮应急漂移预测结果根据政府需要，以绿潮漂移趋势图、动态图和轨迹图等不同形式呈现，同时制作绿潮现场打捞图、绿潮综合分析图和绿潮预警信息等信息。

5.2 黄海绿潮应急快速漂移预测模式和结果验证

5.2.1 海流和风力系数的比值修正研究

漂移目标的漂移轨迹，除了与当地的海况和自然环境有关以外，漂移物的自身特性也对漂移轨迹有很大影响，例如浸没比例和压载状况。为了更好地确定自然因素对搜寻物漂移轨迹影响的参数，国外专家进行了多次海上实验以及实验室仿真实验（Øyvind Breivi et al.，2011）；而在国内为修正模式参数而进行的海上的仿真实验较少。为了解青岛外海海域绿潮的漂移情况，国家海洋局北海预报中心于 2011 年 7 月 20 日在青岛大公岛外海海域开展了绿潮漂移预测的海上现场实验。

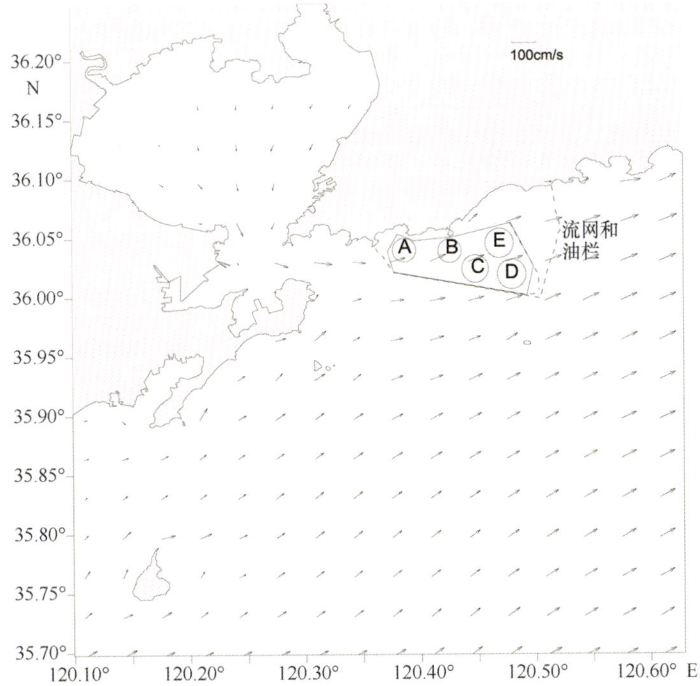

(a)

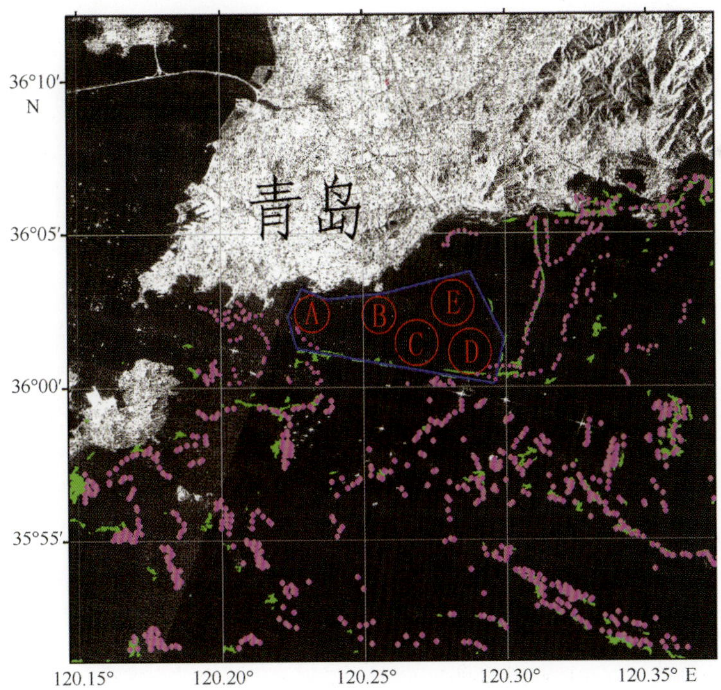

(b)

图 5-1　2008 年北京奥运会帆船/板赛区附近海域考虑围栏和流网

5.2.1.1 绿潮斑块海上漂移模拟试验

渔船在发现绿潮较大斑块的边界后（图 5-2），跟踪绿潮斑块的移动，现场进行数据采集如下：每 10 s 记录 1 次 GPS 位置；每 10 min 记录海面风速风向；搭载走航式 ADCP 测流，每 1 min 记录整层海流数据；连续跟踪测量 12 h。

从图 5-3 可以看出，被跟踪的绿潮斑块在 8：00 时先向西南偏南向漂去，在 13：00 时转向，向偏北向接近于原路的方向返回，于 13：30 时左右开始向西北偏西向漂移直至 17：49 时开始向西漂移。

图 5-2　绿潮斑块海上现场照片

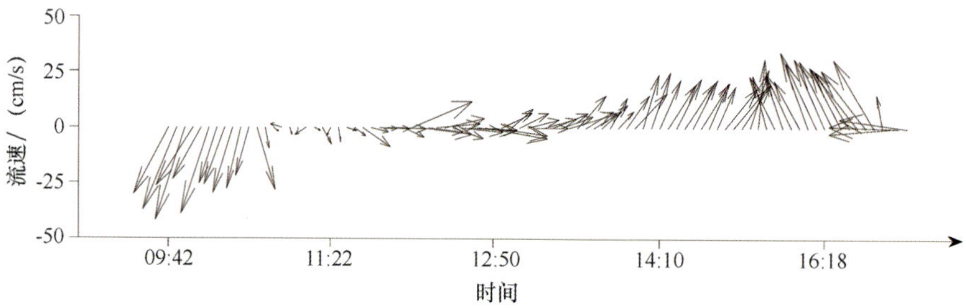

图 5-3　绿潮组跟踪船上负载的 ADCP 测量的流失量随时间变化曲线

5.2.1.2 漂移轨迹与影响因素的相关关系分析

图 5-3 为绿潮斑块跟踪船上负载的 ADCP 测量的流矢量随时间变化的曲线图。从图中可以看出，当时的流速平均值为 23 cm/s，最大流速为 45 cm/s。于 12：00 时之前基本上为西南向的流，之后至 13：00 时转为东向，13：30 至 14：50 逐渐转为东北向，之后转向为西北向，最后在接近 18：00 时转至西向。当天观测的海表面风随时间变化曲线如图 5-4 所示，从图中可以看出，该海域在当天基本上都是南风，10：00 前和 18：00 后风速较小，中间时

段风速较大，平均为 3 m/s。绿潮斑块（见图 5-5）开始在西南向流和南风的共同作用下向西南方向移动，当海流转向为东向时，绿潮斑块开始向北偏东向移动。在海流转向为东北向的这段时间里，由于流向和风向相同，绿潮斑块快速向东北向移动，随后继续跟随海流向西北向移动。由此可见，当天绿潮斑块在海面的漂移主要跟随海流的变化，但略有延迟；海面风也起到一定的影响作用。

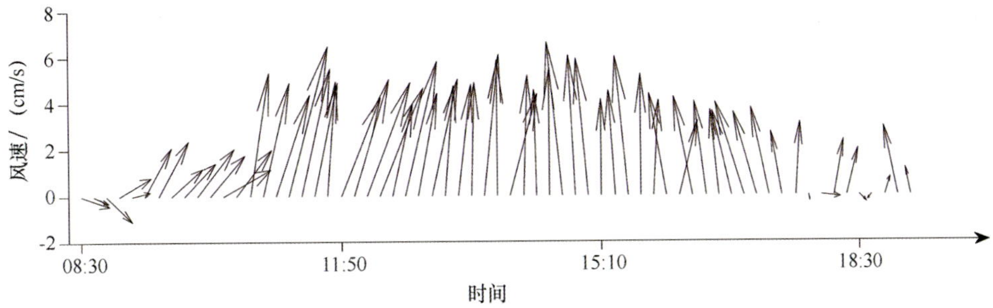

图 5-4　2011 年 7 月 20 日观测的海表面风场随时间变化曲线图

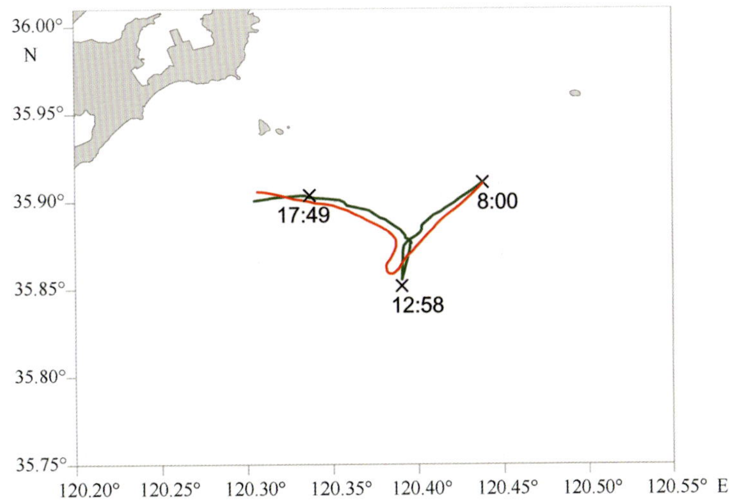

图 5-5　绿潮漂移轨迹观测值（绿线）和模拟值（红线）

5.2.1.3　修正海流和风力系数的比值

本次海上试验主要目的是通过海上试验的观测数据来修正现有绿潮漂移预测模式参数的设定，修订已有的海流和风力系数的比值。通过调整风力和海流系数比例（即风作用力和海流作用力的相对比例）进行一系列对比实验，绿潮的实验结果分别见表 5-1。从实验结果误差分析，海流系数和风力系数比例为 1.0：2.3 时，漂移方向和位置均方根误差最小（模拟轨迹见图 5-5 所示）。

表 5-1 绿潮漂移预测敏感性实验结果

实验序号	海流系数：风力系数	位置均方差误差（km）	漂移方向均方差误差（°）
GT01	1.5：2.0	1.3	69.1
GT02	1.5：2.5	1.6	62.6
GT03	2.0：2.0	1.8	75.1
GT04	1.5：2.3	1.5	63.3
GT05	1.8：2.3	1.6	70.3
GT06	1.2：2.3	1.3	63.4
GT07	1.0：2.3	1.5	31.4

5.2.2 风拖曳角度变化对绿潮漂移路径影响研究

由于绿潮表面比海水表面粗糙，衣立等（2010）研究表明：绿潮密集区的移动更倾向于与盛行风向一致，向下风方偏右 5°~40°方向漂移，受风和绿潮聚集程度影响。根据学者研究，黄海绿潮多发源于江苏外海附近海域，3 月初到 3 月中旬出现。因此，采用 NCEP 分辨率为 1°×1°的再分析资料作为初边值条件，采用 3DVAR 数据同化技术获得优化初值场，使用 WRF 中尺度气象模式进行降尺度数值模拟，得到高分辨率的气象强迫场，用以驱动海洋环境动力预报模式，模拟 2009 年高分辨率海面风场及流场，并通过浮标观测数据进行模式验证。在模式中，将绿潮粒子初始位置放在长江口外海以及江苏省南部外海海域，范围为 31.5°—32.5°N，121.0°—122.5°E，在海面 1/18°间隔等间距释放 356 个粒子。追踪计算时间从 3 月 1 日开始，持续到 8 月 31 日。为了便于分析统计，把源地划分为 ABCD 四块区域（见图 5-6），受绿潮影响比较严重的青岛附近海域是本次研究的主要目标海域，设定为 E 区，范围为 35.5°—36.7°N，119.5°—121.0°E。

在黄海绿潮漂移预测模式中分别设置右偏角度为 10°、20°、30°、40°，分析了风偏角对绿潮漂移路径的影响。并统计进入青岛附近海域 E 区的粒子数。图 5-7 分别给出了不同风拖曳角度绿潮粒子的轨迹分布。通过比较明显看出，沿着江苏沿岸运动的粒子随着偏转角度变大，逐渐往东北方向偏移。在 10°的偏转角度下，粒子更多地集中在海州湾，少量粒子进入青岛外海。在 20°的偏转角度下，有 17.13% 的粒子到达 E 区。随着角度的进一步增大，绿潮粒子逐渐偏离青岛外海，向山东海阳和乳山方向漂移。当右偏角度增加到 40°时，部分绿潮粒子越过成山角进入北黄海，此时对山东荣成有较大影响。同时随着偏转角度增大，向杭州湾和浙闽沿岸漂移的粒子逐渐变少，向朝鲜半岛漂移的粒子增多。

将风的右偏角度分别设置为 20°、30°和 40°，给出 6 月 15 日、6 月 30 日、7 月 15 日和 7 月 30 日这四天绿潮粒子分布情况，比较模式结果和遥感得到的绿潮分布（见图 5-8）。从图 5-8 看出，绿潮实测数据更为分散，模式数据相对更加集中，呈长条状。随着偏转角度的变大，粒子偏向东北方向移动，所覆盖的区域也越分散。根据 2009 年绿潮 MODIS 卫星监测结

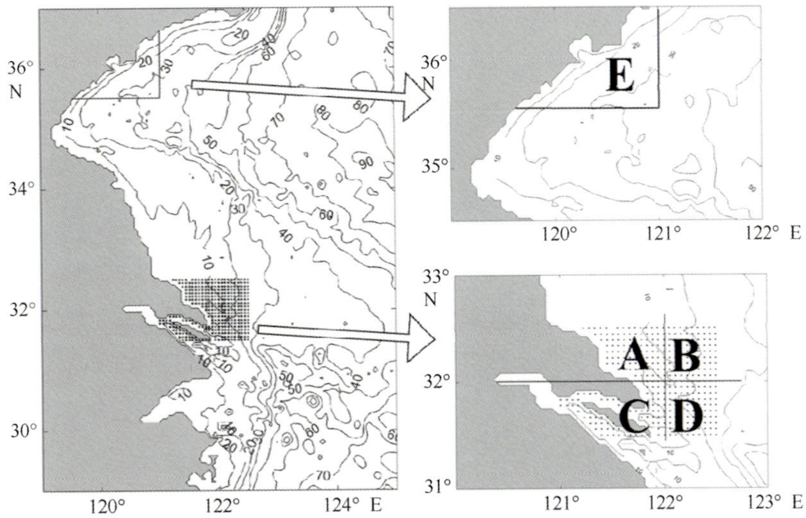

图 5-6 绿潮粒子的初始位置和影响区域

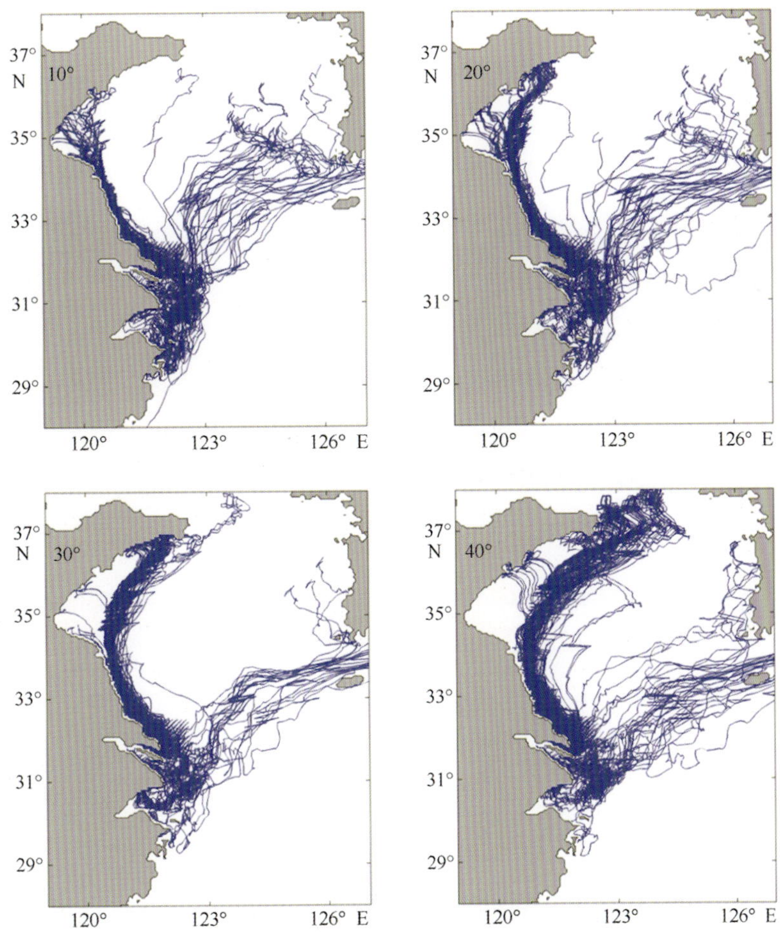

图 5-7 不同风拖曳偏转角度（10°、20°、30°、40°）下粒子轨迹图

果发现（见图 5-9），2009 年黄海绿潮发生比 2008 年晚约 15 d。6 月初在黄海中部盐城外海域发现明显漂浮绿潮；6 月中下旬黄海中部海域出现大面积漂浮绿潮，通过解译 6 月 22 日 MODIS 卫星影像，绿潮分布面积约为 17 000 km^2，最近距青岛大公岛 68 km；此后绿潮缓慢的向北偏东方向漂移，至 7 月中旬绿潮分布面积达到最大为51 000 km^2，实际覆盖面积为 1 600 km^2；7 月下旬绿潮分布在青岛、烟台、海阳等近岸海域，之后逐渐消亡。卫星监测结果可以看出 2009 年绿潮的规模大，但绿潮影响停留在青岛、烟台、海阳等近海海域，仅有零星绿潮登陆青岛沿岸。综合卫星监测结果和风偏角数值模拟实验（见图 5-8 至图 5-10）可以看出模式结果和实测在绿潮向北运动的纬度上符合得较好，模式能较好地反映出绿潮北上的速度。在实际情况下，随着风速和绿潮堆积程度的变化，风拖曳速度的偏转角度不会保持一个定常值，风偏角在 20°~30°之间比较合适。

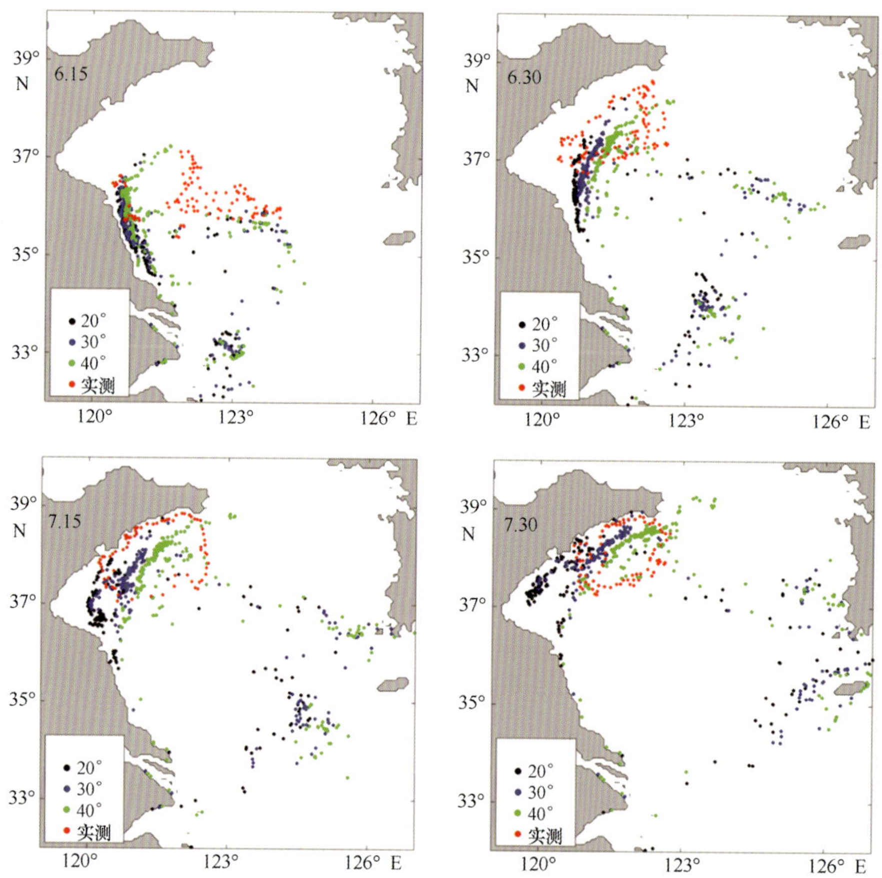

图 5-8　6 月 15 日，6 月 30 日，7 月 15 日，7 月 30 日三种偏转角度模拟结果和实测比较

5.2.3　绿潮应急漂移预测结果和验证

应急监测子系统中多源遥感监测结果，为海洋数值模式提供绿潮初始场，基于绿潮动力环境模式和漂移预测模式，模拟绿潮的漂移轨迹和方向，分析对重点海域和沿岸的影响。绿

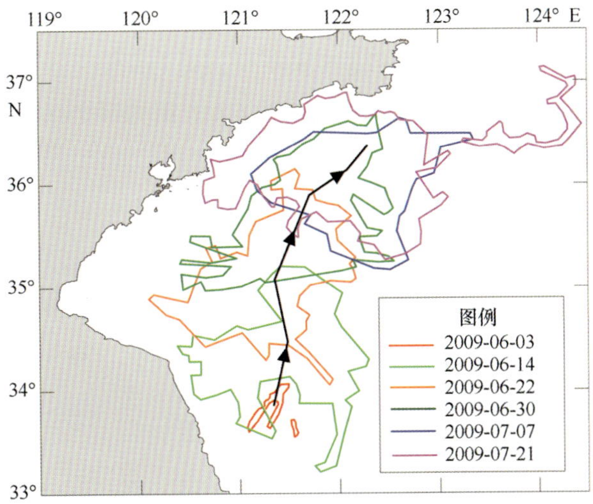

图 5-9　利用 MODIS 卫星解译的 2009 年黄海绿潮漂移趋势图

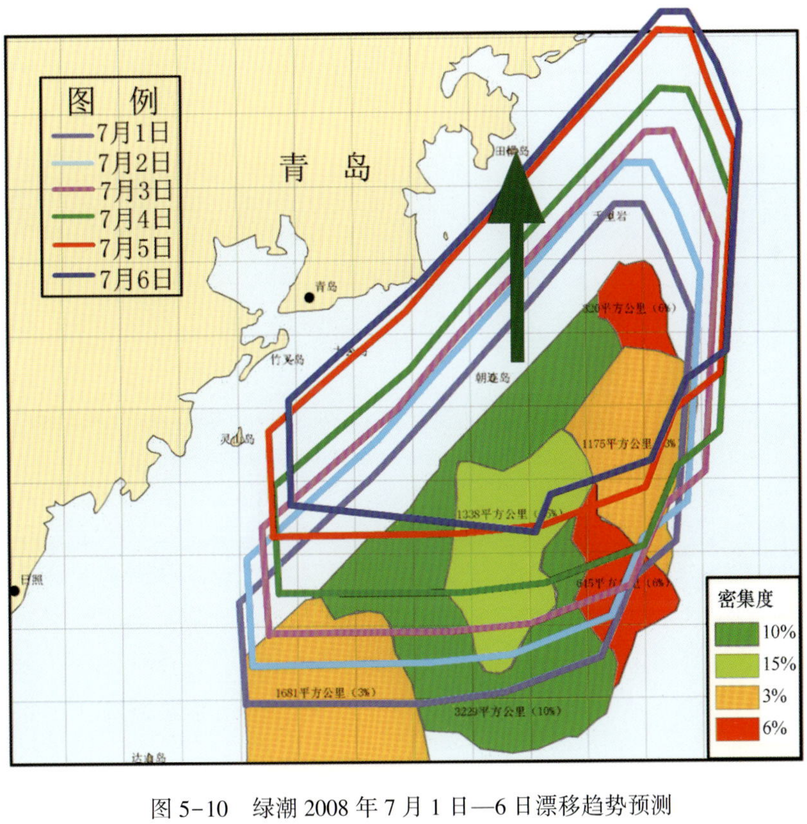

图 5-10　绿潮 2008 年 7 月 1 日—6 日漂移趋势预测

潮应急漂移预测结果根据政府需要，以绿潮漂移趋势图、动态图和轨迹图等不同形式出现。

5.2.3.1 绿潮漂移趋势和验证

根据2008年6月30日中国海监飞机监测结果，提取绿潮位置和分布范围等信息，基于三维全动力ROMS和WRF模式和绿潮应急预测结果，预测绿潮的漂移轨迹（见图5-10）。

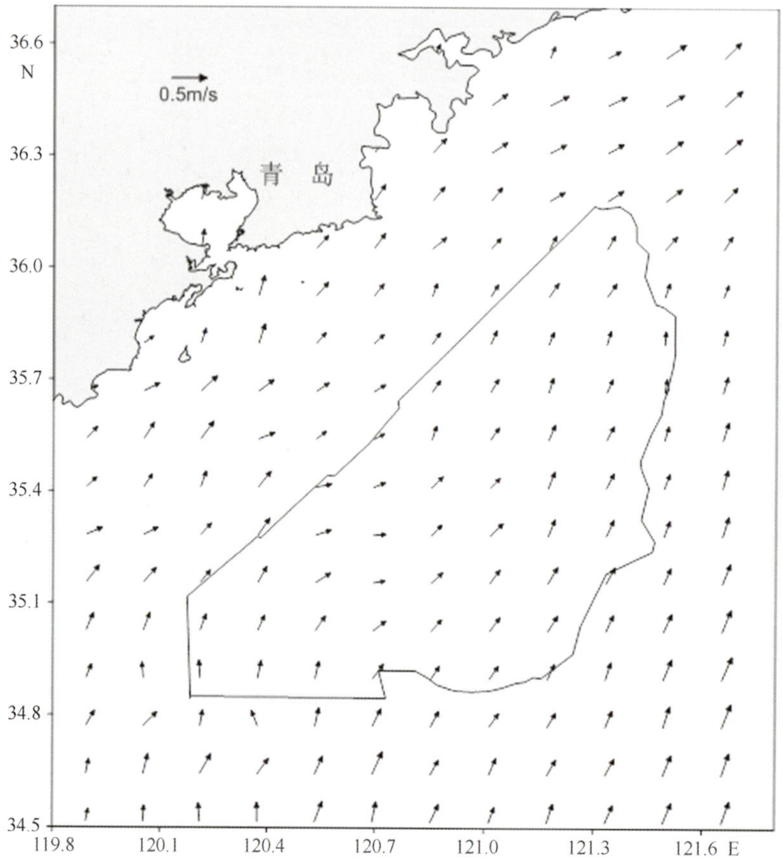

图5-11 青岛近海模拟表层流场6天（2008.7.1—2008.7.6）平均分布

图中多边形代表2008年6月30日所监测绿潮的范围

图5-11是青岛近海模拟流场未来6天（2008年7月1日—2008年7月6日）平均分布图。数值模拟结果显示受偏北向海流的影响，绿潮未来6天向偏北方向漂移，漂移速度12.8 km/d，与同时段卫星等多源监测的结果大体一致。

5.2.3.2 绿潮漂移动态和验证

SAR卫星成像分辨率为30 m，与MODIS和HY-1B卫星比对，能较好反映绿潮的信息。2008年青岛近海绿潮密集度比较高，绿潮分布特征比较明显。恰好2008年7月16日SAR COSMO-1和COSMO-2分别于18：16和19：04经过青岛近海（图像来源于国家卫星海洋应用中心，图5-12中A、B、C、D、E区域表示2008年北京奥运会帆船/板赛海域，多边形代表赛场警戒区，绿色代表绿潮。这个时间内绿潮打捞工作已经停止，而且SAR成像不

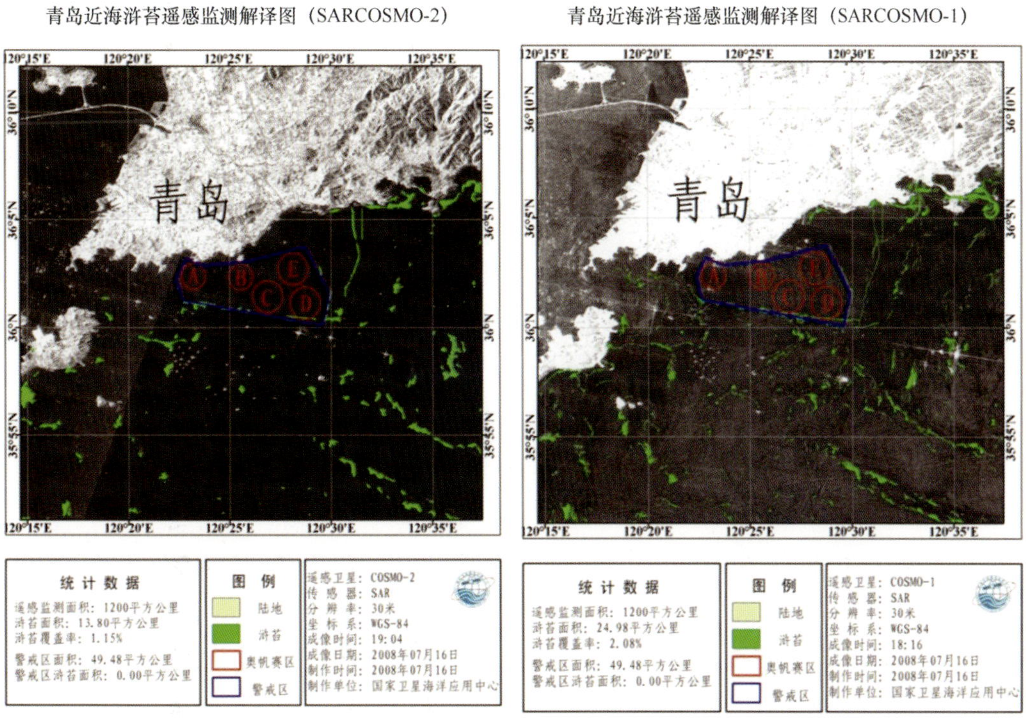

图 5-12　2008 年 7 月 16 日 SAR COSMO-1 和 COSMO-2 绿潮卫星监测解译图

受云覆盖的影响，所以从 SAR COSMO-1 图像中提取有效信息作为绿潮漂移模式的初始场，预报 48 min 后绿潮的位置（见图 5-1（b）），与 SAR COSMO-2 监测结果作比较（图 5-12 右）。受青岛近海东北向流的影响（见图 5-13），绿潮向东北偏东向漂移。综合考虑绿潮有可能会沉降，SAR COSMO-1 和 COSMO-2 成像也会出现一些差别等因素，绿潮数值预报结果与 SAR COSMO-2 监测结果大体一致。另外从图 5-12 可以看出，由于考虑围栏和流网等障碍物的阻拦作用，绿潮大部分被阻挡在围栏和流网外，而海水可以通过围栏和流网。

2011 年 7 月 11 日 SAR COSMO 和 MODIS 恰好分别于 06：02 和 10：59 经过青岛近海（图像来源于国家卫星海洋应用中心，图 5-14），图 5-14（a）中绿色代表绿潮浒苔斑块。由于 SAR 成像不受云覆盖的影响，我们选取 SAR COSMO 和 MODIS 两张影像图，6 个绿潮形状变化不大的区域中提取有效信息作为绿潮漂移模式的初始场，预报未来 4 h 绿潮斑块的位置，并与 MODIS 监测结果（图 5-14（b））作比较（图 5-15）。受青岛近海东北向流的影响，绿潮斑块向东北偏东向漂移。综合考虑绿潮有可能会沉降，SAR COSMO 和 MODIS 成像也会出现一些差别等因素，绿潮数值预报结果与 MODIS 监测结果大体一致。

利用 2008 年 7 月 16 日和 2011 年 7 月 11 日的绿潮监测和模拟数据计算的绿潮漂移方向和速度误差检验结果见表 5-2，其中 2008 年 7 月 16 日的卫星图片仅相差 1 h 左右，漂移角度均方差 12°，平均速率相对误差 5.6%；2011 年 7 月 11 日的卫星图片相差 5 h 左右，漂移角度均方差 16°，平均速率相对误差 11.1%；结合图 5-12 至图 5-15 和表 5-2 结果来看，5 h 内的预报结果还是较为理想的。

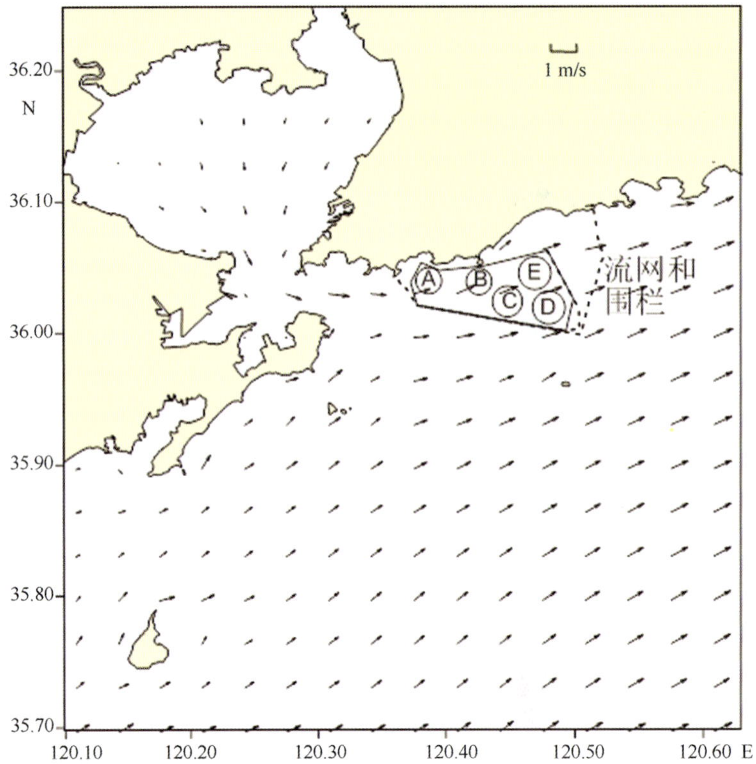

图 5-13　2008 年 7 月 16 日青岛近海 18：16 至 19：04 平均流场分布

虚线代表流网和围栏所在的位置

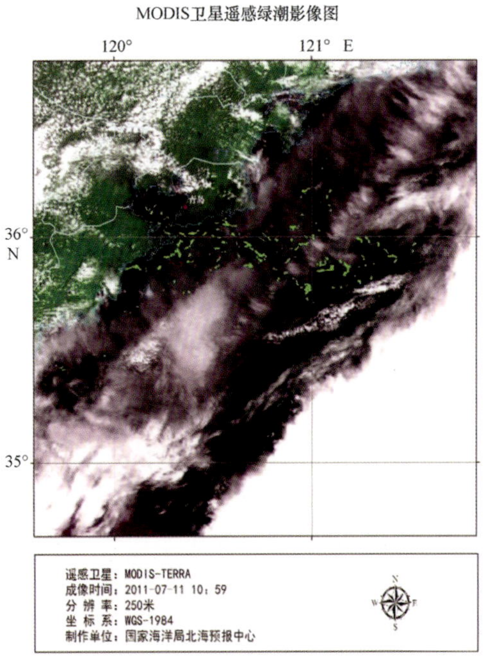

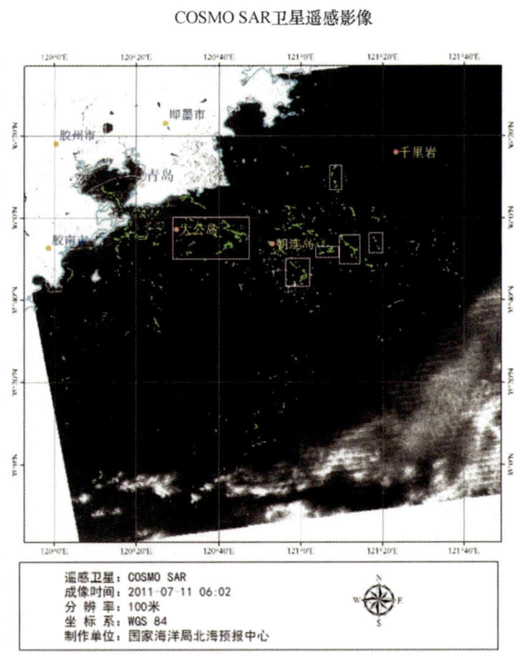

图 5-14　2011 年 7 月 11 日绿潮卫星遥感解译图

（紫色方块为模拟验证区域）

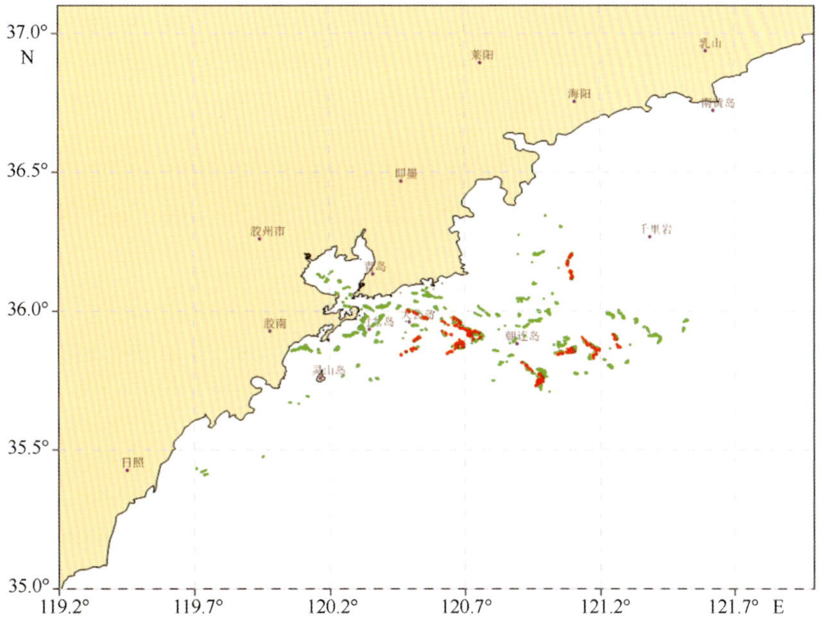

图 5-15　2011 年 7 月 11 日绿潮漂移模拟结果与 MODIS 卫星监测结果比较

（红色为选的模拟区域的绿潮，绿色为 MODIS 绿潮解译图）

表 5-2　绿潮漂移轨迹预报结果检验

数据源	漂移角度均方差（°）	观测平均速率（km/h）	预报平均速率（km/h）	平均速率相对误差（%）
2008 年 7 月 16 日	12	1.25	1.32	5.6
2011 年 7 月 11 日	16	1.35	1.5	11.1

5.3　绿潮生态动力学模式研究

5.3.1　绿潮生态动力学模式建立

基于绿潮应急漂移模式，建立绿潮物理-生态模式（见图 5-16）。在模式中，不仅考虑绿潮随风和流的物理运动，还考虑了浒苔绿潮的生长和死亡过程。藻类的生长受温度、光照、pH、盐度和营养盐等诸多环境因素的影响，浒苔发生的时间段主要在每年的 3—8 月份。这期间，海洋温度和光照变化较大，浒苔生长对盐度和 pH 值变化耐受范围相对较大，因此本文模式主要考虑了温度和光照对浒苔生长和死亡的影响，暂不考虑营养盐供给等因素的影响。

利用 NCEP 分辨率为 1°×1°的再分析资料作为初边值条件，采用 3Dvar 数据同化技术获得优化初值场，使用 WRF 中尺度气象模式进行降尺度数值模拟，得到高分辨率的气象强迫场，用以驱动海洋动力模式，模拟自 2009 年高分辨率气象强迫场及水动力场，并通过国家海洋局的浮标观测数据进行模式验证。太阳短波辐射数据由 NCEP 再分析资料中的云量资料计算得出，采用 Dobson and Smit（1988）方法计算，用于浒苔生长函数的计算。所采用的是全云覆盖量数据，选取时间长度是 2009 年全年，时间分辨率是 1 h。

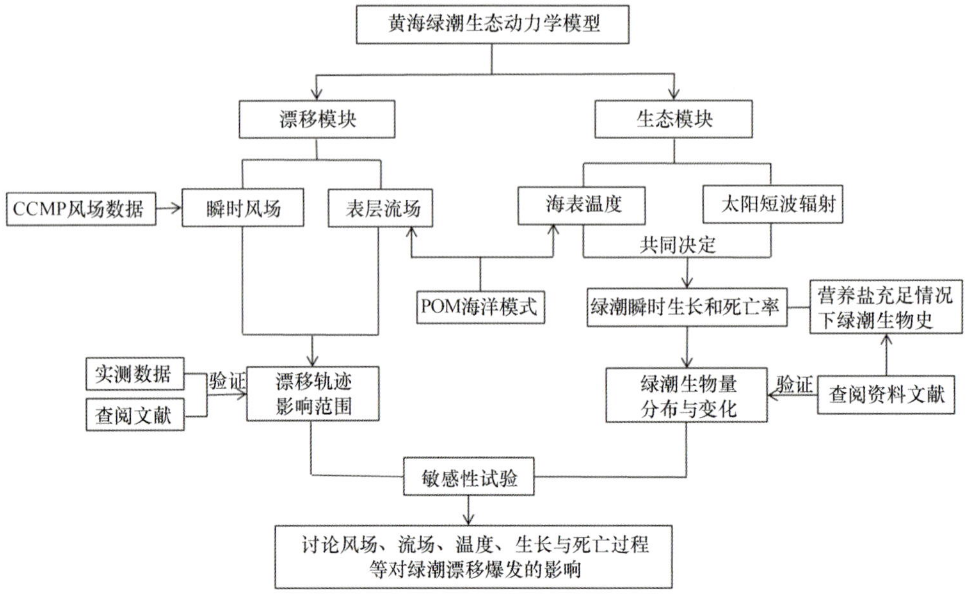

图 5-16　绿潮生态动力学模式示意图

5.3.2　绿潮生物量计算

藻类的生长系数和温度是直接相关的，Epply（1972）通过分析各类水域的藻类生长率，给出藻类生长速率公式为：

$$G_T = G_{\max}\theta^{T-T_{\max}}$$

式中，G_T 为温度 T 下的藻类生长率；$G_{\max}$ 为最适宜温度 $T_{\max}$ 下最大生长率；θ 为水温影响调节常数，θ 介于 1.01~1.18 之间。浒苔是一种大型藻类，本文采用类似公式计算浒苔生长率随温度的变化。

梁宗英等（2008）研究表明，海面聚集漂浮的浒苔日生长速率为 10%~37%，约 15~20 d 后死亡，随海水温度增高，浒苔死亡率越大。忻丁豪等（2009）研究表明，26~32℃温度条件下，藻类不能保持正常生长。范士亮等（2012）研究表明，浒苔最高生长速率均出现在 15~20℃，2009 年和 2010 年浒苔的平均增长率分别高达 36%和 43%。综合文献所述，设定浒苔的日生长率函数如下：

$$G_T = G_{\max} \times \theta_1^{T-15} \quad (5 \sim 15℃)$$

$$G_T = G_{\max} \quad (15 \sim 20℃)$$

$$G_T = G_{\max} \times \theta_2^{20-T} \quad (20 \sim 30℃)$$

浒苔日死亡率函数类似生长函数如下：

$$D_T = D_{\max} \times \theta_3^{T-25} \quad (5 \sim 25℃)$$

$$D_T = D_{\max} \quad (>25℃)$$

其中，$D_{\max}$ 为最大死亡率，θ_1、θ_2、θ_3 为调节常数。

汤文仲等（2009）指出海藻的光合作用速率在一定范围内会随着光照强度的增大而增加，但超出了一定限度后反而会受到抑制。因此模式中，光照对浒苔生长的影响参考 Steele（2006）给出：

$$Light = \frac{I}{I_0} e^{\left(1-\frac{I}{I_0}\right)}$$

其中，I_0 是最适合光强，*Light* 的范围在 0~1 之间变化。浒苔具有典型的潮间带海藻的光合特性，具有高的饱和光强（平均为 567 μE · m^{-2} · s^{-1}）和较高的补偿光强（平均为62 μE · m^{-2} · s^{-1}），从光补偿点到光饱和点有较大的距离，说明绿潮藻生长和死亡过程对光强有广泛的适应性（李德萍，2013）。实验结果显示，浒苔最适合光照 5 000~6 000 lx（吴洪喜，2000），160~320 μE · m^{-2} · s^{-1}，饱和光照强度在 320~400 μE · m^{-2} · s^{-1}（丛珊珊，2011）。本文中 I_0 取值 400 μE · m^{-2} · s^{-1}。

采用 2009 年风场、有效光强、流场、温度场作为背景强迫场，考虑了绿潮在漂移过程中的生长和死亡过程。模拟 2009 年自长江口释放的浒苔粒子生物量的变化过程。风拖曳偏转角度设定为 20°，粒子释放区域位于长江口外 31.5°~32.5°N，121.0°~122.5°E 的海域，共 356 个粒子，从 3 月 1 日追踪到 8 月 31 日，生长死亡函数中系数设置 $G_{\max}=40\%$，$D_{\max}=10\%$，$\theta_1=1.12$，$\theta_2=1.80$，$\theta_3=1.10$。

图 5-17 给出浒苔粒子的漂移路径和不同时刻的空间分布，及浒苔在漂移过程中生物量变化的分布。粒子沿着江苏沿岸向东北方向漂移，最终抵达山东半岛南岸。靠近山东半岛后，浒苔并没有正面登陆，而是向东北方向漂移，远离山东半岛。从图 5-17 看出，在 3 月到 4 月底，绿潮生长较为缓慢，进入 5 月后，特别在 5 月中下旬，由于温度适宜（15~20℃），浒苔开始暴发性生长，到最顶峰时，最大值约为起始生物量的 500 倍。进入 7 月后，由于温度的继续增高，死亡率增大，浒苔生长率受到制约，净生长率减小。并且不同近岸水域的温度也有所不同，但都比远离陆地的海域的温度高，因此增长率出现波动。进入 8 月，海水水温进一步增高，浒苔不再生长，进入了消亡期，进入 9 月，浒苔基本消失。在实际情况中，浒苔受到人为的打捞和沉降等因素的影响，可会加快生物量减少。

范士亮等（2012）调查发现：2009 年 4 月 17 日首次发现漂浮绿藻，生物量为 1.35 t，4 月 26 日漂浮绿潮藻生物量为 63 t，5 月 6 日生物量增加为 186 t，至 5 月 27 日漂浮生物量迅速升高至 118 560 t，增加 600 余倍。

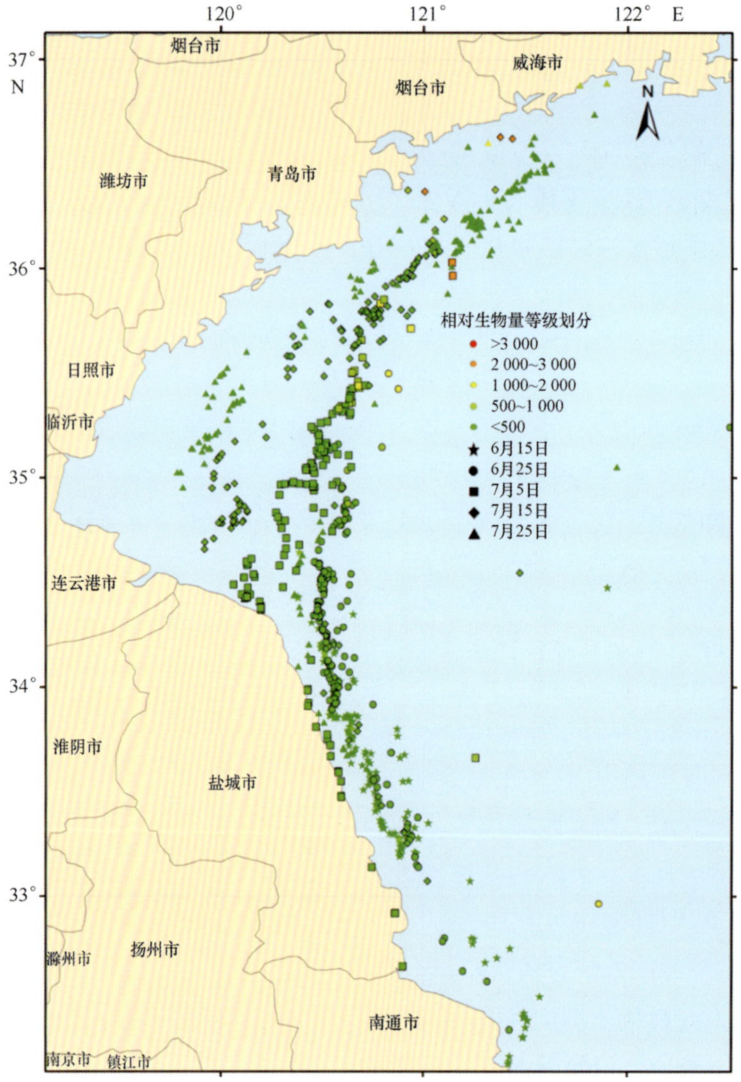

图 5-17　绿潮粒子在漂移过程中生物量变化

5.4　绿潮灾害等级划分和警报发布技术

5.4.1　基本原则

绿潮预报的发布是以我国管辖海域内出现绿潮时为原则，绿潮警报的发布是以绿潮对我国沿岸海域产生影响为原则。

5.4.2 绿潮等级划分

根据绿潮发生的分布面积、覆盖面积等指标，将绿潮划分为5个等级，即特大规模（一级）、大规模（二级）、较大规模（三级）、中等规模（四级）、小规模（五级）。

绿潮等级按如下指标划分，如果按不同指标划分出现不同等级时，应选取其等级较低者定级。

a）绿潮分布面积55 000 km^2以上（含），或绿潮覆盖面积2 000 km^2以上（含），为特大规模绿潮。

b）绿潮分布面积30 000 km^2以上（含）、55 000 km^2以下，或绿潮覆盖面积1 000 km^2以上（含）、2 000 km^2以下，为大规模绿潮。

c）绿潮分布面积15 000 km^2以上（含）、30 000 km^2以下，或绿潮覆盖面积500km^2以上（含）、1 000 km^2以下，为较大规模绿潮。

d）绿潮分布面积1 000 km^2以上（含）、15 000 km^2以下，或绿潮覆盖面积250 km^2以上（含）、500 km^2以下，为中等规模绿潮。

e）绿潮分布面积1 km^2以上（含）、1 000 km^2以下，或绿潮覆盖面积0.01 km^2以上（含）、250 km^2以下，为小规模绿潮。

5.4.3 绿潮预报警报等级划分

1）等级划分

根据绿潮发生的规模大小、影响时效等指标，将绿潮预报和警报分为5个等级，其中警报分别用红、橙、黄、蓝四种颜色表征其预警程度，正常预报无颜色表征。

2）绿潮预报

当我国管辖海域发生绿潮，预计未来120 h内不对沿岸海域构成影响时，发布绿潮预报。

3）绿潮蓝色警报

预计沿岸海域120 h内可能受中等规模绿潮影响，或已经受中等规模绿潮影响并可能持续，发布绿潮蓝色警报。

预计敏感海域（如海水浴场、自然保护区等）120 h内可能受中等规模以下绿潮影响，或已经受中等规模以下绿潮影响并可能持续，发布绿潮蓝色警报。

4）绿潮黄色警报

预计沿岸海域120 h内可能受较大规模绿潮影响，或已经受较大规模绿潮影响并可能持续，发布绿潮黄色警报。

5）绿潮橙色警报

预计沿岸海域120 h内可能受大规模绿潮影响，或已经受大规模绿潮影响并可能持续，发布绿潮橙色警报。

6）绿潮红色警报

预计沿岸海域72 h内可能受特大规模绿潮影响，或已经受特大规模绿潮影响并可能持续，发布绿潮红色警报。

5.4.4 绿潮预报警报内容及发布格式

1）预报和警报内容

预报内容包括：绿潮发生海区、绿潮分布面积、绿潮覆盖面积、绿潮覆盖率、绿潮漂移方向等。

警报内容包括：绿潮发生海区、绿潮分布面积、绿潮覆盖面积、绿潮覆盖率、绿潮漂移方向以及防御绿潮提示等。

2）绿潮预报警报发布格式

绿潮预报和警报的发布格式可参考《绿潮预报和警报发布》附录A给出的示例进行。

3）资料

制作绿潮预报和警报所需的资料包括岸基海洋站、陆岸巡视、海上船舶、浮标以及航空、雷达和卫星遥感等方式获取的绿潮及海洋环境要素资料。

4）归档

归档资料包括：绿潮预报和警报单（电子及纸质），与绿潮实况进行对比检验的结果等。

5.5 技术成果

1）建立了国内首套绿潮应急快速漂移预测模式

基于黄海绿潮环境动力同化系统，利用绿潮斑块海上漂移实验修正了海流和风力系数的比值，并考虑风拖曳角度变化因素，实现了对绿潮斑块精细化漂移路径快速的模拟预测。模式同时模拟了围栏（或流网）等障碍物对绿潮粒子阻拦作用。

2）初步建立了绿潮生态动力学模式

在模式中，由于绿潮生长对盐度和 pH 值变化耐受范围相对较大，考虑温度、光照对绿潮浒苔的生长和死亡过程的影响，分析绿潮藻生长和死亡过程对绿潮分布影响。

6 黄海绿潮分布和漂移年度趋势预测方法研究

2007 年，黄海南部和中部局部海域首次发现大规模绿潮。2008 年 5 月以来，在黄海北部特别是青岛沿岸海域，绿潮藻大量增殖聚集。采用卫星、飞机、船舶、海洋站及陆岸巡视等对绿潮进行立体监视监测，获了大量绿潮监测数据。我们利用 2008 年至 2013 年的监测结果进行特征分析，发现绿潮首次发现、分布面积、覆盖范围、漂移路径在不同年份存在明显的差异。对这些差异进行分析，结合业务化预测预警工作积累的成果，进行绿潮发生、发展、漂移等方面的机理研究，寻求绿潮年度分布和漂移趋势预测的有效方法，在加深对此问题理解的同时，将有助于绿潮预测预警和应急处置工作计划的制定和开展。

6.1 绿潮分布和漂移路径年际变化特征

6.1.1 绿潮首次发现及分布年度变化

对 2008—2013 年首次通过卫星发现绿潮情况进行分析（表 6-1，见图 6-1 和图 6-2），可以看出，历年首次发现绿潮的时间在 5 月中旬至 6 月初。最早的绿潮首次发现时间为 2013 年的 5 月 11 日，最晚的为 2009 年 6 月 3 日。地点均位于黄海南部江苏盐城外海（34.7°—33.0°N，122.5°—120.5°E）海域，分布或集中或分散。覆盖面积在 3.5~16 km^2 之间，分布面积在 330~1 414 km^2 之间，并且随着高分辨率卫星遥感的应用，近几年在绿潮覆盖面积较低时即可发现（2011—2013 年早发现绿潮时的覆盖面积均小于 10 km^2）。

表 6-1 2008—2013 年黄海绿潮出现、发展及分布情况

年份	最早出现时间、覆盖面积、分布面积			最大规模			结束时间	持续天数 /d
	时间	覆盖面积 /km^2	分布面积 /km^2	出现时间	覆盖面积 /km^2	分布面积 /km^2		
2008	5 月 14 日	14	480	7 月 12 日	540	25 000	9 月 1 日	110
2009	6 月 3 日	13	700	7 月 2 日	2 100	58 000	8 月 22 日	94
2010	6 月 2 日	16	1 414	7 月 10 日	530	29 800	8 月 17 日	76
2011	5 月 27 日	6.2	330	7 月 19 日	560	26 400	8 月 17 日	82
2012	5 月 16 日	3.5	1 100	6 月 13 日	267	19 610	8 月 30 日	107
2013	5 月 11 日	5.8	382	6 月 27 日	790	29 733	8 月 14 日	96

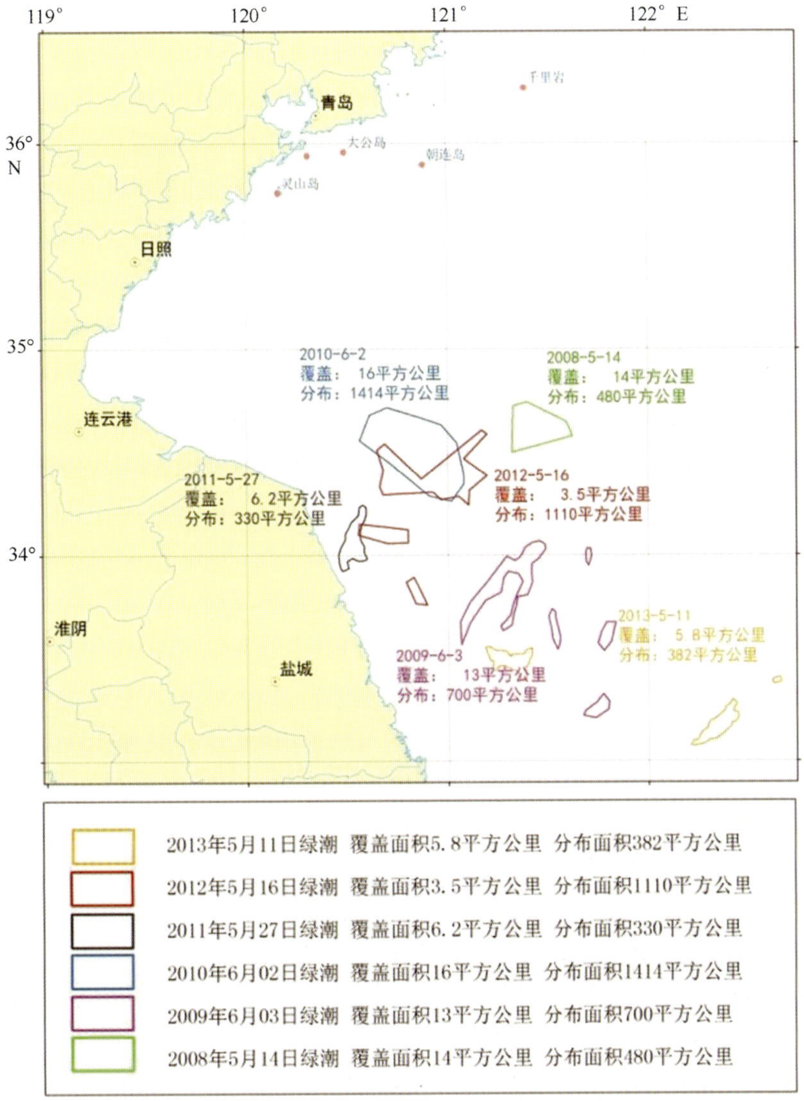

图 6-1　2008—2013 年黄海绿潮首次通过卫星发现分布图

6.1.2　最大覆盖及分布面积年度变化

2008—2013 年，绿潮暴发的时间各不相同，且暴发规模也因年而异。表 6-1 显示，2012 年绿潮暴发的时间最早，最大规模出现在 6 月 13 日，其他年份除 2013 年暴发于 6 月底之外都出现在 7 月之后，最晚的为 2011 年，直到 7 月 19 日才出现绿潮的最大分布。图 6-3 显示，2009 年为 6 年中绿潮发展最为强盛的一年，暴发时覆盖面积达到了 2 100 km^2，分布于 58 000 km^2 的海域；2012 年为 2008 年之后绿潮发展最弱的一年，最大覆盖面积仅为 267 km^2，最大分布面积为 19 610 km^2；其他各年的最大覆盖面积在 530 ~ 790 km^2 之间，最大分

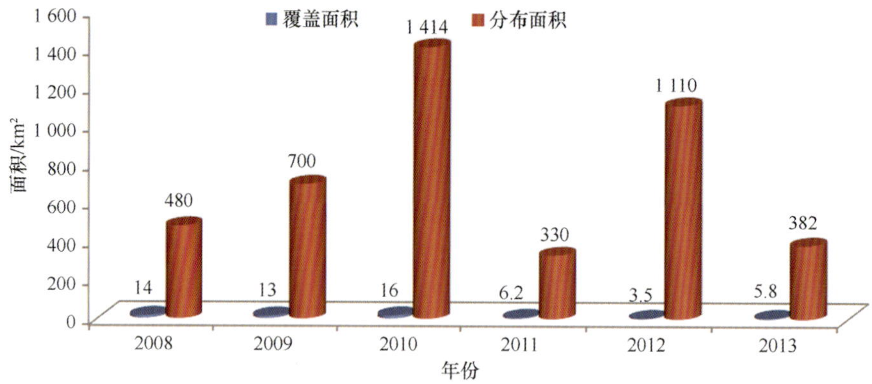

图 6-2　2008—2013 年首次发现绿潮覆盖及分布面积

布面积范围 25 000～29 800 km²。

一般情况下，较大的覆盖面积对应着较大的分布面积，但这两个面积的年际变化趋势并不完全一致。比如，最大分布面积相当的 2010 年和 2013 年（分别为 29 800 km² 和 29 733 km²），最大分布面积略小的 2013 年覆盖面积却明显大于 2010 年。因此，绿潮在海面的分布密度也是衡量绿潮发展的一个重要指标。根据公式：绿潮分布密度%＝绿潮覆盖面积/分布面积×100%，计算得到绿潮分布密度见表 6-2。2009 年为绿潮分布密度最大的一年，达到 3.62%；2013 年次之，为 2.66%；2012 年分布密度最小仅为 1.36%；其余 3 年都在 2% 左右。

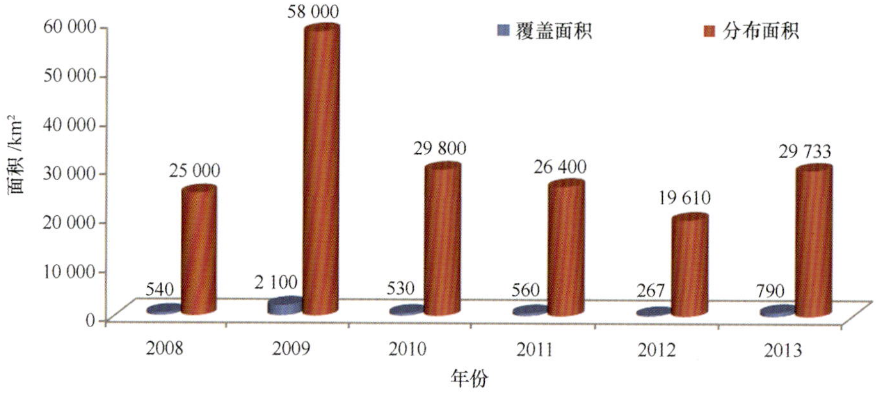

图 6-3　2008—2013 年绿潮最大覆盖及分布面积

表 6-2　2008—2013 年绿潮暴发时分布密度

年份	2008	2009	2010	2011	2012	2013
分布密度（%）	2.16	3.62	1.78	2.12	1.36	2.66

6.1.3 同期覆盖面积及分布面积年度变化

2008—2013 年，黄海绿潮从发现到其消亡，6、7 月是最为重要的两个月，基本都是整月都有绿潮出现。在这两个月中选取同一时段，分析同期的绿潮分布及年际变化，对于绿潮预警预报工作有重要的参考价值。综合绿潮出现时间以及卫星数据覆盖范围等具体情况，分别选取 6 月初（各年具体时间分布于 2—5 日）和 7 月初（各年具体时间分布于 6 月 30 日至 7 月 3 日）绿潮在不同年份、同一时段的分布情况进行提取和分析。具体结果见图 6-4 和图 6-5。

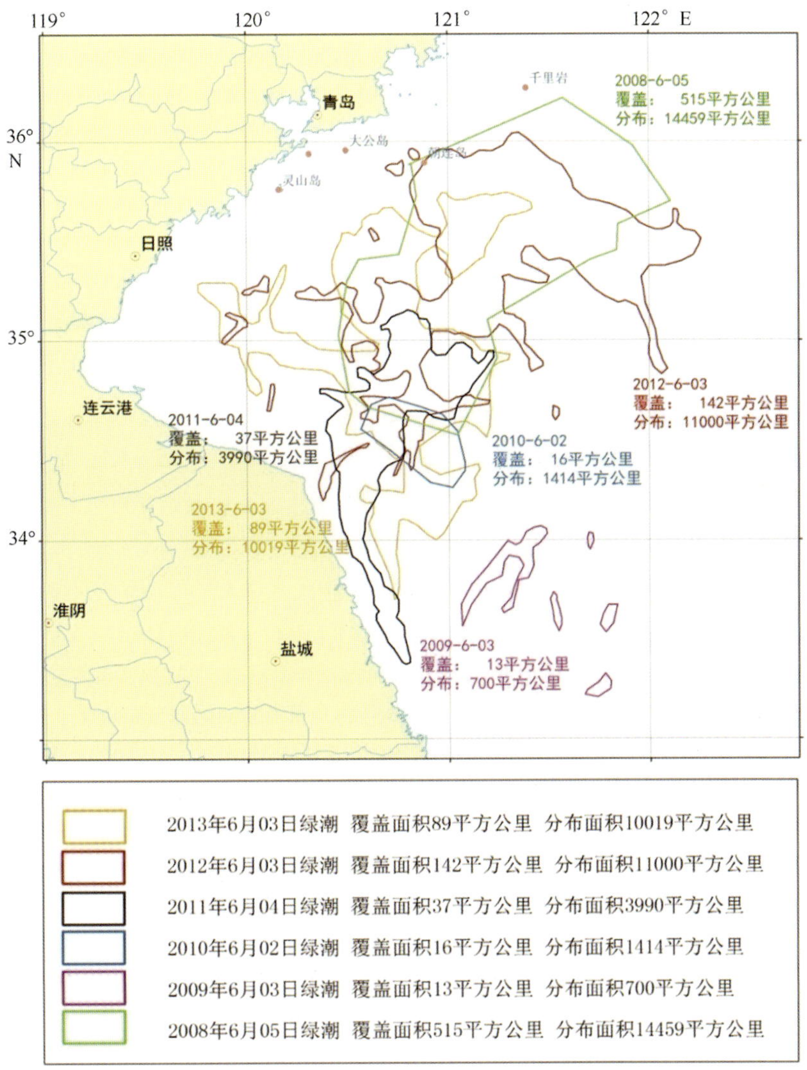

图 6-4 2008—2013 年 6 月初黄海绿潮同期分布情况

由于年份的差异，6 月初处于绿潮发生的初始阶段，发生的早晚和地点对其中后期分布

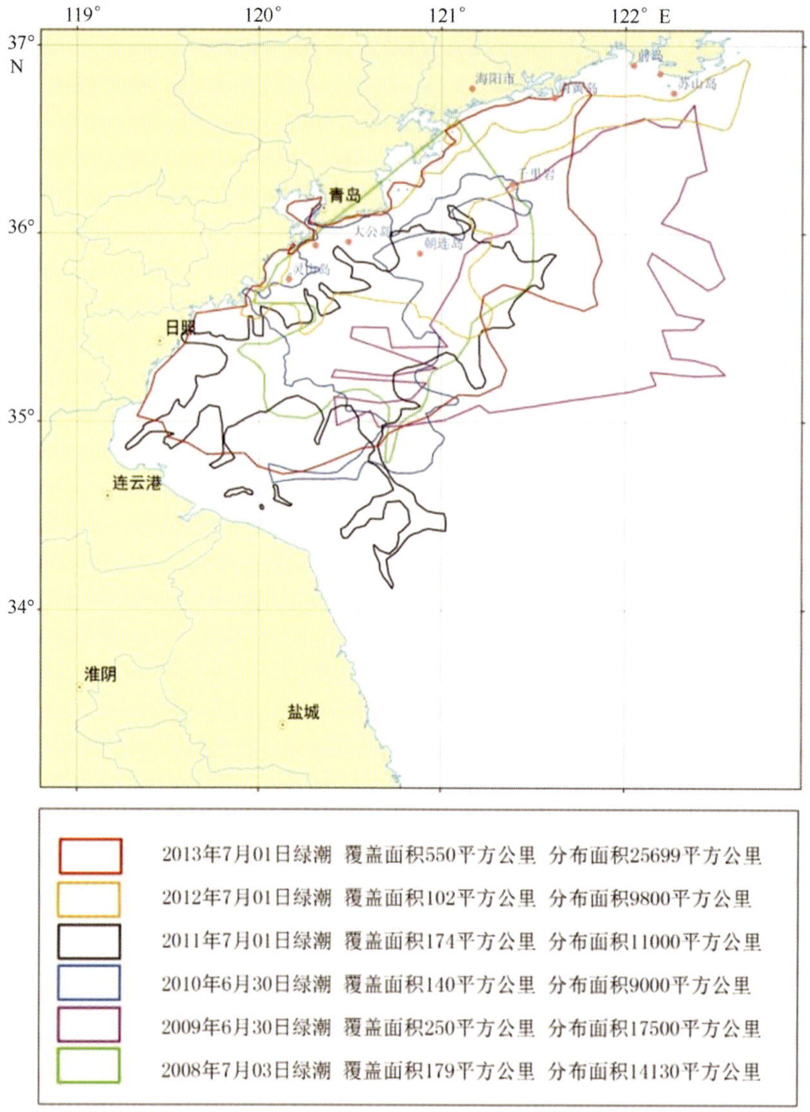

图 6-5　2008—2013 年 7 月初（6 月底）黄海绿潮同期分布情况

都有比较明显的影响。图 6-4 和图 6-6 相比较，2009 年和 2010 年 6 月初为当年首次发现绿潮，其余 4 年 6 月初与发现时比较变化较大，2011 年 6 月 4 日仅为首次通过卫星发现绿潮 1 周之后，其覆盖面积增长了约 5 倍，分布面积则为初始时的 12 倍多，分布的范围除了有继续扩大和向北漂移的部分外，还出现了南部产生的部分；其余 3 年（2008 年、2012 年和 2013 年）6 月初为距最初发现绿潮时间间隔 20 d 左右，因此分布范围的形状和分布面积距最早发现绿潮时的情况有了更大的改变，虽然其初始位置以南的增长不明显，但向北扩散的趋势更为明显，覆盖面积和分布面积的变化较 2008 年更为显著。因此，在绿潮初发阶段，其生长速度较快，随环境流场进行的漂移扩散特别是北向的尤为显著。

图 6-5 和图 6-7 为黄海绿潮发展中期，即 6 月底至 7 月初历年的绿潮分布情况，南北向分布在 34°—37°N 之间，除 2009 年外都不同程度地影响到近岸海区。

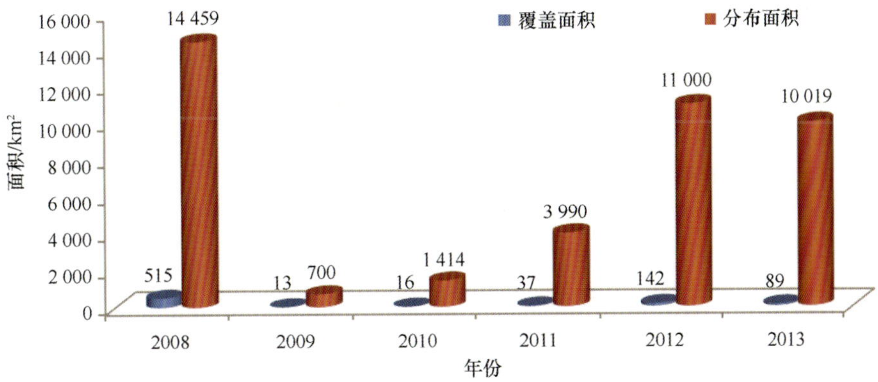

图 6-6　2008—2013 年 6 月初黄海绿潮同期分布面积比较

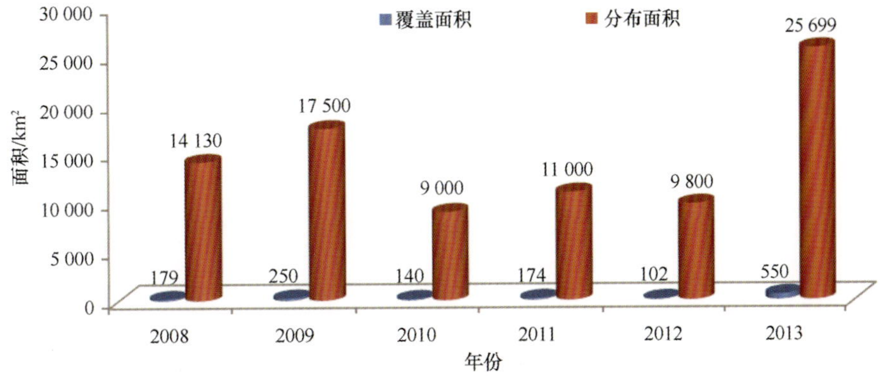

图 6-7　2008—2013 年 7 月初（6 月底）黄海绿潮同期分布面积比较

6.2　绿潮漂移路径年际变化机理研究

如前所述，黄海绿潮的漂移过程是多种要素综合作用的结果，其机理研究对于中长期的预测预警工作有极其重要的意义。现针对 2008 年和 2009 年绿潮移动路径的差异进行深入研究，以期揭示绿潮漂移年度差异的动力机制。

基于 MODIS 和 SAR（蒋兴伟等，2009）的卫星影像反演结果，2008 年绿潮分布最大面积为 33 000 km^2，实际覆盖面积为 1 500 km^2，出现在 6 月下旬；2009 年绿潮分布（见图 6-8）最大面积为 51 000 km^2，实际覆盖面积为 1 600 km^2，出现在 7 月中旬（李大秋等，2008；乔方利等，2008；叶乃好等，2008）。

6.2.1　黄海绿潮漂移趋势分析

2008 年和 2009 年黄海绿潮的漂移趋势明显不同。根据 MODIS 和 SAR 的卫星影像反演

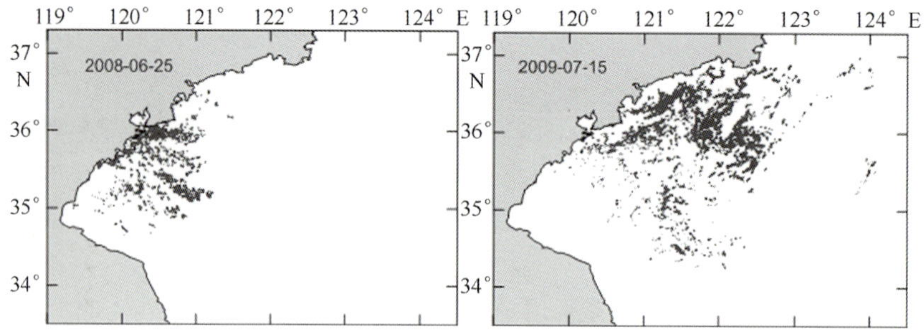

图 6-8　利用 MODIS 卫星解译的 2008 年和 2009 年黄海海域绿潮分布图

结果显示：2008 年 5 月中旬，在盐城外海域发现稀疏漂浮绿潮；5 月底至 6 月下旬，江苏如东、连云港海域出现大面积漂浮绿潮，绿潮分布面积逐渐扩大，并向北偏西方向漂移，在青岛及周边海域聚集、发展；6 月 25 日前后，漂浮绿潮先后大量登陆青岛、日照、烟台、海阳等市沿岸；6 月 29 日前后，绿潮分布面积达到最大为 33 000 km^2，实际覆盖面积 1 500 km^2；其后，一直维持对该海域的影响，直至 7 月中下旬，绿潮分布面积明显减小；8 月上旬聚集绿潮基本消失（图 6-9）。2009 年黄海绿潮发生比 2008 年晚约 15 d。6 月初在黄海中部盐城外海域发现明显漂浮绿潮；6 月中下旬黄海中部海域出现大面积漂浮绿潮，通过解译 6 月 22 日 MODIS 卫星影像绿潮分布面积约为 17 000 km^2，最近距青岛大公岛 68 km；此后绿潮缓慢向北偏东方向漂移，至 7 月中旬绿潮分布面积达到最大为51 000 km^2，实际覆盖面积为 1 600 km^2；7 月下旬绿潮分布在青岛、烟台、海阳等市近岸海域，之后逐渐消亡（图 6-9）。2009 年绿潮的规模比 2008 年更大，但绿潮影响停留在青岛、烟台、海阳等市近海域，仅有零星绿潮登陆青岛沿岸；这与 2008 年大量绿潮登陆青岛的情况明显不同。

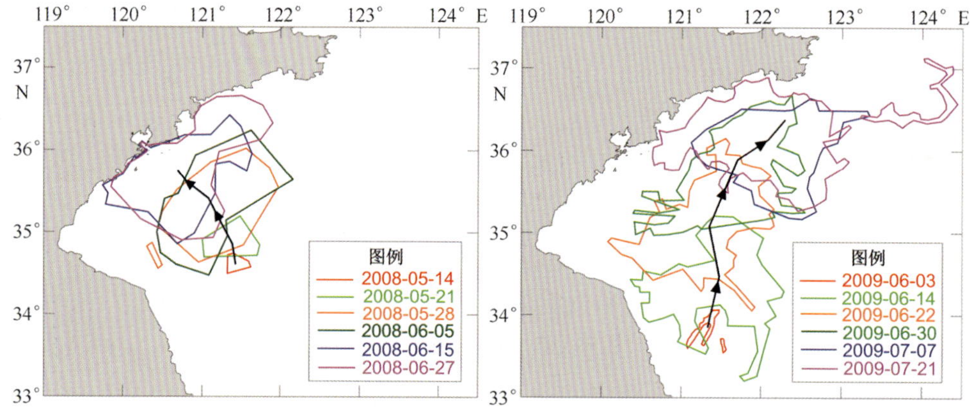

图 6-9　利用 MODIS 卫星解译的 2008 年和 2009 年黄海绿潮漂移趋势图

6.2.2　黄海绿潮发生期间季风差异分析

黄海绿潮漂移路径主要受海面风和表层海流的共同影响（乔方利等，2011）。利用

QSCAT 海面风资料在绿潮发生期间进行平均。2008 年 5 月中旬至 6 月底黄海中部和南部海域明显偏东风异常，风向在 SE—ESE 之间，风速约为 3～4 m/s。而 2009 年 6 月至 7 月中旬该海域基本为 S 风，风速约为 4～5 m/s（图 6-10）。在绿潮从 35°N 北漂至山东近岸期间，2008 年和 2009 年的风向相差近 50°，2009 年风速略大。2008 年和 2009 年绿潮漂在主体向北漂移过程中，是向西偏移重点影响青岛海域，还是向东偏移重点影响烟台、威海海域，江苏至山东半岛之间海域的季风情况起到关键作用。

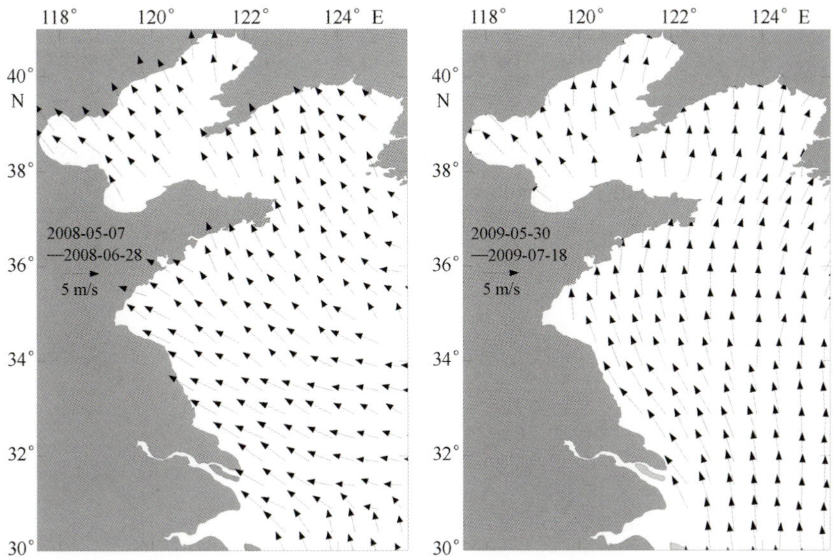

图 6-10　2008 年和 2009 年绿潮暴发期间 QSCAT 平均风场

6.2.3 黄海绿潮发生期间环流差异分析

6.2.3.1 黄海环流分析

采用 ROMS 模式中国近海数值模式结果进行环流分析。图 6-11 为 2008 年和 2009 年绿潮发生期间黄海海域表层平均环流场。2008 年绿潮发生期间，在东南风的作用下，江苏至山东半岛南岸海域表层平均流主要为偏北向，流速约在 0.05～0.15 m/s 之间。而 2009 年绿潮发生期间，在偏南风的作用下，该海域表层平均流为东北向，流速约在 0.05～0.15 m/s 之间。

6.2.3.2 青岛近海环流分析

利用 2008 年和 2009 年浮标搭载的 ADCP（Acoustic Doppler Current Profilers）的表层海流观测资料进行余流分析。2008 年 B 浮标位置为（36°02′N，120°26′E），观测时段为 2008 年 7 月 12—31 日，观测频率为 1 h；2009 年 B 浮标在 2008 年 B 浮标南侧，位置为（36°01′

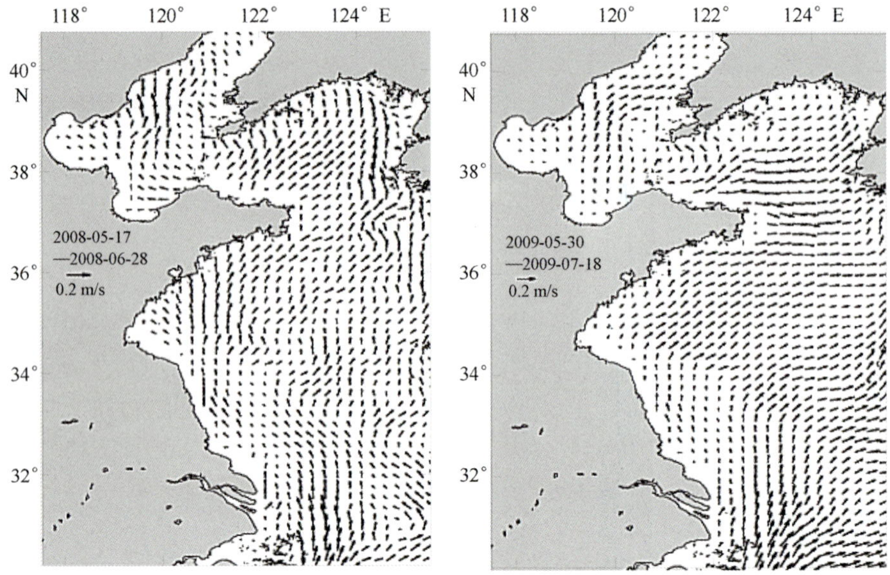

图 6-11　2008 年和 2009 年绿潮暴发期间模拟表层环流场

N，120°26′E），观测时段为 2009 年 5 月 13 日—6 月 15 日，观测频率为 1 h。采用 24 h 截断周期对海流数据进行低频滤波。图 6-12 给出 2008 年和 2009 年 B 浮标滤波后的表层流分布特征。2008 年 N-S 向余流 N 向流和 S 向流交替出现，E-W 向余流 E 向流和 W 向流交替出现，平均余流流速为 3.6 cm/s，流向为 245°；2009 年 N-S 向余流基本为 N 向流，E-W 向余流基本为 E 向流，平均余流流速为 2.2 cm/s，流向为 68°。2008 年和 2009 年的平均余流流向相反。

综上所述，2008 年与 2009 年绿潮漂移路径的不同，主要是由绿潮发生海域的季风差异及其引起的海表面环流差异共同作用的结果。绿潮漂移路径基本位于海面风和海面环流方向夹角中。2008 年绿潮发生期间黄海海域偏东风异常，江苏至山东半岛南岸海域表层平均流为偏北向，青岛附近海域低频余流为偏西向流，致使绿潮的漂移方向为西北向，在青岛近岸海域发生聚集。2009 年绿潮发生期间黄海海域以偏南风为主，江苏至山东半岛南岸海域表层平均流为东北向，青岛附近海域低频余流为偏东向流，绿潮漂移方向为东北向，绿潮主体影响烟台、威海海域。

虽然，绿潮的漂移路径由风流共同作用决定，已得到广泛的共识（乔方利等，2008，2011；徐兆礼等，2008），但 2008 年绿潮在靠近青岛近海海域后，大量登陆青岛沿海一线海岸，当地政府累计清运绿潮超过 100 万吨；2009 年却仅有零星绿潮在山东沿岸登陆，特别是 7 月中旬，绿潮密集区在距海阳、乳山仅数千米后，徘徊不前，仅有少量绿潮登陆，这一现象尚未得到很好的解释。

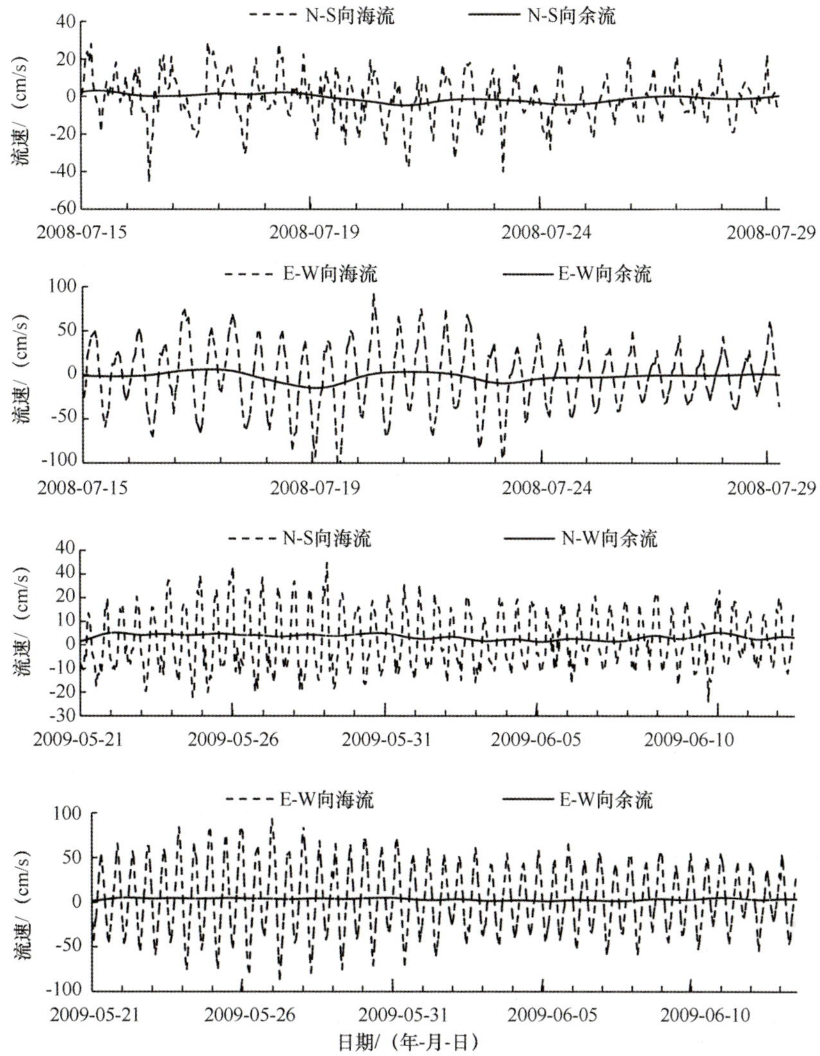

图 6-12 2008 年和 2009 年 B 站位浮标表层海流时间序列的滤波效果图

6.3 绿潮分布和漂移路径年度趋势预测技术

利用模式数值同化资料，分析青岛近海向岸海流的年际变化，及其与黄海海流、风应力和 850 hPa 位势高度场等相关关系，为绿潮年际变化的机制理解和预测提供一些初步参考。

海洋资料采用 SODA（Simple Ocean Data Assimilation）数值模式再分析资料。SODA 是在美国马里兰大学的大气和海洋科学系与德克萨斯州 A&M 大学海洋学系合作下，于 20 世纪 90 年代开发的，其目标是将观测与数值模拟相结合，提供更好的海洋数据。SODA 同化了广泛的海洋观测数据，包括水文廓线、海洋站数据、锚系温度盐度测量、各种仪器（如 MBT，XBT，CTD）观测的温度盐度、卫星观测的海表温度 SST 和海面高度。数值模式是由中期预报欧洲中心的ERA-40的1958—2001再分析和2002—2008 QuickSCAT散射计的海面风场驱动。SODA迄今已经更新数次版本，本研究采用最新版本SODA2.1.6的逐月数据，覆盖的时间段从1958年1月至2008年12月，水平分辨率为0.5度，垂直分40层，近海表面垂直间隔10 m。

大气数据采用NCEP/NCAR再分析资料，是由美国国家环境预报中心（National Center for Environmental Prediction）和美国国家大气科学研究中心（National Center for Atmospheric Research）提供的，自1991年开始联合进行的40年（1955—1997年）大气资料再分析研究项目（目前资料已拓展到1948—2013年）的研究成果。NCEP/NCAR再分析系统采用了当今最先进的全球资料同化系统和完美的数据库，对各种来源的观测资料用统一的资料同化系统进行质量控制和同化。该资料集自1996年公开发行以来，已在全世界大气科学研究、教育和业务机构得到广泛的应用，NCEP/NCAR大气资料再分析研究项目的成果提供了至今为止最完整、最系统和使用最方便的大气资料数据集。本研究主要采用NCEP/NCAR再分析资料中的850 hPa的月平均资料，时间取1958年1月—2011年12月，水平分辨率为2.5°。

另外，本研究还利用了英国Hadley中心的SST资料，时间为1958年1月—2010年12月，水平分辨率为1°。

6.3.1 黄海和青岛近海表层环流与风应力的季节变化特征

图6-13给出了黄海海域表层环流（以下简称海流）和风应力的季节变化，图中黑色箭头是海流矢量，红色箭头是风应力。

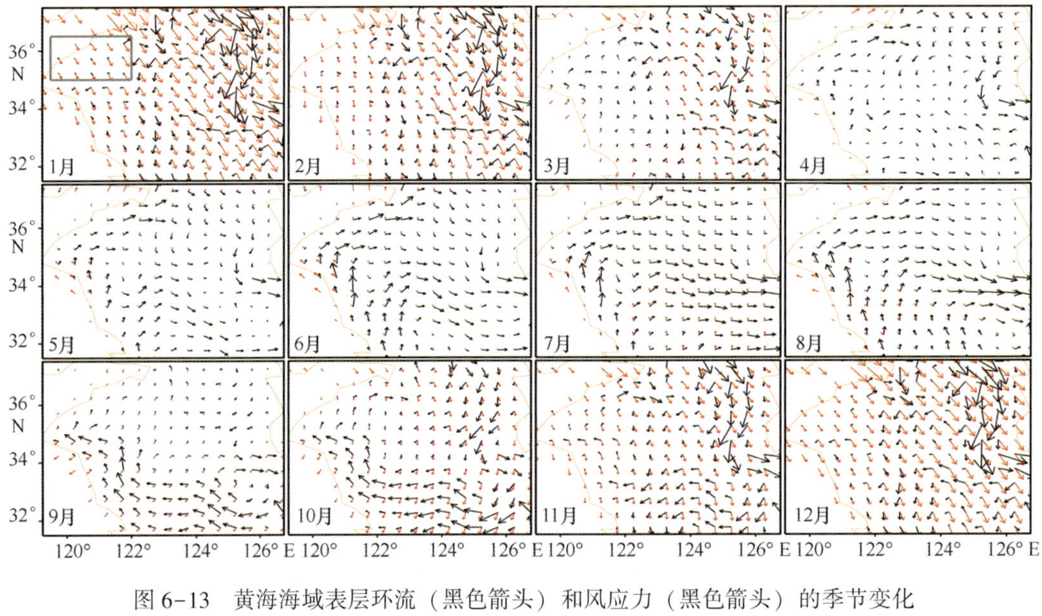

图6-13 黄海海域表层环流（黑色箭头）和风应力（黑色箭头）的季节变化

图 6-13 可以看出黄海海域在秋冬季节（10 月至翌年 3 月）为偏北风，风力较大，主要海流为海域东北部的南向流，我国近岸海流较弱；夏季（5 月至 8 月）为偏南风，但风力较弱，我国近岸有较强的北向流；海流基本上偏向风应力的左方。

青岛地处山东半岛东南部，东、南濒临黄海，取 35°25′—36°25′N，119°75′—121°75′E 作为青岛近海海区（见图 6-13 中 1 月图的长方框区），在 SODA 数据中含有 14 个网格点。

图 6-14 分别给出了青岛近海和黄海海域区域平均的风应力和海流的关系，其中黑色箭头是海流矢量，红色箭头是风应力。

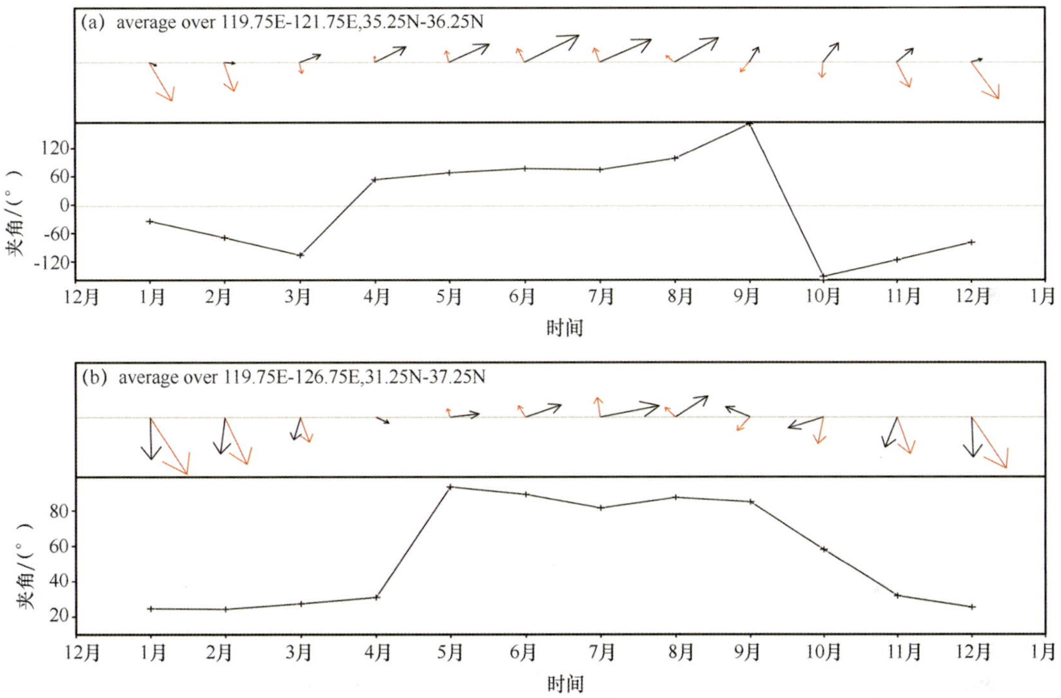

图 6-14　青岛近海（a）和黄海海域（b）区域平均的风应力（红色箭头）和海流（黑色箭头），黑线是风应力与海流矢量的夹角，大（小）于零表示海流矢量位于风应力的右（左）方

图 6-14（a）显示青岛近海的海流与局地风应力的大小不匹配，风应力冬季偏强、夏季偏弱，而海流却是冬季偏弱、夏季偏强。说明青岛近海的海流不是主要由局地风应力驱动的，而主要是由上游海流驱动的。另外 10 月至翌年 3 月海流位于风应力的左方（图 6-14a 的黑线为负值），说明此期间青岛近海的海流在定性上都不符合埃克曼（Ekman）关系，其他月份海流位于风应力的右方，在定性上满足埃克曼关系。

图 6-14（b）显示黄海海域的海流与局地风应力的大小基本匹配，冬季风应力和海流都偏强，夏季风应力和海流都偏弱（7 月是例外）。所有月份海流位于风应力的右方（图 6-14（b）的黑线都为正值），在定性上满足埃克曼关系。

青岛近海的风应力和海流冬季为负旋度，夏季是较弱的负旋度，冬季为水平辐散，夏季水平散度较弱，9—10 月海流为水平辐合；黄海海域也是风应力和海流冬季为负旋度，夏季是较弱的负旋度，但风应力和海流的水平散度相反，风应力基本上是水平辐散，而海流基本上是水平辐合。

为了突出绿潮对青岛侵袭的海流特性，本研究将海流分解为向岸流与沿岸流两分量，并将重点讨论向岸流分量的一些特性。

在青岛海区岸界做一直线，大约与纬线呈32°夹角（见图6-15），图6-15中黑直线东西跨1个经度，南北约跨0.51个纬度，取平均纬度36°N，则可算出黑线大约与纬线呈32°夹角，即：

$$\tan\alpha = \frac{0.51}{1 \times \cos 36^\circ} = \frac{0.51}{0.81} \rightarrow \alpha \approx 32^\circ$$

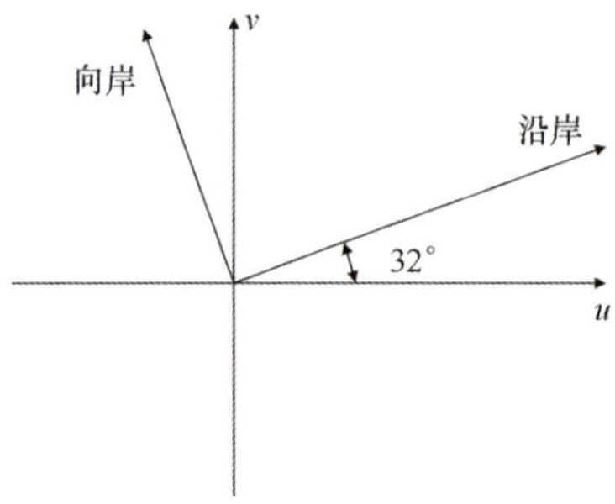

向岸流 $= v\cos 32^\circ - u\cos 58^\circ = v \times 0.848 - u \times 0.53$

沿岸流 $= v\cos 58^\circ - u\cos 32^\circ = v \times 0.53 + u \times 0.848$

图6-16表明青岛近海在1—2月为离岸流，8—11月是向岸流，10月最强，其他月份向（离）岸流都较弱；终年都是偏东北向的沿岸流，7月最强，1月最弱。

6.3.2 青岛近海向岸流年际变化与黄海环流

将青岛近海逐月的向岸流和沿岸流进行分解，分别得出异常值（扣除季节变化）、异常值的线性趋势、年代际变化（异常值减去线性趋势后的7年滑动平均值）、年际变化（异常值减去线性趋势和年代际变化后的7个月滑动平均值）和季节内变化（异常值减去线性趋势、年代际变化和年际变化后的余值）。不加特殊说明，以下各变量都是年际异常值。

分析青岛近海向岸流与黄海纬向流、经向流、涡度和散度等环流场特征，以及海面风应力涡度和散度的相关性，结果如下：

图6-17至图6-20显示青岛近海向岸流与黄海西北部东向流和黄海西南部西向流、黄海西部北向流及黄海中部环流的负涡度等都有较大的正相关，并且青岛近海向岸流有滞后上述各量的正相关关系。但青岛近海向岸流与黄海环流散度的相关性相对较弱（见图6-20）。

此外，图6-21给出的是黄海环流在青岛近海向岸流方向的分量（以下简称同向流）与青岛近海向岸流的相关系数，两者相关性似乎更强一些。

根据图6-17至图6-19和图6-21分别定义了4个用海洋环流特征诊断青岛近海向岸流的参考指标：①黄海西北部（图6-18（c）中相关系数大于0.35区域）的纬向流减去黄海

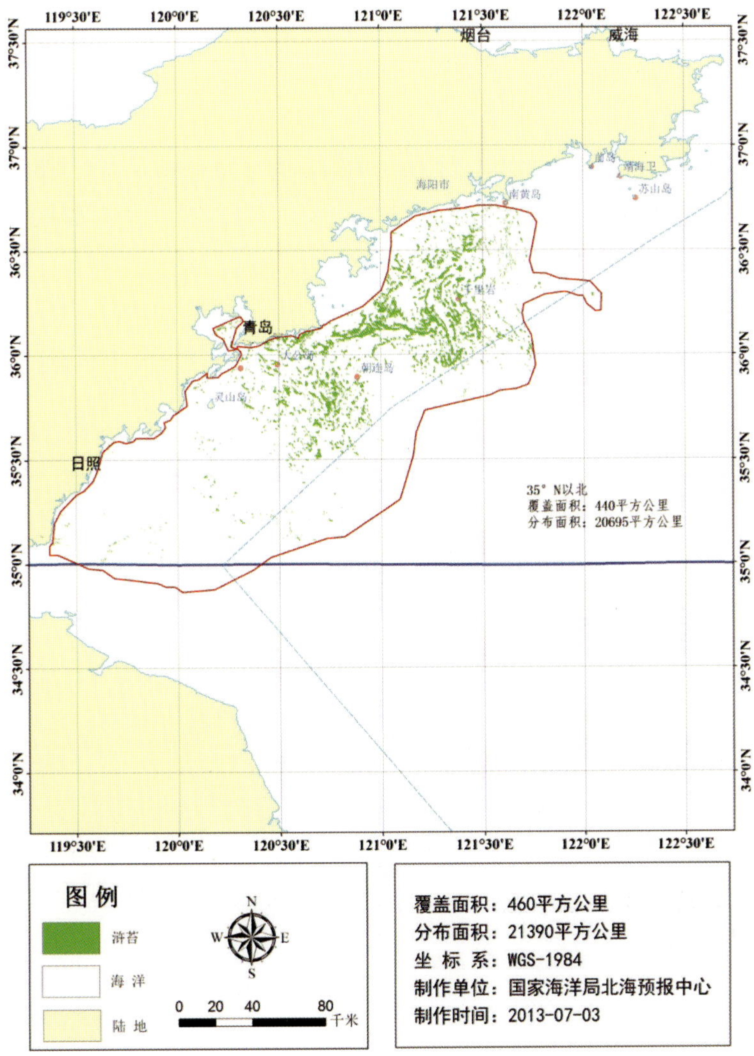

图 6-15　青岛海区线性岸界示意

西南部（图 6-17（c）中相关系数小于-0.35 区域）的纬向流；②黄海西部（图 6-18（c）中相关系数大于 0.35 区域）的经向流；③黄海中部（图 6-19（c）中相关系数小于-0.35 区域）的海流涡度；④黄海西部（图 6-21（c）中相关系数大于 0.35 区域）的同向流。

图 6-22 从上至下依次给出了上面 4 个参考指标，各个量值都是区域平均量，图中红色曲线是青岛近海向岸流的年际异常，其量值已扩大了 2 倍，海流涡度值已扩大了 5×1 000 000倍（正值表示负涡度异常）。

图 6-22 显示 4 个参考指标的变化趋势与青岛近海向岸流的年际异常非常接近，直观上也可看出 4 个参考指标之间也有很好的相关性。

图 6-23 给出了 4 个海洋参考指标与青岛近海向岸流的相关系数。

横坐标单位是月，负值数表示超前青岛近海向岸流的月数，其中纬向流、经向流和同向流都具有超前青岛近海向岸流 1 个月时相关系数最大的特点，因此含有提前一个月预测青岛

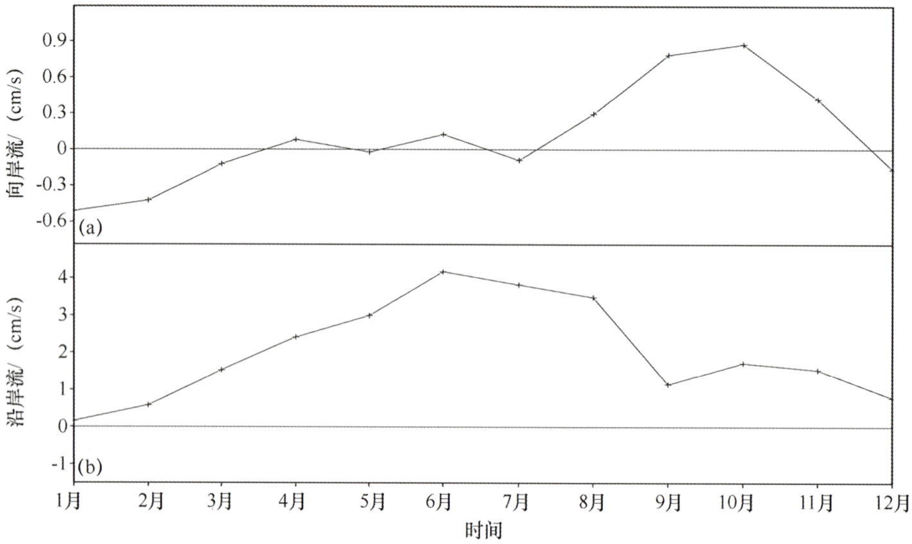

图 6-16　青岛近海区向岸流（a）和沿岸流（b）的季节变化

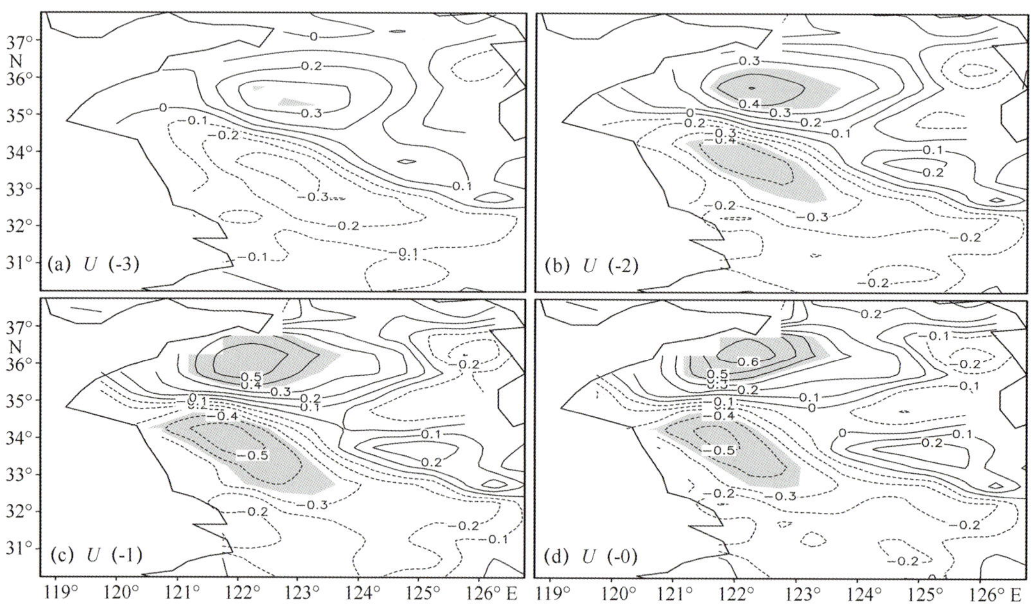

图 6-17　青岛近海向岸流与纬向海流相关系数

海流超前向岸流 3 个月（a），超前 2 个月（b），超前 1 个月（c），同期（d），阴影表示相关系数绝对值大于 0.3

近海向岸流的意义。但是这里结果表明青岛近海向岸流与黄海西部同向流的相关性并不比其他环流特征与青岛近海向岸流的相关性高。

黄海中部涡度与青岛近海向岸流的相关性最高，同期和超前一个月的相关系数在 0.8 左

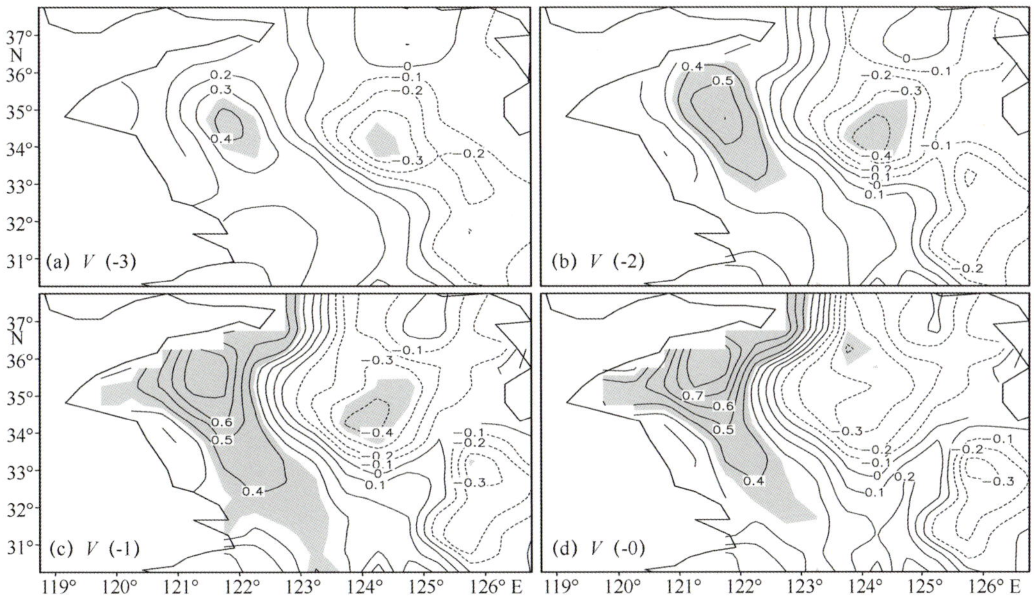

图 6-18　青岛近海向岸流与经向海流相关系数

海流超前向岸流 3 个月（a），超前 2 个月（b），超前 1 个月（c），同期（d），

阴影表示相关系数绝对值大于 0.3

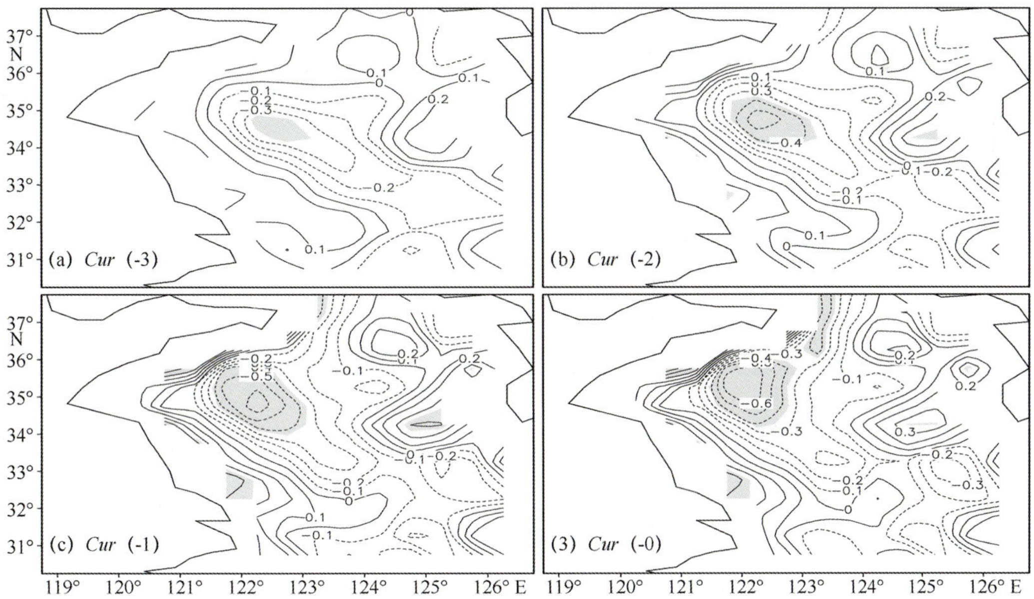

图 6-19　青岛近海向岸流与海流涡度相关系数

海流超前向岸流 3 个月（a），超前 2 个月（b），超前 1 个月（c），同期（d），阴影表示相关系数绝对值大于 0.3

右，所以黄海中部涡度可能是青岛近海向岸流一个很好的诊断和预测物理量。

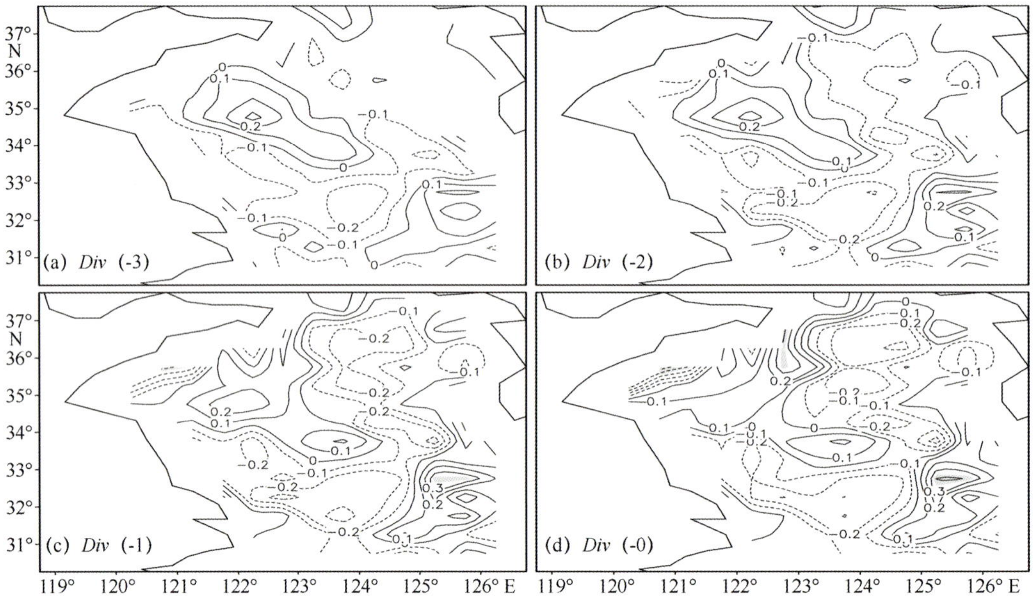

图 6-20　青岛近海向岸流与海流散度相关系数

海流超前向岸流 3 个月（a），超前 2 个月（b），超前 1 个月（c），同期（d），

阴影表示相关系数绝对值大于 0.3

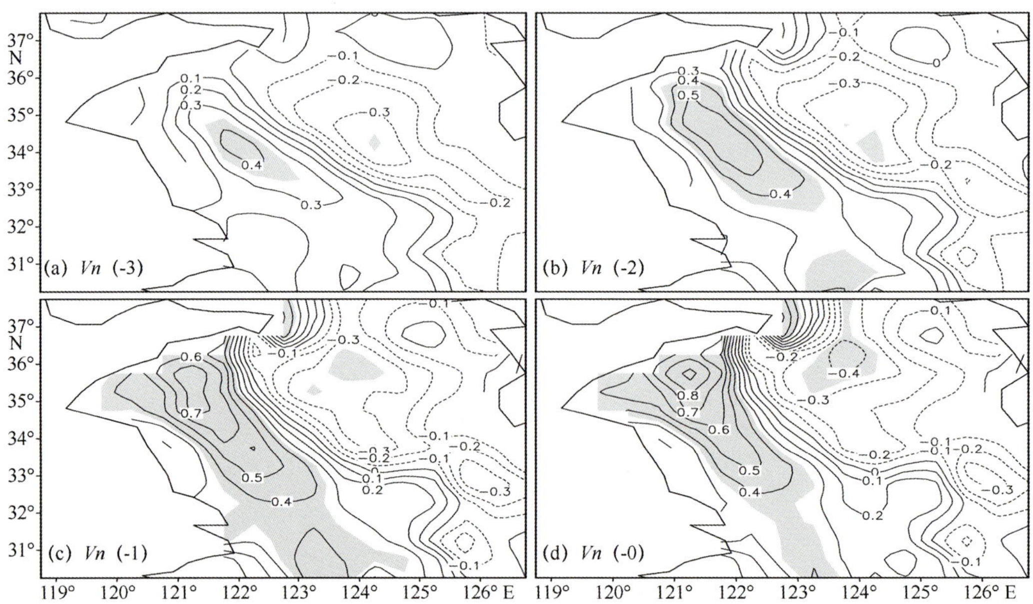

图 6-21　青岛近海向岸流与海流同向流相关系数

海流超前向岸流 3 个月（a），超前 2 个月（b），超前 1 个月（c），同期（d），

阴影表示相关系数绝对值大于 0.3

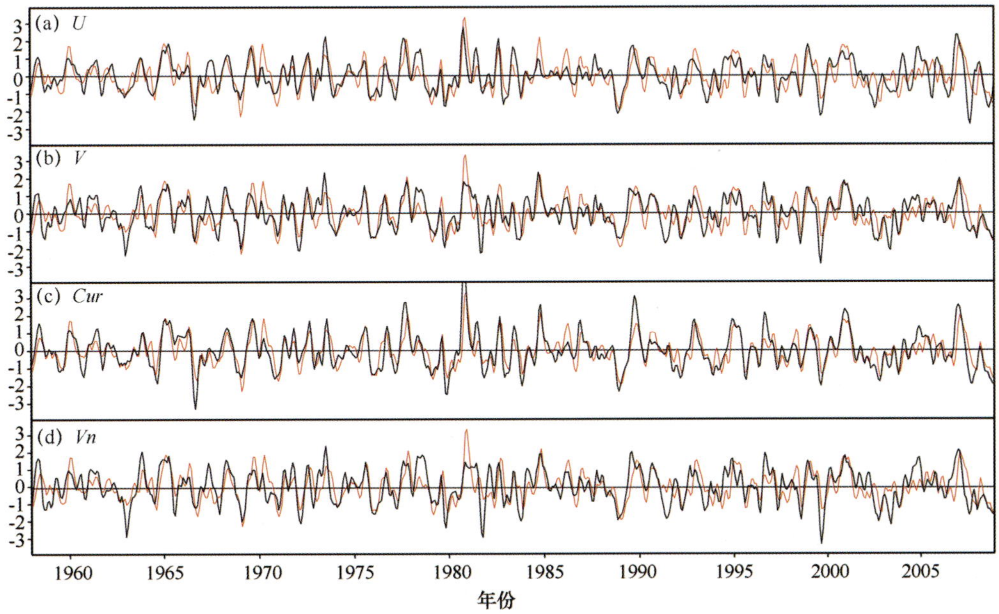

图 6-22　与青岛近海向岸流（红线）相关的 4 个海流指标

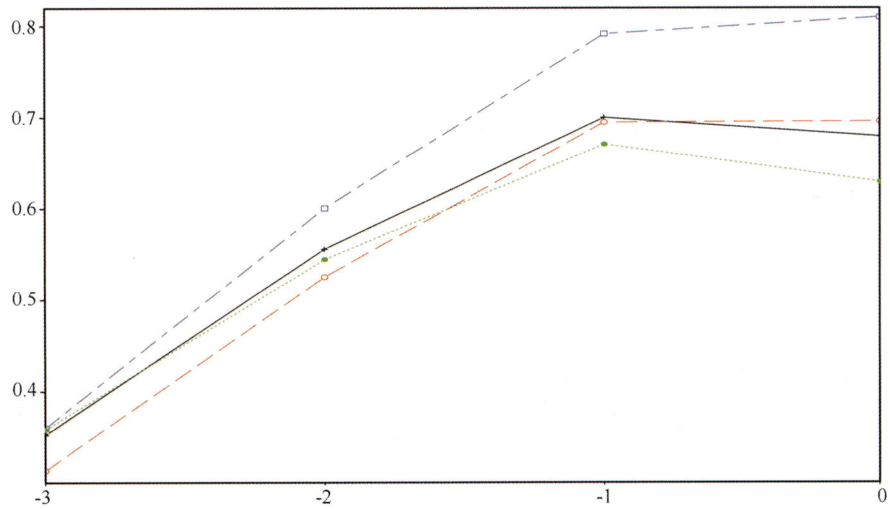

图 6-23　4 个海洋指标与青岛近海向岸流的相关系数

纬向流（黑）、经向流（红）、涡度（蓝）和同向流（绿）

6.3.3　青岛近海向岸流年际变化与黄海海面风应力

图 6-24 的结果表明黄海海域海表面纬向风应力与青岛近海向岸流没有较显著的相关关系。

黄海海域海表面经向风应力与青岛近海向岸流在黄海西北部有较显著的正相关关系

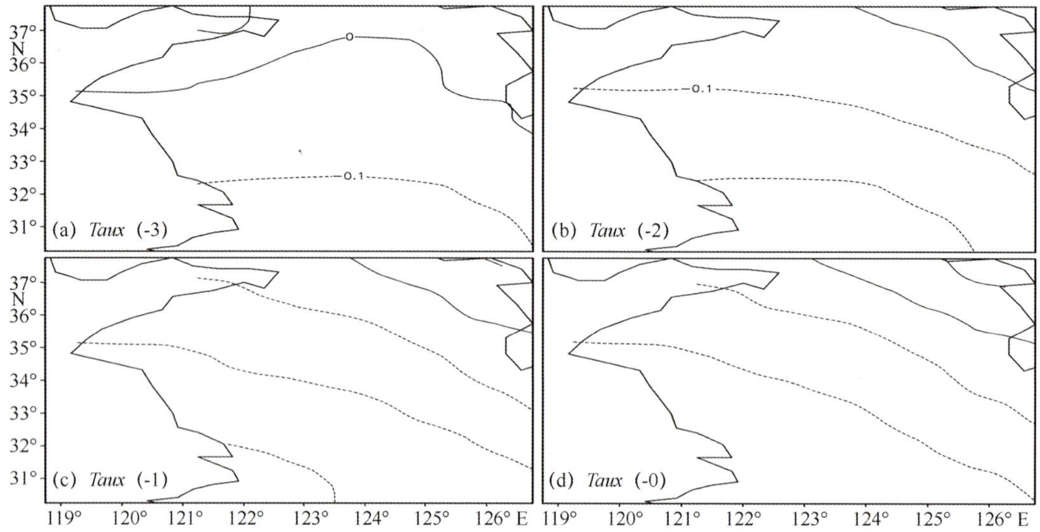

图 6-24 青岛近海向岸流与海面纬向风应力相关系数

海流超前向岸流 3 个月（a），超前 2 个月（b），超前 1 个月（c），同期（d），阴影表示相关系数绝对值大于 0.3

（图 6-25），北（南）风有利于青岛近海向（离）岸流。

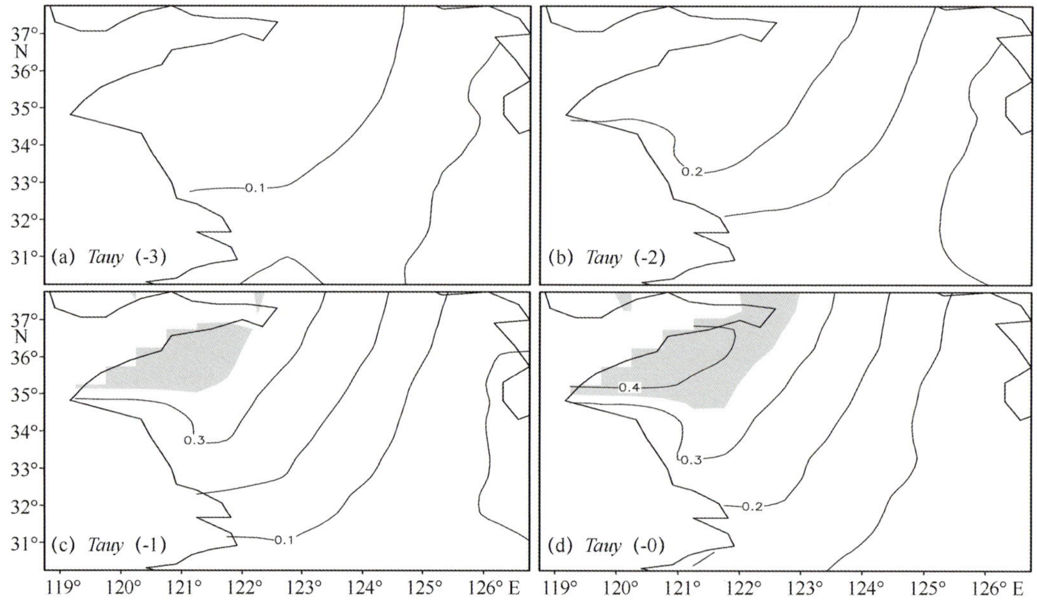

图 6-25 青岛近海向岸流与海面经向风应力相关系数

海流超前向岸流 3 个月（a），超前 2 个月（b），超前 1 个月（c），同期（d），阴影表示相关系数绝对值大于 0.3

图 6-26 和图 6-27 说明黄海中北部海表面风应力旋度和散度都与青岛近海向岸流有较显著的相关关系，黄海中北部风应力负（正）旋度有利于青岛近海向（离）岸流；黄海中北部风应力辐散（合）有利于青岛近海向（离）岸流。

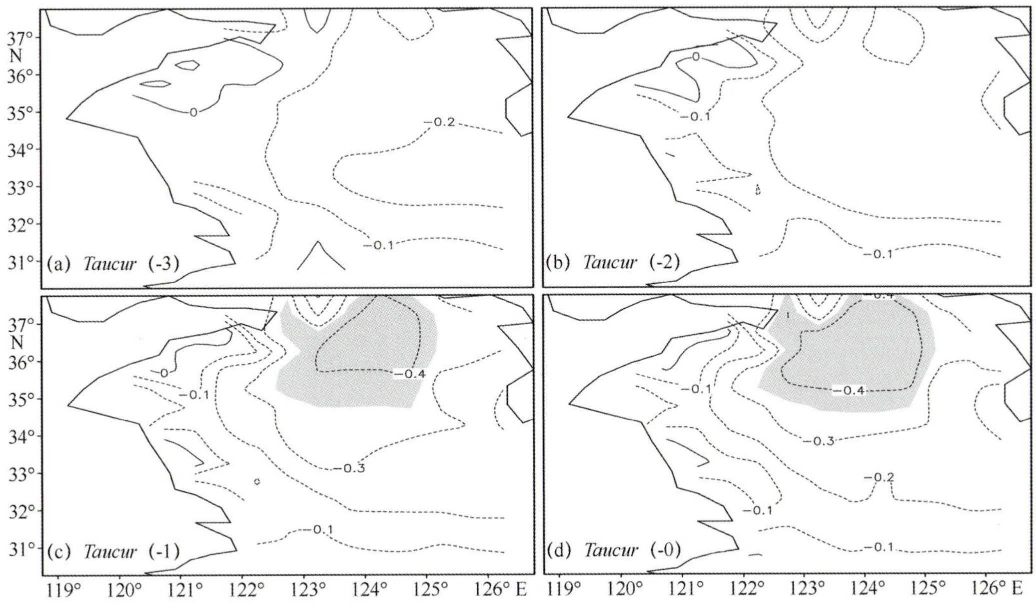

图 6-26　青岛近海向岸流与海面风应力旋度相关系数

海流超前向岸流 3 个月（a），超前 2 个月（b），超前 1 个月（c），同期（d），阴影表示相关系数绝对值大于 0.3

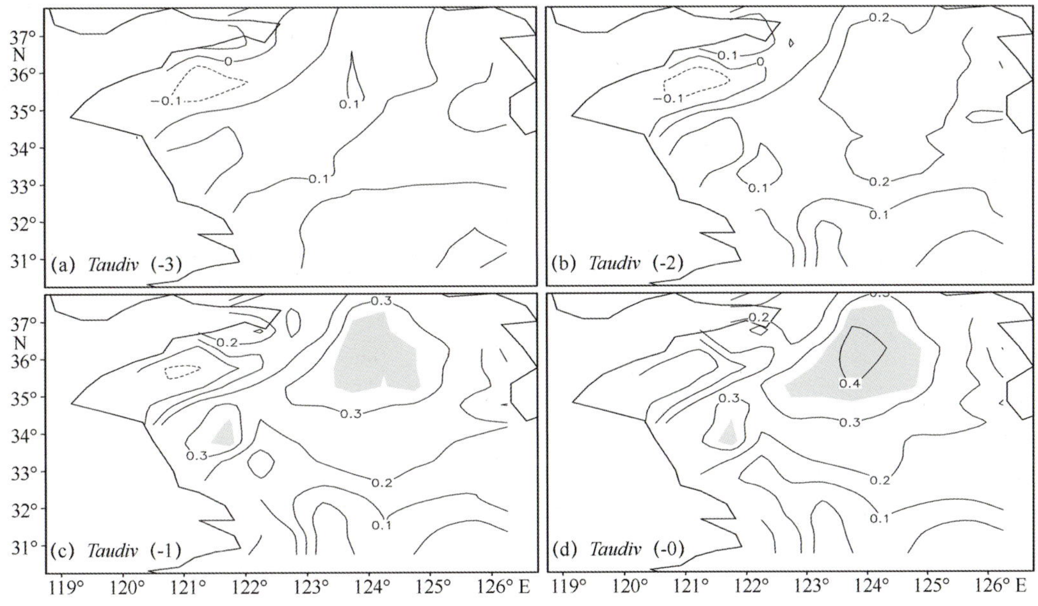

图 6-27　青岛近海向岸流与海面风应力散度相关系数

海流超前向岸流 3 个月（a），超前 2 个月（b），超前 1 个月（c），同期（d），阴影表示相关系数绝对值大于 0.3

根据图 6-25 至图 6-27 分别定义了 3 个用海面风应力特征诊断青岛近海向岸流的参考指标：① 黄海西北部（图 6-25（d）中相关系数大于 0.35 区域）的海面经向风应力；② 黄海中北部（图 6-26（d）中相关系数小于-0.35 区域）的海面风应力旋度；③ 黄海中北部

（图 6-27（d）中相关系数大于 0.35 区域）的海面风应力散度。

图 6-28 从上至下依次给出了上面 3 个参考指标，各个量值都是区域平均量，图中红色曲线是青岛近海向岸流的年际异常，其量值已扩大了两倍，海面风应力旋度值已扩大了 1/3 ×100 000 000 倍（正值表示负涡度异常）。

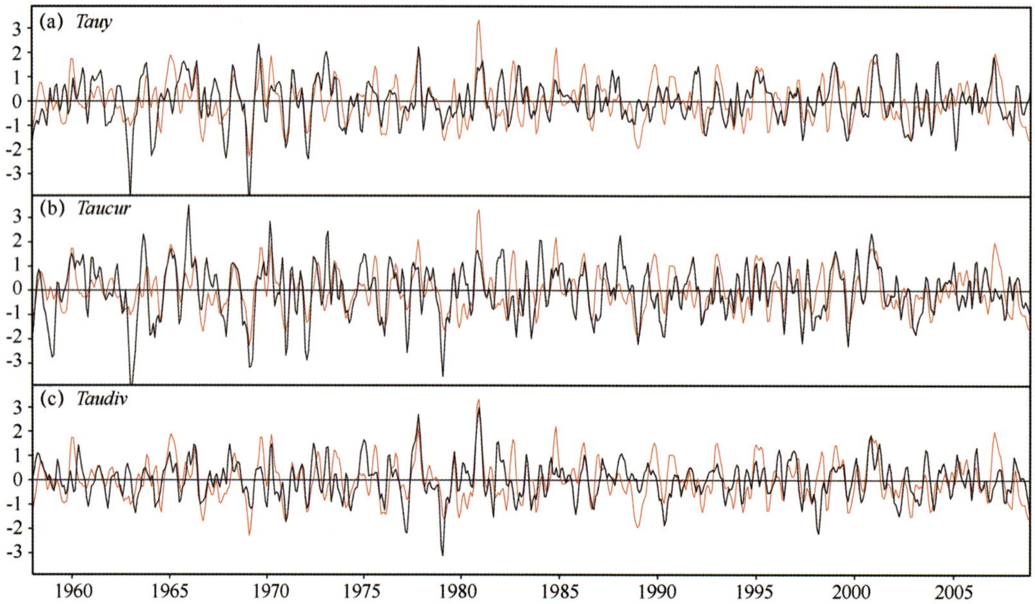

图 6-28　与青岛近海向岸流（红线）相关的 3 个海面风应力指标

图 6-28 显示 3 个风应力参考指标的变化趋势与青岛近海向岸流的年际异常也比较接近。

图 6-29 给出了 3 个风应力参考指标与青岛近海向岸流的相关系数，虽然 3 个参考指标超前 2 个月、1 个月和同期相关系数都已超过 99% 信度，但较海流诸指标相关程度要弱一些。以上 3 个指标中，风应力旋度与青岛近海向岸流的相关性最高。

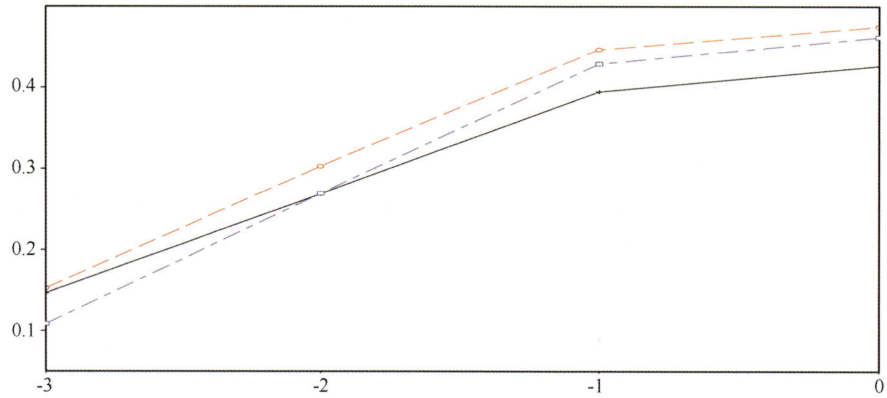

图 6-29　3 个海面风应力指标与青岛近海向岸流的相关系数

经向风应力（黑）、旋度（红）和散度（蓝）

6.3.4 黄海表层流年际变化与 850 hPa 位势高度

为了利用可以较方便获得的观测和数值预报产品对青岛近海向岸流进行诊断和预测，本节将寻找海流指标与 850 hPa 位势高度的相关关系，从而确定可能影响青岛近海向岸流，或者对青岛近海向岸流可能有指示意义的 850 hPa 位势高度相关区域。

图 6-30 至图 6-34 分别给出了 4 个海流指标（纬向流、经向流、涡度和散度），以及青岛近海向岸流与 850 hPa 位势高度的相关关系。

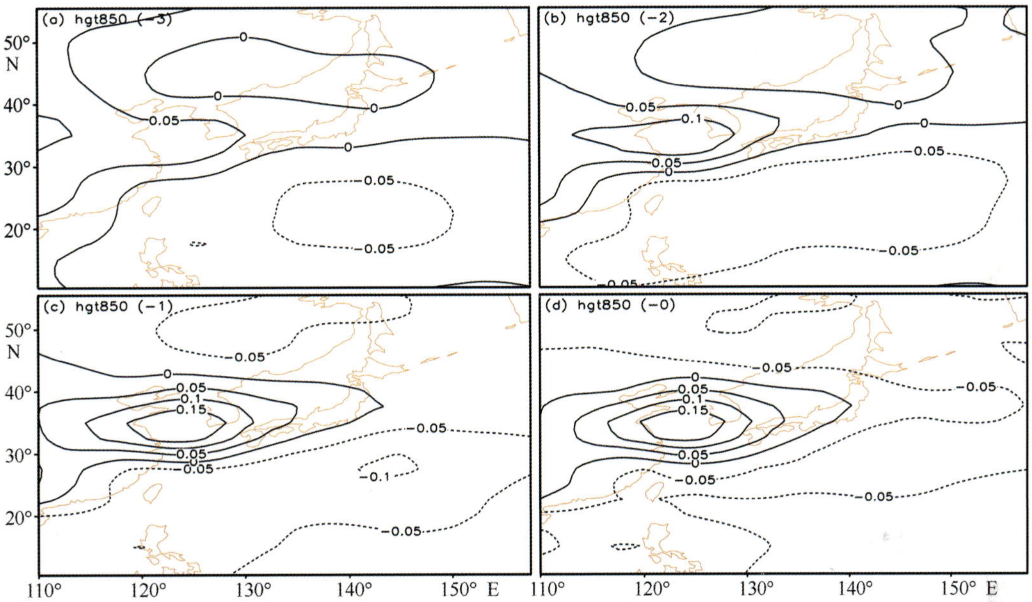

图 6-30　黄海西部纬向流与 850 hPa 位势高度的相关关系

图 6-30 至图 6-33 结果表明，虽然 4 个指标与 850 hPa 位势高度的相关系数不同，但最大相关区都是位于黄海上空。4 个指标中黄海西部同向流与 850 hPa 位势高度的相关性最好，最大相关系数大于 0.3，远超 99%信度，说明黄海西部环流和青岛近海环流的年际变化主要受黄海上空大气环流控制。

图 6-34 是青岛近海向岸流与 850 hPa 位势高度的相关结果，850 hPa 位势高度超前青岛近海向岸流 1 个月时相关最好，最大相关区相比图 6-33 位置偏西，正位于青岛近海海区上空。最大相关系数大于 0.2，超过 99%信度，但低于黄海西部经向流和同向流的相关程度。

将 850 hPa 位势高度年际异常值在图 6-34（c）相关系数大于 0.25 区域上取平均，与青岛近海向岸流进行相关分析，最大相关系数为 0.21（超 99%信度）。

利用 850 hPa 位势高度异常值诊断或预测青岛近海向岸流异常还有较大的不确定性，在已知青岛近海向岸流变化规律的情形下，是否能将青岛近海向岸流与绿潮侵袭完全对等起来，这需要在数据进一步积累的前提下进行研究。

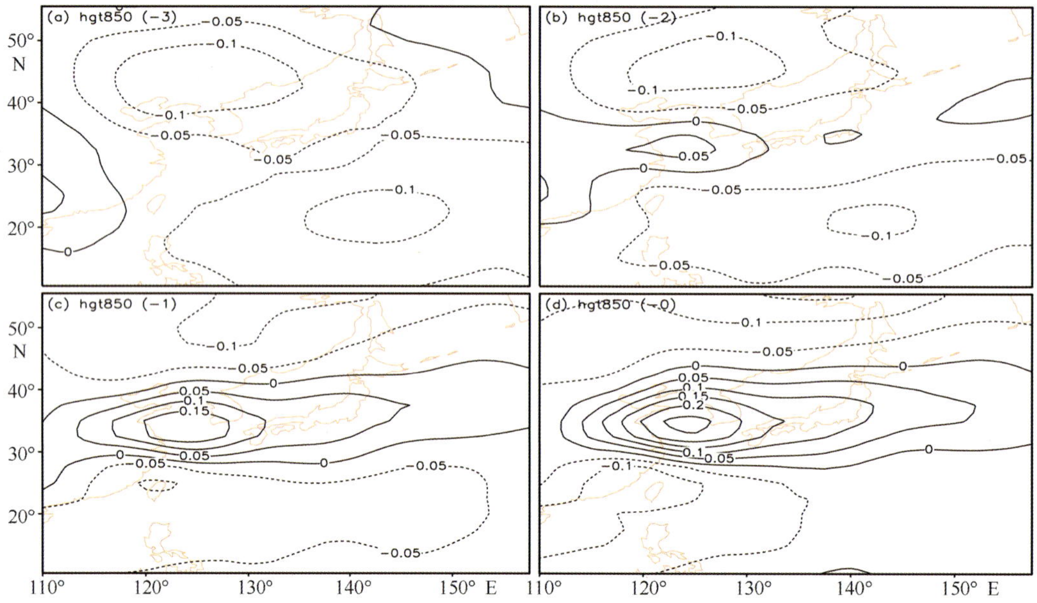

图 6-31　黄海西部经向流与 850 hPa 位势高度的相关关系

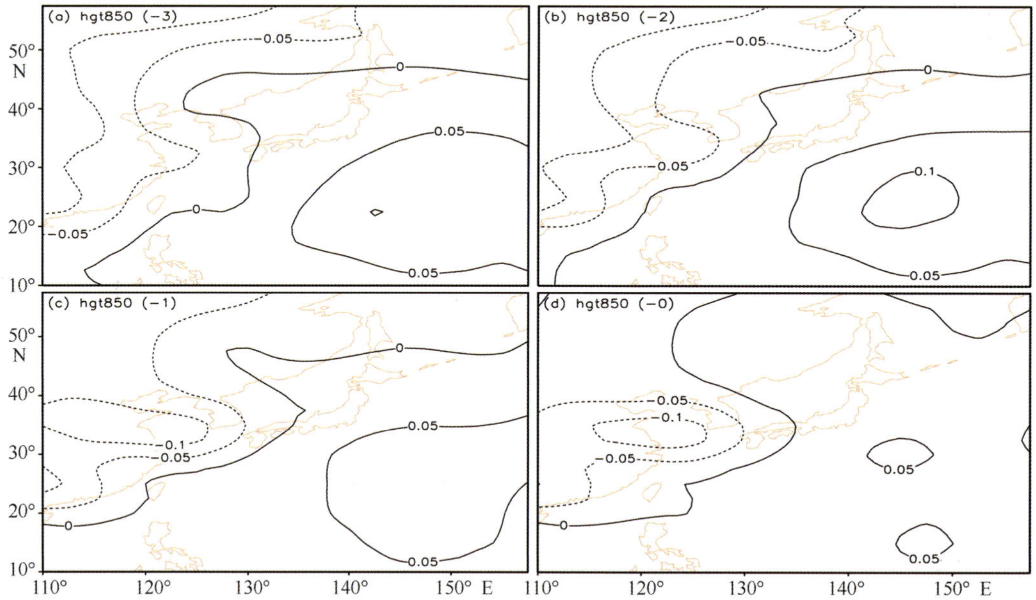

图 6-32　黄海中部海流涡度与 850 hPa 位势高度的相关关系

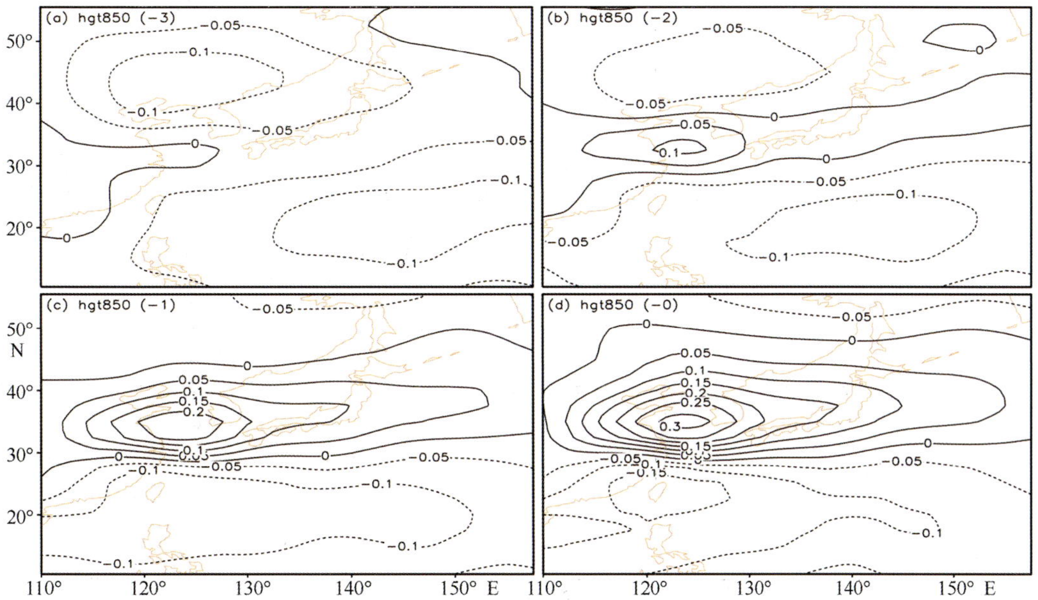

图 6-33 黄海西部同向流与 850 hPa 位势高度的相关关系

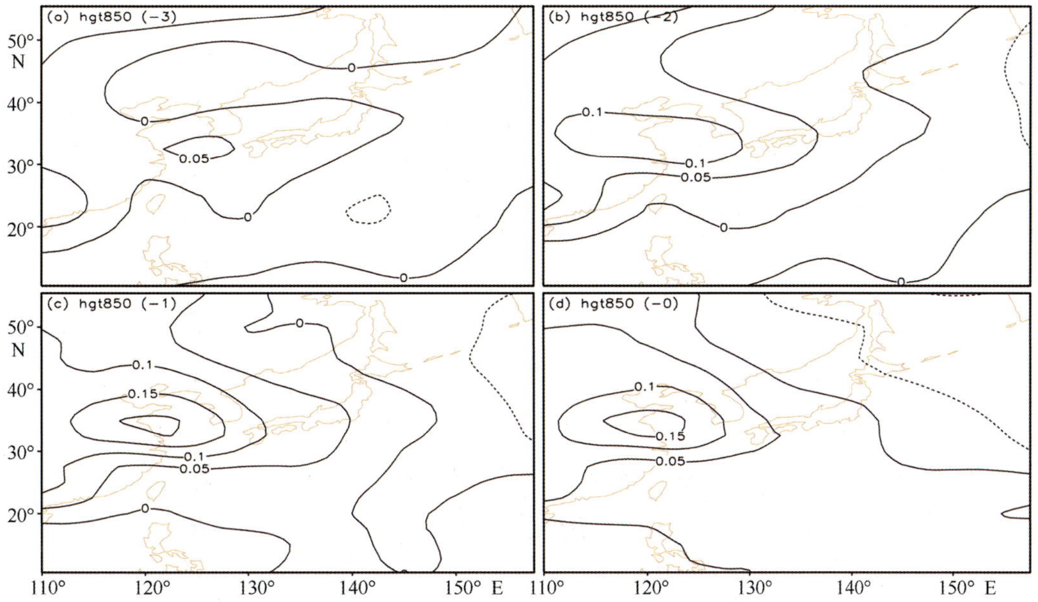

图 6-34 青岛近海向岸流与 850 hPa 位势高度的相关关系

6.3.5 青岛近海向岸流和 850 hPa 位势高度年际变化与 SST

图 6-35 和图 6-36 分别给出了青岛近海区 850 hPa 位势高度和向岸流的年际变化与 SST 的相关系数，0.13 表示相关性已超过 99%信度。

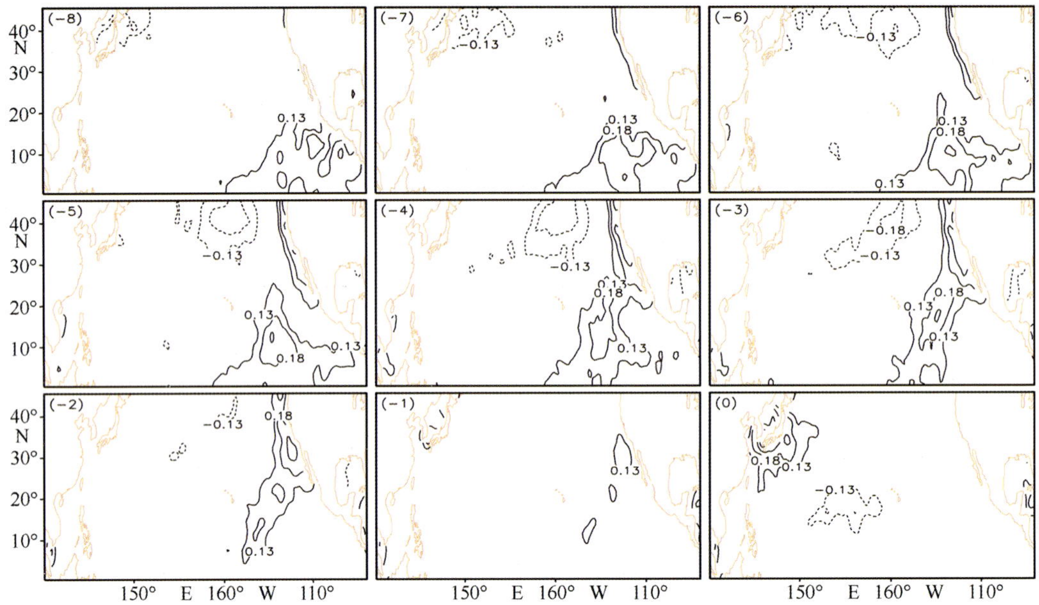

图 6-35　青岛近海区 850 hPa 位势高度与 SST 异常的相关系数

图 6-35 显示热带东太平洋的 SST 异常在超前 8 个月至 2 个月都对 850 hPa 位势高度年际变化有正相关，正相关区随时间向热带外移动，即冬季热带东太平洋的 SST 正异常，可能使此后夏天青岛近海850 hPa位势高度变高。在同期时，显著正相关区在日本海和黑潮及延伸体区域出现。即日本海和黑潮及延伸体区域 SST 正（负），可使同期青岛近海850 hPa位势高度变高（低）。另外 SST 异常超前 8 个月至 3 个月时，还存在中心位于 40°N，经度从 150°E 东移到 150°W 的负相关区。

图 6-36 给出了青岛近海向岸流的年际变化与 SST 的相关系数，中部型厄尔尼诺 SST 异常区超前 6 个月至 3 个月与青岛近海向岸流年际变化正相关，即中部型厄尔尼诺后的春、夏季，青岛近海向岸流可能增加。超前 8 个月时，菲律宾以东（北赤道流分叉区）存在负相关区，此后以波列状向东北传播，超前 4 个月时负相关中心位于 30°N，140°W 左右，呈典型的大尺度海气遥相关型过程。对于中高纬度的相关，与图 6-35 对照，可以看出超前 2 个月至同期，中北太平洋存在负相关区，而在 SST 异常超前 8 个月至 4 个月时，北太平洋是显著的正相关区，与图 6-35 的负相关区相比，位置略偏北，向东移动很慢，不属移动性的遥相关。

以上研究表明热带 SST（或东、中部两类厄尔尼诺）异常对青岛近海区 850 hPa 位势高度和向岸流年际变化的可能影响。

6.3.6　年度趋势预测主要结论

通过以上分析，得到的主要结论为：

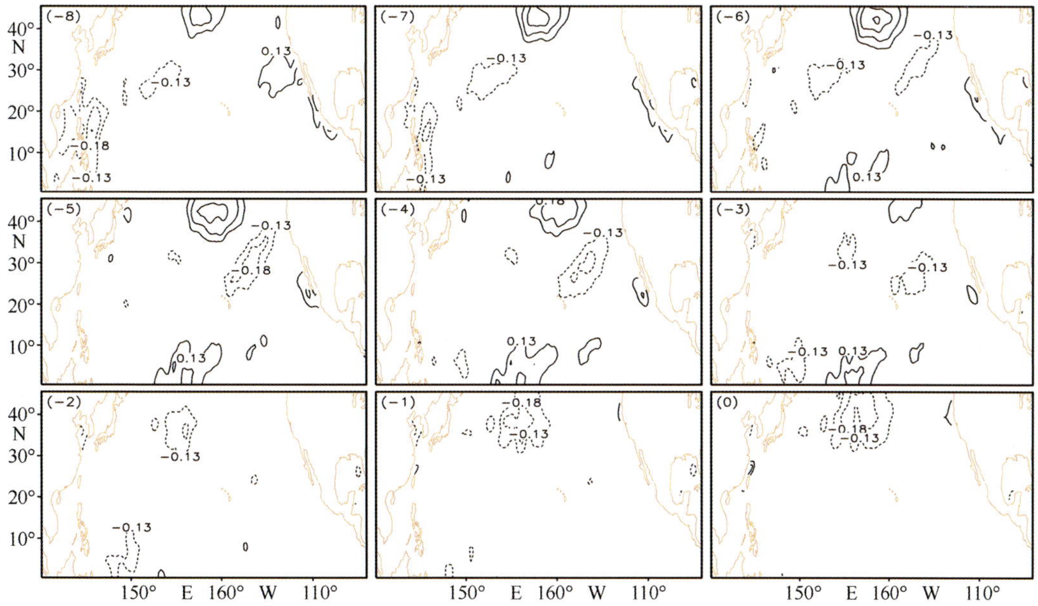

图 6-36　青岛近海向岸流与 SST 异常的相关系数

（1）青岛近海的海流不是主要由局地风应力驱动的。而主要是由上游海流驱动的。从季节变化上看，青岛近海的海流与局地风应力的大小和埃克曼关系都不匹配，而黄海海域环流与风应力的大小和埃克曼关系较匹配。

（2）青岛近海 8—11 月是向岸流，10 月最强，冬季是离岸流；终年都是偏东北向的沿岸流，7 月最强，1 月最弱。

（3）青岛近海的向岸流和沿岸流在年际变化上有很好的正相关性，并且沿岸流有超前向岸流 1 个月变化趋势，所以沿岸流的年际变化具有超前 1 个月预测向岸流年际变化的可能性。

（4）黄海西部的纬向流和经向流以及与青岛近海向岸流同向环流分量（文中同向流），和黄海中部海流涡度等 4 个海洋环流指标，都与青岛近海向岸流有很好的相关性（进一步说明上游海流的驱动作用），其中黄海中部海流涡度同期和超前 1 个月的相关系数在 0.8 左右，所以可能是诊断和预测青岛近海向岸流年际变化的指标。

（5）黄海西北部的海面经向风应力，黄海中北部的海面风应力旋度和散度等与青岛近海向岸流也有超过 99%信度的相关度，但较海流诸指标相关程度要弱一些。黄海西北部的北（南）风有利于青岛近海向（离）岸流，黄海中北部风应力负（正）旋度和辐散（合）有利于青岛近海向（离）岸流。

（6）分析 4 个海洋指标与 850 hPa 位势高度的相关系数表明，超前 1 个月和同期最大相关区都位于黄海上空，说明黄海西部环流和青岛近海环流的年际变化可能主要受黄海上空大气环流控制。

（7）850 hPa 位势高度在 2007 年 4 月、6 月，2008 年 6 月、7 月，2009 年 5 月、6 月，

2010 年 6—8 月都是正值，即青岛上空为异常高压控制。利用上述 850 hPa 位势高度异常值超前 1 个月与青岛近海向岸流的正相关关系，可以考虑这些期间青岛近海向岸流增大。

（8）热带东太平洋的 SST 异常在超前 8 个月至 2 个月都有对 850 hPa 位势高度年际变化有正相关，即冬季热带东太平洋的 SST 正异常，可能使此后夏天青岛近海 850 hPa 位势高度变高；中部型厄尔尼诺 SST 异常区超前 6 个月至 3 个月与青岛近海向岸流年际变化正相关，即中部型厄尔尼诺后的春夏季，青岛近海向岸流可能增加。

本部分研究是针对黄海绿潮发生及迁移，特别是黄海绿潮对青岛近海侵袭事件而展开的。青岛近海环流及海面风应力肯定是主要的环境背景，青岛近海向岸流无疑会在绿潮侵袭青岛近海的过程中起重要作用，因此从海洋动力出发，选择青岛近海向岸流作为主要研究对象可能是比较科学的。但是，黄海绿潮发生迁移是多学科作用的综合结果，海洋大气环境过程仅是绿潮发生与迁移的一部分，生物过程可能是更重要部分，生物和海洋大气动力的相互作用需要被深刻认识，本研究结果对诊断和预测绿潮迁移具有初步的参考价值。

6.4 技术成果

基于多源监测数据分析绿潮分布和漂移特征，并结合数值模拟结果进行绿潮分布和漂移年度差异的机理分析，研究发现绿潮漂移路径的差异。由绿潮发生海域的季风差异及其引起的海表面环流差异共同作用的结果，绿潮漂移路径基本位于海面风和海面环流方向夹角中。筛选大气海洋环境动力关键因子，建立绿潮分布和漂移路径年度趋势预测方法。

7 黄海绿潮灾害综合业务化平台研制

绿潮遥感监测技术研究是业务化应急监测的基础，利用实时卫星遥感数据，通过准自动化、业务化监测系统，进行数据判定、数据获取、辐射定标、几何校正、云检测、大气校正、设置 NDVI 阈值、并提取绿潮信息。提供绿潮覆盖和分布范围，绿潮密集度和绿潮外缘线等信息产品、图鉴产品和遥感信息监测快报。绿潮遥感监测信息提取作为子模块放在平台中，既直接生成监测产品，也提供应急预测的基础信息。

绿潮应急快速漂移预测模式，生成可执行的漂移预测程序。该程序基于业务化的海洋大气环境动力要素结果，并可以进行参数如风力系数、流系数、风拖曳角的设置，并可以实现障碍物的阻挡作用，数据的分批处理，也可以自动搜索应急漂移模式所在范围，缩小模式计算范围，提高计算效率，实现对绿潮漂移轨迹和方向的快速预测。漂移预测程序作为子模块放在平台中，供绿潮应急漂移预测子系统自动调用，并实现数据的并行计算。

7.1 绿潮应急遥感监测模块

7.1.1 研究目标

针对黄渤海海域绿潮遥感监测数据，自动调用、自主研发的绿潮遥感信息提取程序，生成绿潮二值图，并基于绿潮二值图，提取绿潮覆盖面积、分布面积和散点数据等。基于遥感监测结果自动读取数据，绘制绿潮综合分布图、影像图和影像解译图等。根据绿潮遥感监测快报的制作格式，自动制作不同类型的快报。

7.1.2 研究内容

绿潮应急遥感监测系统研究的主要内容有：① 遥感影像预处理和绿潮信息提取，包括卫星影像的辐射定标、大气校正、几何校正、云提取和绿潮信息提取。② 应用 K-均值算法开展绿潮漂移初始场制作。③ 专题图和监测快报制作，包括可见光和 SAR 影像图、解译图制作，综合监测图制作，以及可见光和 SAR 卫星影像监测快报制作。

7.1.3 研究技术路线

绿潮遥感监测子系统技术路线如图7-1所示。系统基于的多源遥感影像，包括光学数据和微波数据，基本上能够实现对全海区的全天候、全覆盖监测。系统自主研发了绿潮遥感数据预处理算法，包括影像数据解析、辐射校正、几何校正、图像分类等，实现了从绿潮遥感监测数据处理与绿潮分布点信息提取的一体化处理。

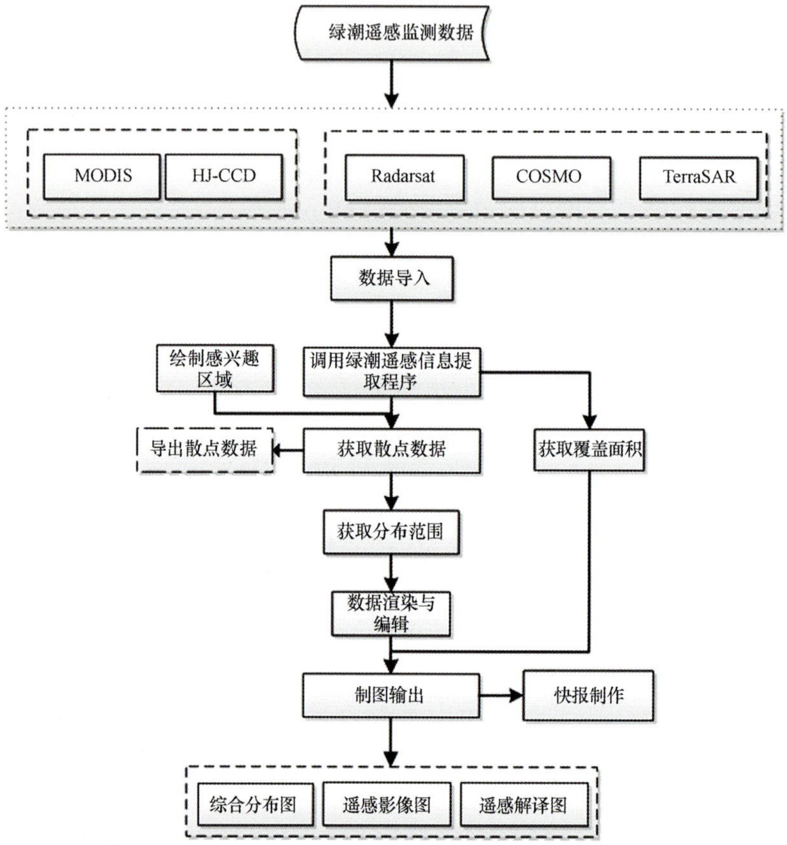

图7-1　绿潮应急遥感监测子系统研究技术路线

在获取绿潮分布数据的基础上，系统基于业务操作流程，实现了绿潮可能区的交互绘制、目标区域数据自动筛选、绿潮分布范围轮廓线自动生成等GIS功能，并根据绿潮业务化监测专题图与专题快报输出标准，制作了绿潮分布点数据交互编辑、符号制作、渲染以及自动制图等功能，实现了绿潮监测与产品制作的准一键处理。系统的登陆界面如图7-2所示。

图 7-2　系统登陆界面

7.1.4　关键技术研究

7.1.4.1　基于卫星遥感数据的绿潮信息自动提取

根据监测手段的不同，绿潮遥感监测数据可分为 HJ-CCD、MODIS、Radarsat、COSMO、TerraSAR 五种，系统自动调用绿潮遥感信息提取程序（由国家海洋局第一海洋研究所提供），结合录入的可能区域信息，生成绿潮散点数据和覆盖面积数据。

1）绿潮遥感信息提取

系统使用的遥感数据分为光学遥感和微波遥感两种，其中光学遥感数据包括 HJ-CCD 数据、MODIS 数据，微波遥感数据包括 Radarsat 数据、COSMO 数据、TerraSAR 数据。

对于光学遥感数据，系统采用辐射定标、几何校正、大气校正、云掩模和 NDVI 计算五个步骤，获得假彩色图像、NDVI 图像、云图像和光学分析结果二值影像，如图 7-3 所示。光学遥感的产品中，假彩色图像用于制作影像专题图，NDVI 用于植被信息提取，云图像用于消除云对绿潮信息提取结果的影响，光学分析结果二值影像用于结合 GIS 手段作进一步的绿潮信息提取。

对于微波遥感数据，系统采用辐射定标和几何校正两个步骤，获得二值影像和灰度影像，如图 7-4 所示。微波遥感的产品中，灰度映像用于制作影像专题图，二值影像用于结合 GIS 手段做进一步的绿潮信息提取。

2）绿潮监测信息 GIS 处理与分析

基于绿潮遥感信息提取程序所获得的绿潮二值影像，系统实现了绿潮监测数据从影像到矢量的转换（图 3-20）。在此基础上，系统自动提取绿潮覆盖面积，结合业务需求，分别统

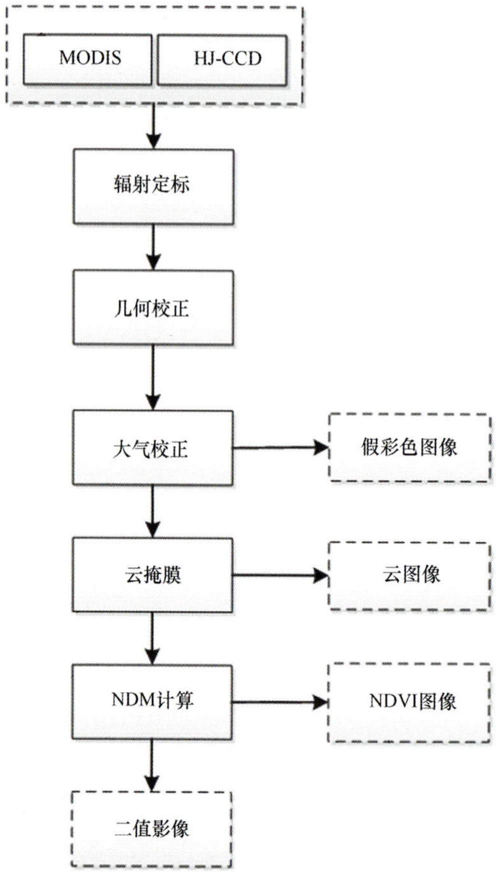

图 7-3　绿潮光学遥感信息提取流程

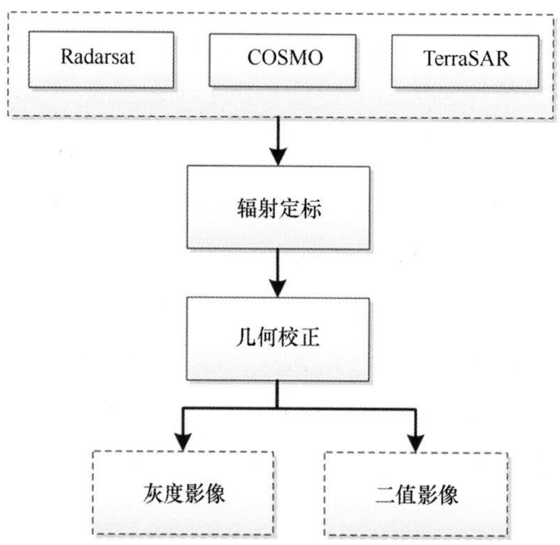

图 7-4　绿潮微波遥感信息提取流程

计了北海预报中心职能范围内的绿潮分布信息。为了提取绿潮分布范围面积与绿潮覆盖面积，系统发展了绿潮分布轮廓线自动提取算法，经过距离分析、逻辑运算、膨胀腐蚀运算，所提取的轮廓线效果达到了人工操作水平。

经过绿潮遥感信息提取后的二值影像如图 3-21 所示，其中白色区域代表绿潮区域，黑色区域代表非绿潮区域（陆地、岛屿、海洋等）。

为突出绿潮信息，系统实现对二值影像做了渲染处理，将绿潮区域渲染为绿色，非绿潮区域渲染为浅灰蓝色，如图 3-22 所示。

不同用户对象的可能区域不同，如青岛海洋部门仅关注青岛近海区域，因此统计信息只需要一小部分。系统还提供了手动绘制可能区域的功能，如图 3-23 所示为手绘可能区域，该区域基本包含了所有的绿潮分布区域。具体操作方法及要求参阅本书 3.1.3 节。

7.1.4.2 基于 K-均值聚类算法的绿潮散点抽稀

1）绿潮散点抽稀目的

系统基于多源遥感监测手段提取绿潮的覆盖面积与分布信息，为以后的空间分析和科学计算提供原始数据和评估依据。融合多源遥感监测手段的成果提高了数据的可靠性。受分辨率、图幅范围等因素的限制，绿潮的散点分布往往展现出部分区域相对于其他区域显得更加稠密。

系统提取的绿潮监测信息同时作为绿潮漂移预测初始数据，根据数值模拟的需求，系统对绿潮监测数据进行了稀疏化处理，发展了基于 K-均值的稀疏算法，实现了对过于稠密的散点分布区域进行抽稀，稀疏化处理的结果自动输出为绿潮漂移预测数值模式输入格式。

2）绿潮散点稀疏化原理与方案

地理空间中的地物对象在本质上是聚集分布的，位置相邻或相近的对象聚集在某一小范围之内，称其具有相似性；而若地物对象位置相聚较远，则称其具有相异性。基于空间地物的相似性和相异性特点，可以将数据对象分别组织为多个类或簇，在同一簇中的对象具有较高的相似性，而不同的对象相异性较大，这称为聚类。

其中，分割聚类方法是一种基于原型的聚类方法，其本质是首先从数据集中随机选择几个对象作为聚类原型，然后将其他对象分别分配到由原型所代表的最相似，即距离最近的类中。分割聚类方法通过迭代控制策略对原型不断进行调整，从而使得整个聚类得到优化。

K-均值聚类算法（K-means 算法）是一种应用最为广泛的分割聚类算法，它使得各个样本与所在类均值的误差平方和达到最小（这也是评价 K-means 算法最后聚类效果的评价标准）。

假设有 n 个对象需要分成 k 类，K-均值聚类算法的思路是：首先随机地选择 k 个对象代表 k 个类，每个对象作为一个类的原型，根据距离原型最近的原则将其他对象分配到各个类中。在完成首次对象分配之后，以每个类所有对象的平均值作为该类的原型，迭代进行对象的再分配，直到没有变化为止，从而得到最终的 k 个类（图 7-5）。

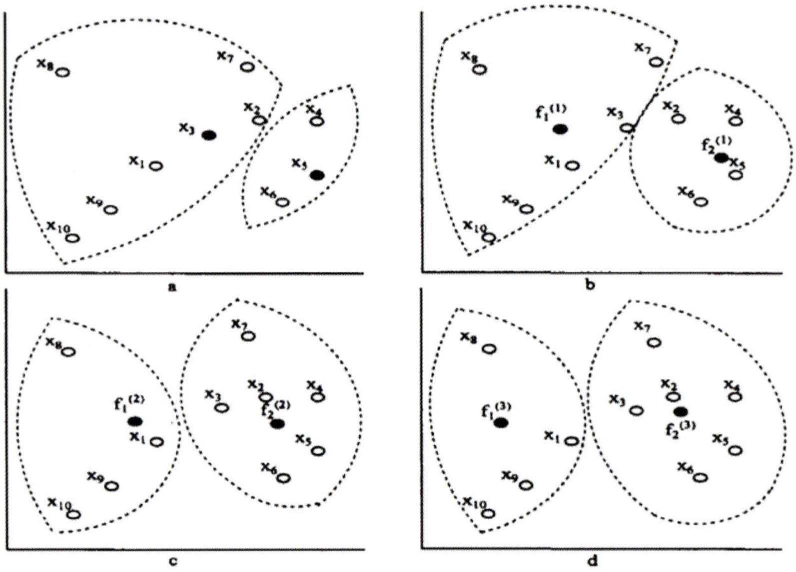

图 7-5　K-均值聚类算法的聚类过程

系统设计使用 K-均值聚类算法对绿潮散点数据进行抽稀，针对多种渠道获取得到的绿潮散点数据的稀疏情况的差异设置不同的抽稀参数，依据参数对散点数据分别进行抽稀，最终合并为一个文件（图 7-6）。

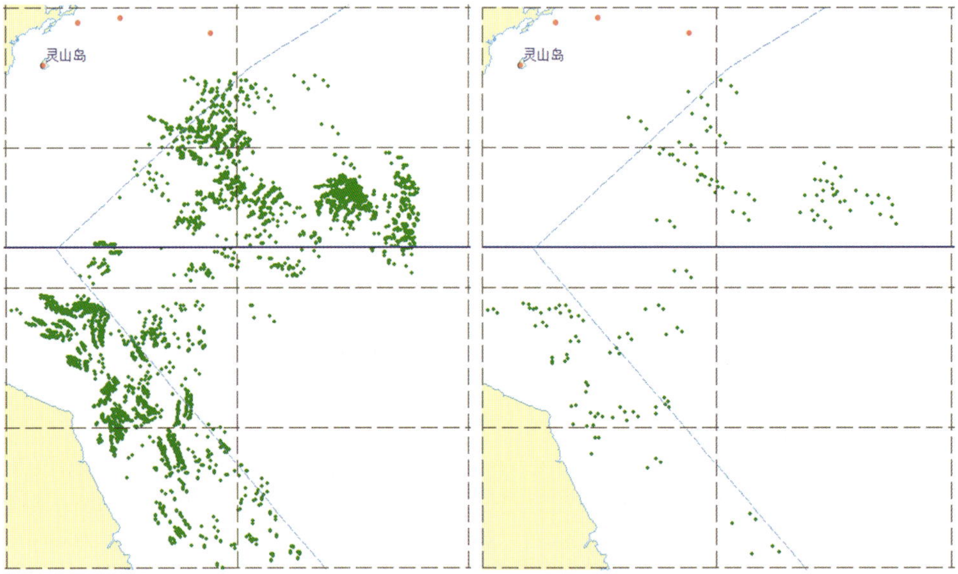

图 7-6　散点抽稀前和后的数据

7.1.4.3 业务化专题图制作

针对绿潮业务化应用，系统提供了三种不同类型的制图输出，包括综合分布图、遥感影像图和遥感影像解译图。

为了实现标准化制图，系统基于 GIS 技术开发了专题制图模块，实现了制图范围的自动框选，经纬网线自动标注，制图图例、比例尺与注释信息自动添加等功能。用户在产品制作时，可以根据实际情况，交互调整图例、注释数据等。整个产品制作流程均实现了自动化，产品制作效率有了很大提高。

（1）综合分布图

绘制绿潮散点分布和边框范围，通过用户拉框选择制图范围，自动经纬线和文字标注，添加数据时计算在 WGS1984UTM_ 51N 投影坐标系下的总覆盖面积（散点个数×每个像素的面积）、总分布面积（边框线包围面积）、35°N 以北覆盖面积、35°N 以北分布面积。同时添加图例、比例尺、指北针和坐标系、制图单位、制作时间等文本标注（图 7-7 和图 7-8）。

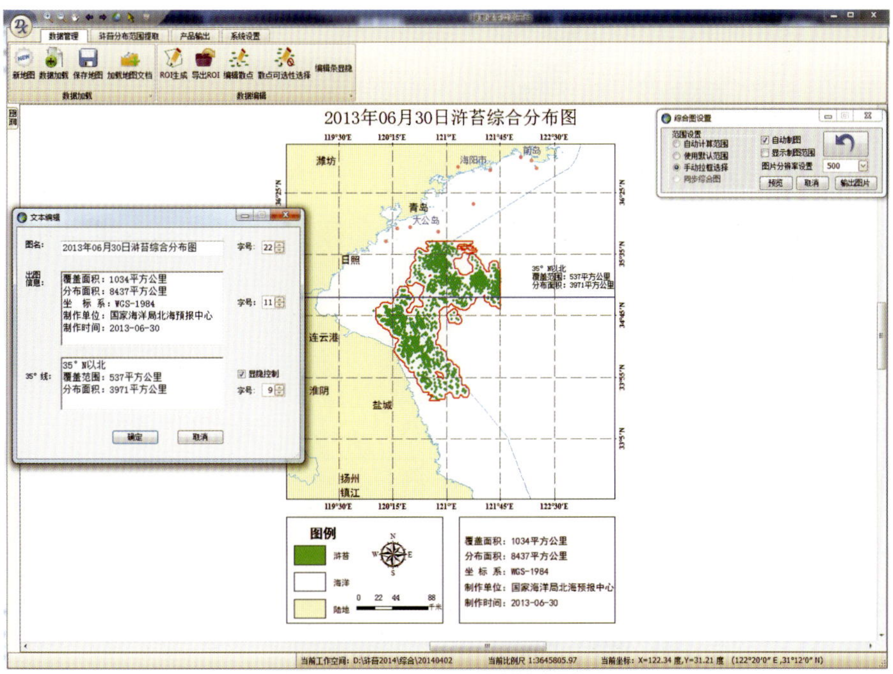

图 7-7 综合分布图制作界面

（2）绿潮影像图

绘制绿潮影像图，通过用户拉框选择制图范围，自动经纬线和文字标注，添加数据时添加遥感数据类型、分辨率、图例、比例尺、指北针和坐标系、制图单位、制作时间等文本标注（见图 7-9 和图 7-10）。

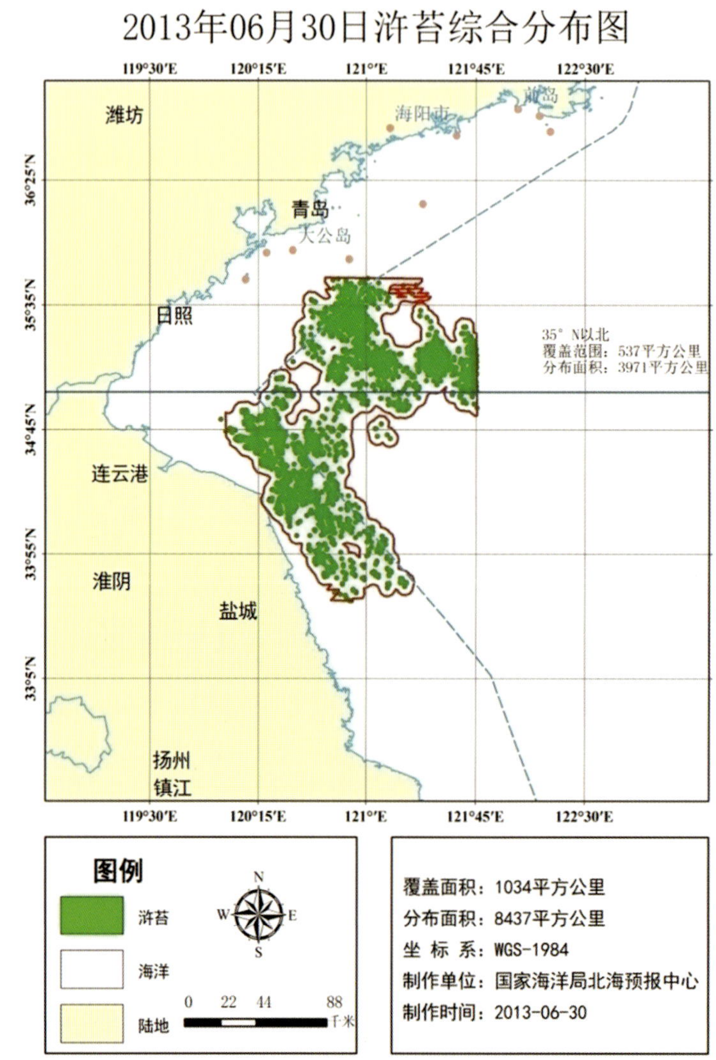
2013年06月30日浒苔综合分布图
119°30′E
120°15′E
121°E
121°45′E
122°30′E
36°25′N
35°35′N
34°45′N
33°55′N
33°5′N
潍坊
海阳市
青岛
大公岛
日照
连云港
淮阴
盐城
扬州
镇江
35° N以北
覆盖范围：537平方公里
分布面积：3971平方公里
图例
浒苔
海洋
陆地
N
S
W
E
0 22 44 88
千米
覆盖面积：1034平方公里
分布面积：8437平方公里
坐 标 系：WGS-1984
制作单位：国家海洋局北海预报中心
制作时间：2013-06-30

图 7-8　绿潮综合分布图

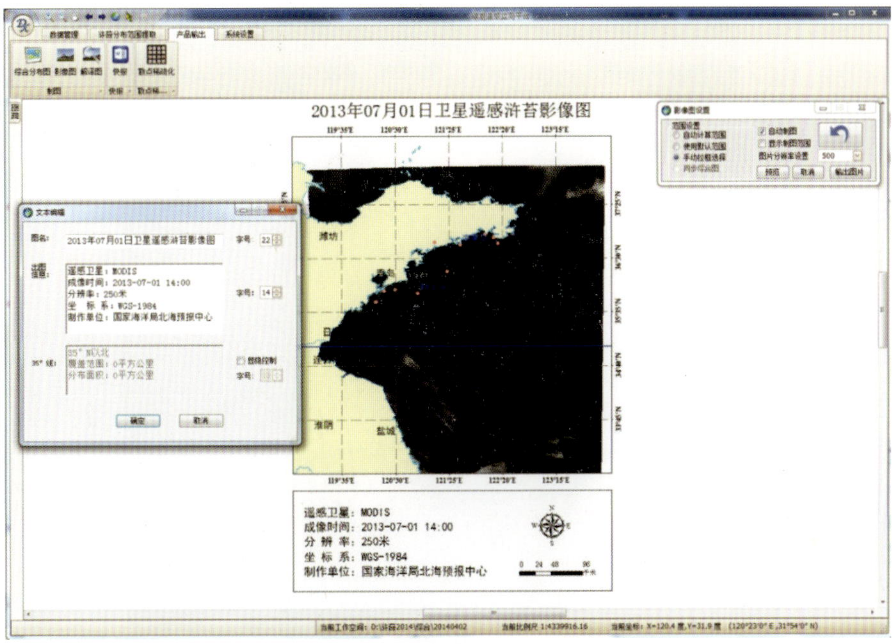

图 7-9　绿潮影像图制作界面

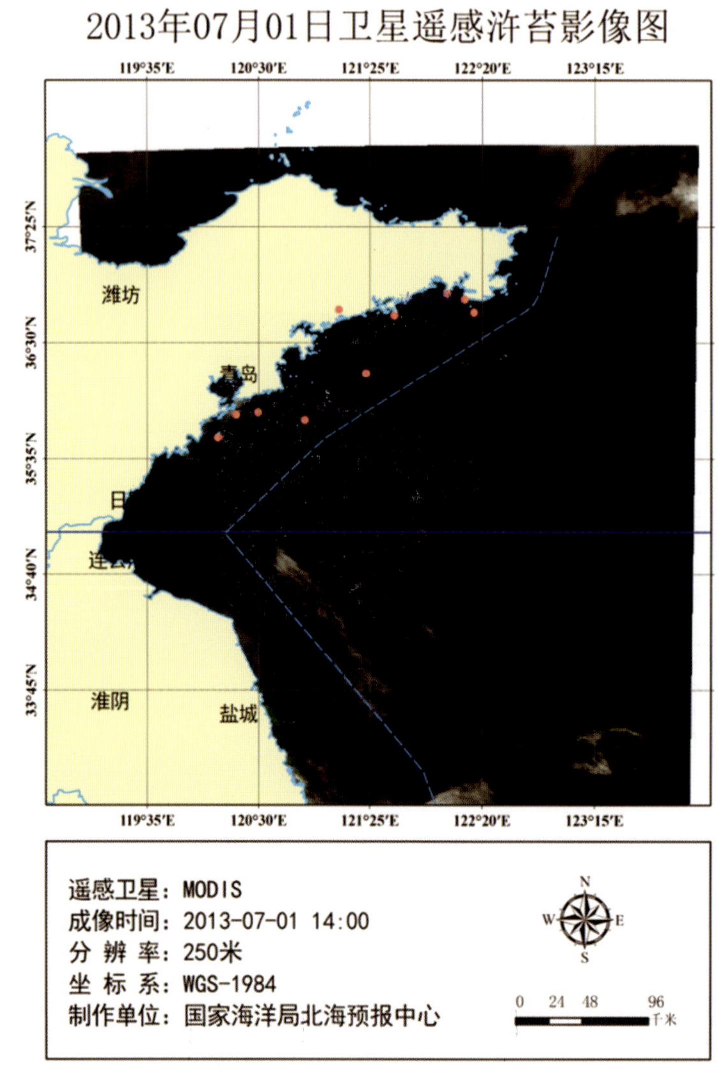
2013年07月01日卫星遥感浒苔影像图
119°35′E
120°30′E
121°25′E
122°20′E
123°15′E
37°25′N
36°30′N
35°35′N
34°40′N
33°45′N
潍坊
青岛
淮阴
盐城
遥感卫星：MODIS
成像时间：2013-07-01 14:00
分 辨 率：250米
坐 标 系：WGS-1984
制作单位：国家海洋局北海预报中心
N
W
E
S
0 24 48 96
千米

图 7-10　绿潮影像图

(3) 绿潮影像解译图

绘制绿潮影像解译图，通过用户拉框选择制图范围，自动经纬线和文字标注，添加数据时计算在 WGS1984UTM_ 51N 投影坐标系下的总覆盖面积（绿潮像素个数×每个像素的面积）、总分布面积（边框线包围面积）、35°N 以北覆盖面积、35°N 以北分布面积。同时添加图例、比例尺、指北针和坐标系、制图单位、制作时间等文本标注（图 7-11 和图7-12）。

系统对制图范围的获取提供四种不同的方式，使用默认范围、程序自动获取、用户拉框获取。默认范围是系统自带的一个范围，用户可以修改默认值，系统会记住上一次的范围；程序自动获取是指在加载边框数据时，系统自动计算边框点的 4 个角点值，然后将该范围放大 20%作为成图范围；用户拉框选择是通过用户与地图互动，拖动选择范围。

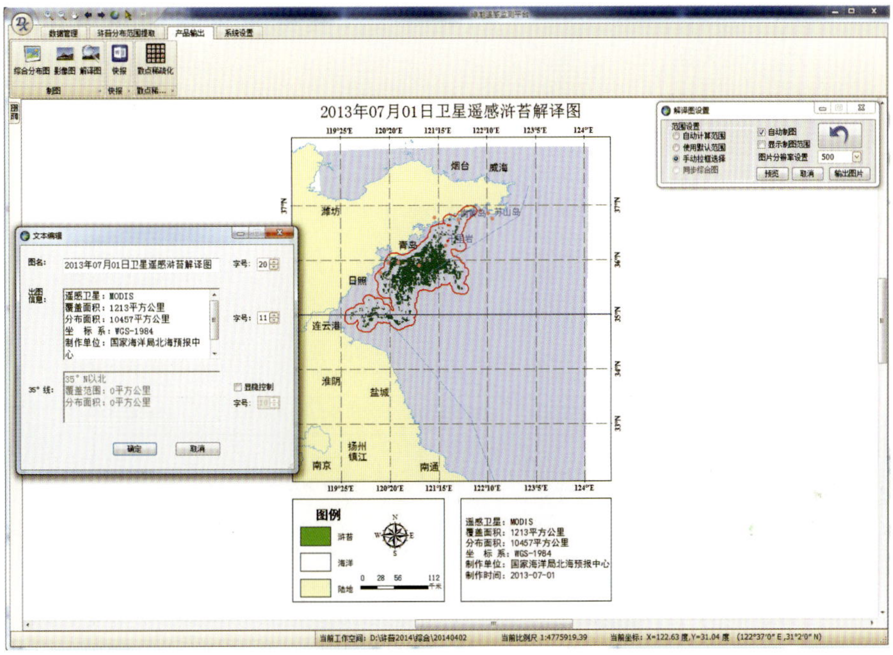

图 7-11 绿潮解译图制作界面

7.1.4.4 业务化快报制作

针对业务化需求，系统将提供两类快报文件的制作，分别是卫星遥感简报和微波遥感简报。基于本系统的快报制作模块，用户不需要参与快报制作过程，系统自动将遥感监测影像、信息提取结果以及覆盖范围与面积等各类统计信息插入到快报文档中，大大缩短产品制作时间（见图 7-13 和图 7-14）。

绿潮监测快报制作的技术路线是首先按照快报特定格式制作模板文件，对需要更改的地方添加书签，然后读取模板文件，按名称找到书签，将绿潮信息内容添加到书签位置，最后将该文件另存到指定位置。

根据绿潮遥感监测业务化处理流程，系统自动记录覆盖范围、覆盖面积、分布面积、影像图、解译图等信息，并将之保存在配置文档中。当快报制作窗体初始化时，系统将自动读

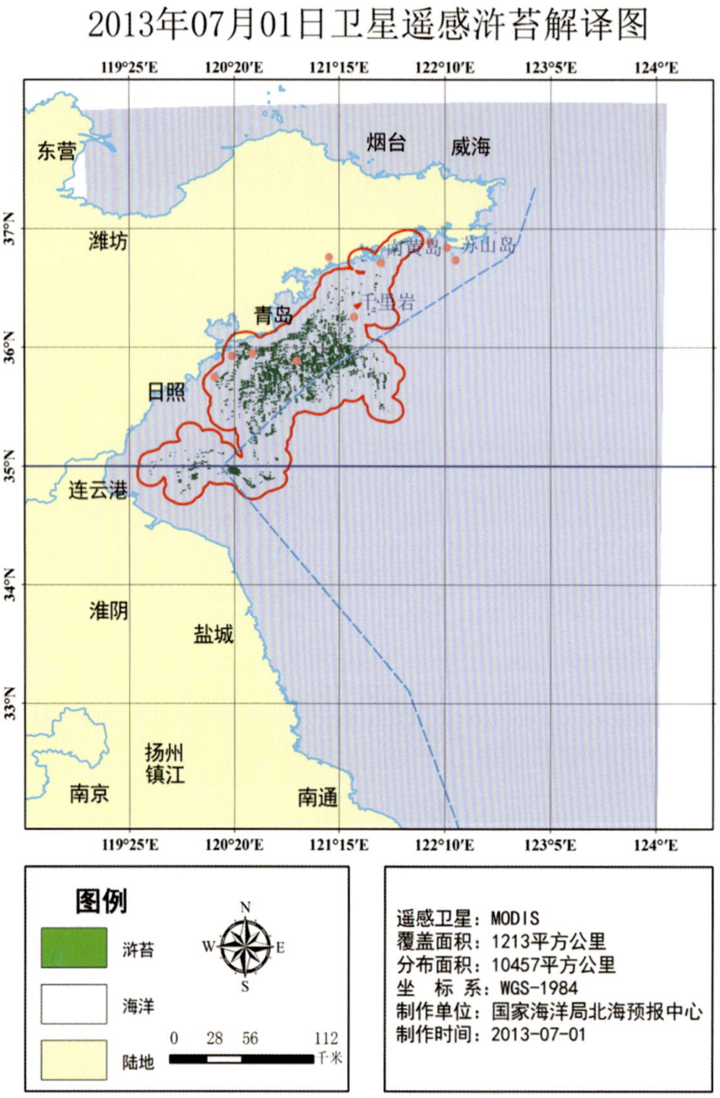

图 7-12　绿潮影像解译图

取相关数据信息。快报中添加的内容包括期号、制图时间、监测时间、数据类型、绿潮分布范围信息、总覆盖面积、总分布面积、35°N 以北覆盖面积、35°N 以北分布面积、绿潮影像图、绿潮解译图等。

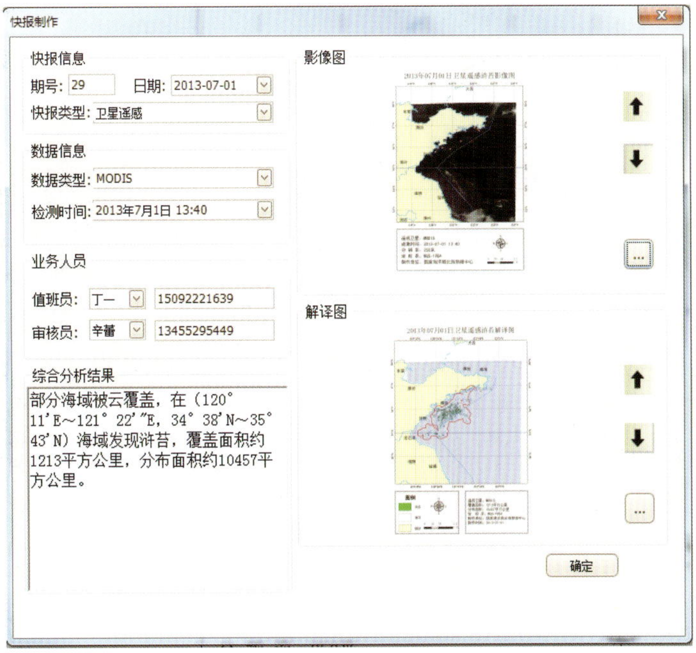

图 7-13　快报制作界面

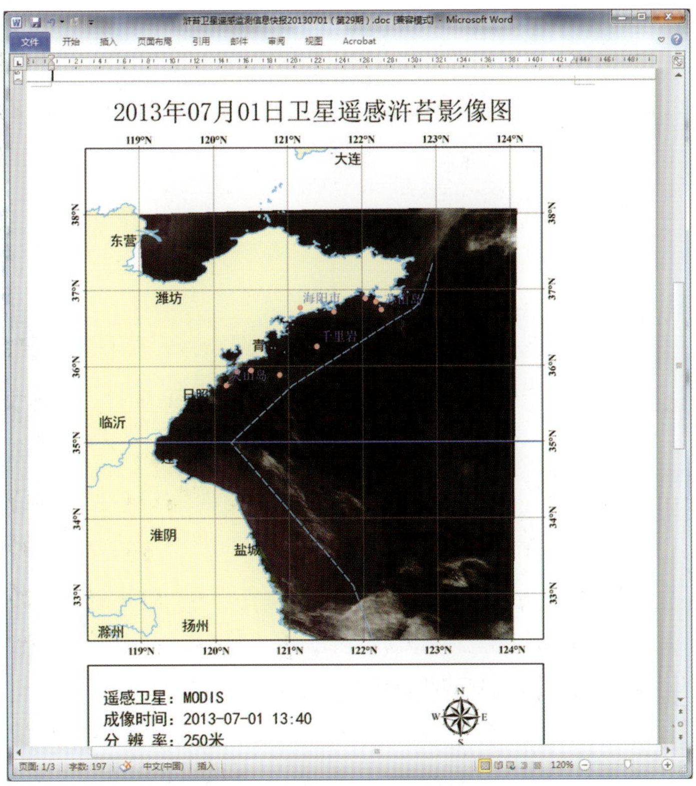

图 7-14　监测图片自动插入

7.2 绿潮应急预测模块

7.2.1 研究目标

基于绿潮监测数据和漂移预测模式，研发绿潮应急预测子系统（见图 7-16）。该系统的模块能够针对黄渤海区域绿潮监测数据，根据数据的空间位置，自动调用相应的绿潮漂移预测程序，并对批量数据点自动进行分组处理，生成预测数据并对数据进行合并操作。基于预测结果自动读取数据，绘制绿潮综合分布、单点漂移轨迹、线漂移预测图、散点漂移图等。根据绿潮快报的制作各式，自动制作不同类型的快报并发布到指定业务单位。

7.2.2 研究内容

（1）绿潮漂移预测的模式自动调用和并行计算；
（2）绿潮监测数据的自动绘制和编辑；
（3）不同类型的绿潮制图输出；
（4）业务化快报制作和发布。

7.2.3 研究技术路线

绿潮应急预测子系统技术路线见图 7-15。

7.2.4 关键技术研究

7.2.4.1 绿潮数值模拟与 GIS 系统的无缝集成

由于 GIS 与数值模拟属于两个独立的学科，其相应的数据格式通常不能兼容，如何利用 GIS 在空间数据管理中的优势，将数值模拟计算过程中产生的海量的数据转入到 GIS 的数据库中进行表达与分析成为 GIS 环境与数值模拟集成的关键。本文分析了绿潮漂移数值模式输入数据及计算结果数据格式，为模式计算与 GIS 表达提供了数据接口，实现了 GIS 环境与数值模式的集成。关键技术主要包括数据解析、数值模式的并行计算与结果的表达。

数据解析主要分析绿潮监测源数据的格式、组织方式、索引关系，确定与数值模式交互接口，同时分析输出数据格式，确立与 GIS 的交互方式。首先分析绿潮监测源数据格式；然后读取数据后根据绿潮漂移数值模式输入数据格式写入其输入文件；调用模式得到绿潮漂移

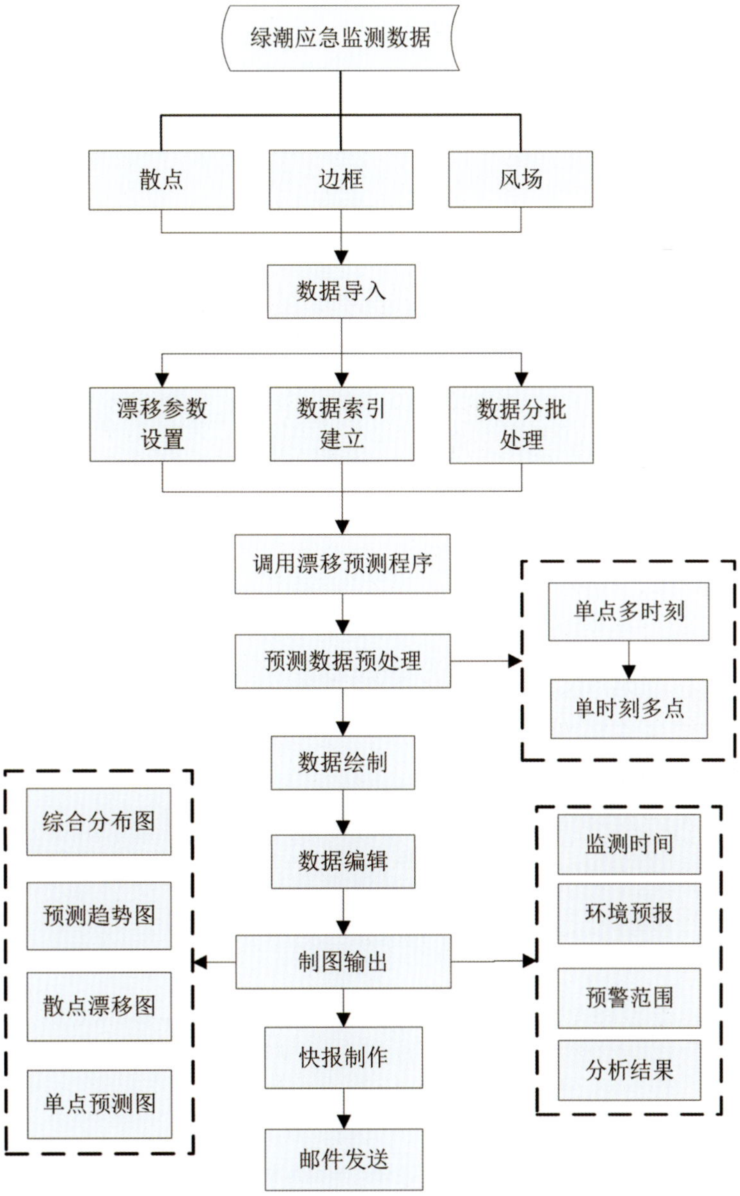

图 7-15　绿潮应急预测子系统技术路线

计算结果。本文采用封装好的绿潮漂移数值模式，其中模式的输入数据包括绿潮监测源数据、风场数据、流系数等参数。

（1）绿潮监测源数据格式解析

绿潮监测源数据通常由卫星遥感及海洋观测站获取，经过进一步处理，提取绿潮散点数据和边框数据（见图 7-17）。散点数据为绿潮的分布点，主要包含点号与点的空间坐标信息；边框数据为绿潮散点的范围边界，由于绿潮分布不连续，所以范围边界通常有多个，其组织形式为有顺序的点集，在数值模拟处理时也作为点数据处理。

图 7-16　系统登录界面

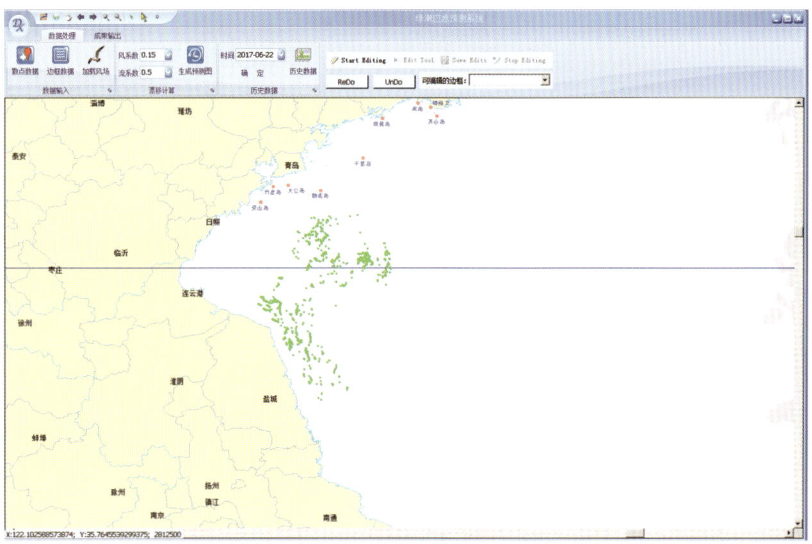

图 7-17　单时刻绿潮散点绘制结果

（2）模式输入数据规范化

根据绿潮漂移预测数值模式输入要求，制定输入数据统一格式，包括绿潮漂移点、绿潮范围以及风场数据。基本结构是列表，每一行为一个点的相关信息，包括经纬度坐标、当前计算时间、预测时长等。风场数据是与绿潮监测时间段对应的风场信息，风场数据的起始时间通常早于绿潮监测源数据的获取时间，而持续时间长于绿潮的模式预报时长，因此，系统基于时间点建立索引表，保证信息同步。

（3）模式封装与调用

将绿潮漂移预测模式封装成功能模块，只保留输入文件与输出文件两个接口，模式运行需要的参数已经包含在输入文件中。

系统调用数值模式过程中，实现了模式输入数据匹配查询、过程文件处理以及输出文件管理。

（4）绿潮数值模拟结果的 GIS 表达

① 散点数据的处理

绿潮分布特征点数据量大，经数值模式计算后产生一系列不同时刻的结果数据，通常为 72 个时刻。要对这些结果数据进行有效的组织与管理，实现不同时刻绿潮散点分布的显示与对比，需要高效的图形绘制方法与有效的显示控制。

系统在显示过程中采用实时绘制的方案，不产生海量的中间数据。由于需要通过界面的不断刷新与重绘实现任意时刻漂移结果的切换显示，为提高绘图效率，系统在内存中建立堆栈式管理策略，系统将结果图初次被选定时存放于内存中，再次被选定时直接从内存中调取数据。

为避免多个时刻散点同时显示的混乱局面，系统根据预测时刻建立时间序列索引表。当用户选择任意时刻时，系统根据时间索引查找对应的单时刻多点文件，对任意时刻预测结果数据进行高效有序的显示控制。

② 范围数据的处理

由于边框数据节点数量相对较少，且主要用于绿潮整体漂移趋势的了解与对比，因此需要多个时刻数据的同时显示与对比，在实现过程中其显示机制不同于散点数据。

首先建立时刻序列索引表，每个时刻对应一个范围。每个范围绘制时都需要根据其时刻变量找到边框数据拼接结果中对应时刻的单时刻多点文件，根据记录中的点号与边界号确定不同的边框对象及同一边框对象中节点的绘制顺序（见图 7-18）。

③ 范围边框节点的编辑

通常情况下，数值模拟结果会跟绿潮的实际分布状况存在偏差，这种时候通常需要专业人员进行交互调整。本文基于 GIS 组件以弹出式工具条的形式实现了边框节点的编辑功能，包括要素移动、删除，结点编辑、添加、删除等（见图 7-19）。

④ 漂移轨迹的显示与查询

边框数据用来描述绿潮的整体分布范围，所有预测时刻的预测结果同时显示，会造成视觉效果混乱。为更加直观地了解部分边框重要节点在一系列预测时刻的整个漂移过程，系统实现了单点漂移轨迹的动态查询的工具（见图 7-20）。

基本的实现思路为：首先鼠标点击获取 X、Y 坐标；然后逐行读取边框索引文件，根据每行点记录的 x、y 坐标与鼠标点击的 X、Y 坐标的容差判断待查询的点在索引文件中的位置，然后根据该点记录中的点号、组号、模式编号、边框线编号找到该点在模式中漂移计算产生的单点多时刻文件，读取预测文件，以曲线的形式绘制点线。

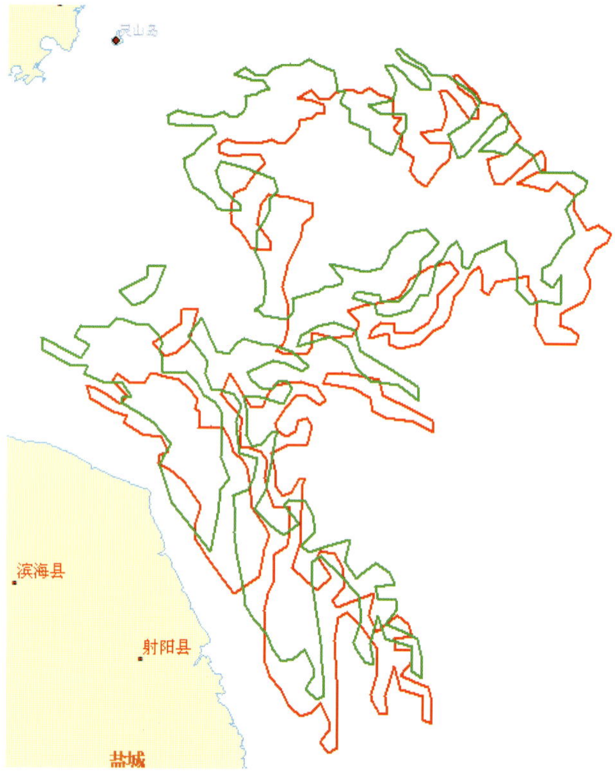

图 7-18　边框线漂移图

红色曲线为漂移前范围，绿色曲线为漂移后范围

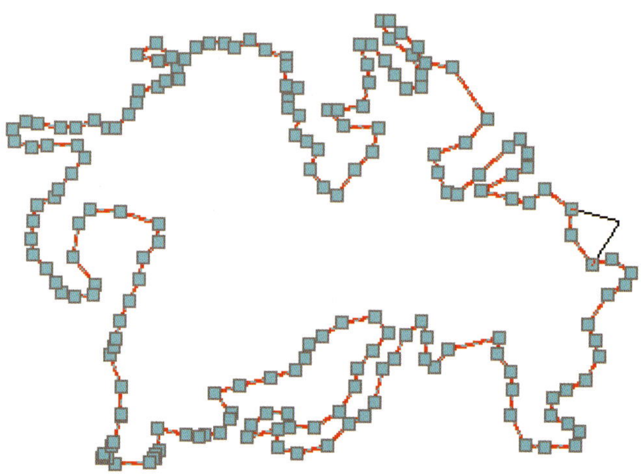

图 7-19　边框节点编辑图

7.2.4.2　模式自动调用和并行计算

对于绿潮监测数据，包括散点数据和边框数据，通过输入风场数据和漂移参数（风作用系数和流作用系数）自动调用绿潮漂移预测程序（由国家海洋局北海预报中心提供）生

成每个点的漂移轨迹路线。

1）漂移预测程序介绍

根据预测范围和精度不同，系统目前共用到了 3 套预测程序，分别针对青岛、渤海、黄渤海区开发（见图 7-21）。

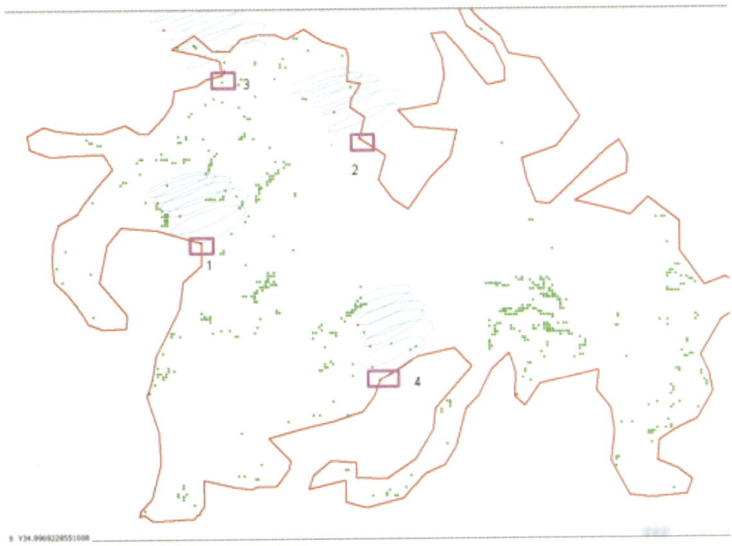

图 7-20　单点漂移轨迹图

从图 7-21 可以看出，三个区有重叠部分。对于重叠部分的监测点，按青岛区>渤海区>黄渤海区的优先级进行运算。对应的漂移预测程序存放在 bhd-piaoyi-30、boh-piaoyi-240、qd-piaoyi-150-da 三个文件夹下。每个文件夹都有 user 文件夹，程序运算的输入数据都存放与该文件夹下。在 user 文件夹下，该系统用到的文件有 filedata. dat、hut. dat、wind. dat、para. dat、zhidiangz. exe。其中，zhidiangz. exe 为漂移预测可执行程序，程序运算结果存放到 result 文件夹下。zhidiangz. exe 运行时首先读 filedata. dat 文件。第一行为绿潮点的初始信息存放的文件名称 hut，第二行为风场文件名称 wind，第三行为漂移参数文件名 para。

各文件的格式如下：

（1）hut. dat 格式（见图 7-22）

第一行中，400 是计算的点数；

第二行中，1 是一个控制参量，不需修改；

第三行包括绿潮斑块经纬度信息、绿潮漂移预测的起始时间，具体为：120. 07 和 34. 63 代表绿潮斑块的经度和纬度；2012、08、18、10、11 为监测到绿潮斑块的时间（也是模式计算的起始时间），分别对应年、月、日、时、分；72 代表模拟计算的时长为72 h；10 代表每 10 min 输出模拟结果。

图 7-21　漂移预测程序模式范围分布图

（2）wind. dat 格式（见图 7-23）

第一行 2012 08 18 10 11 为风场的起始时间（年月日时分）；

数据部分 150 2 为风向和风速；

（3）PARA. dat 格式（见图 7-24）

第一行为风作用参数；

第二行为流作用参数；

（4）result 文件夹下的结果文件（见图 7-25）按“RESULT_”+点号，如 RESULT_021. DAT 表示第 21 个点漂移路径信息。每行表示经度纬度时间流向流速风向风速。

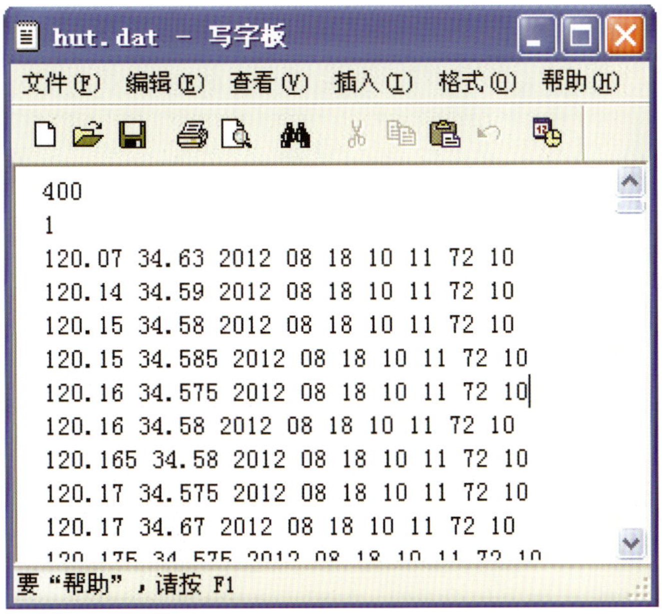

图 7-22　hut 文件格式

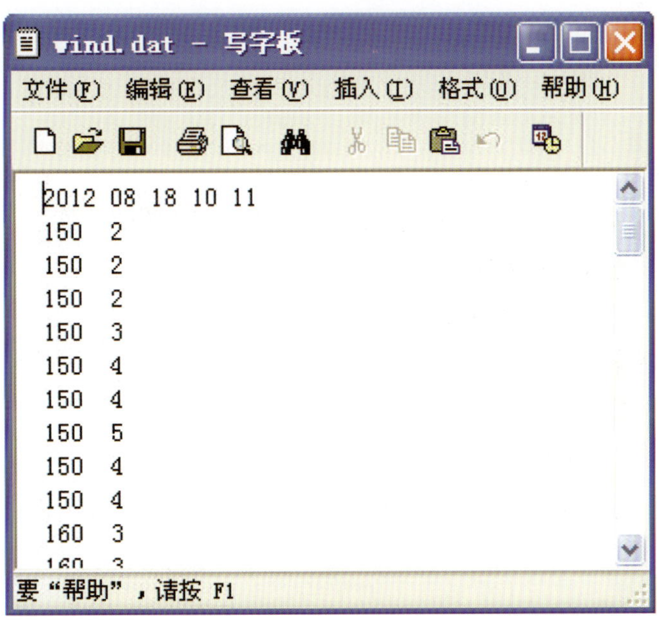

图 7-23　风场文件格式

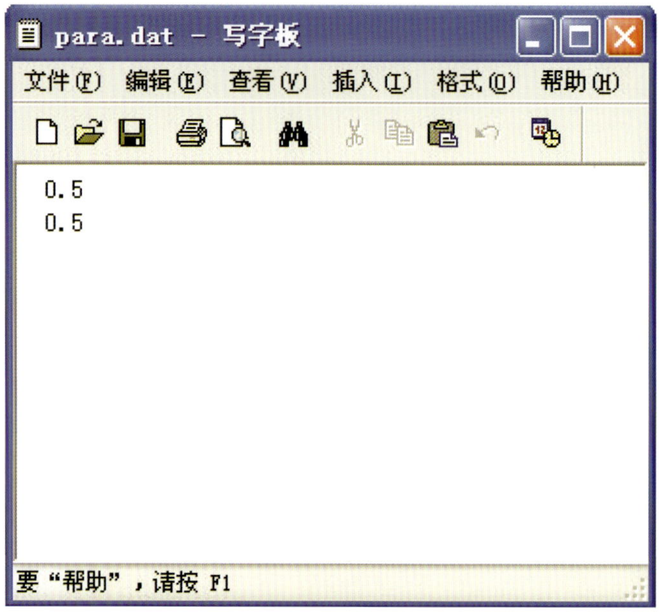

图 7-24 漂移参数文件格式

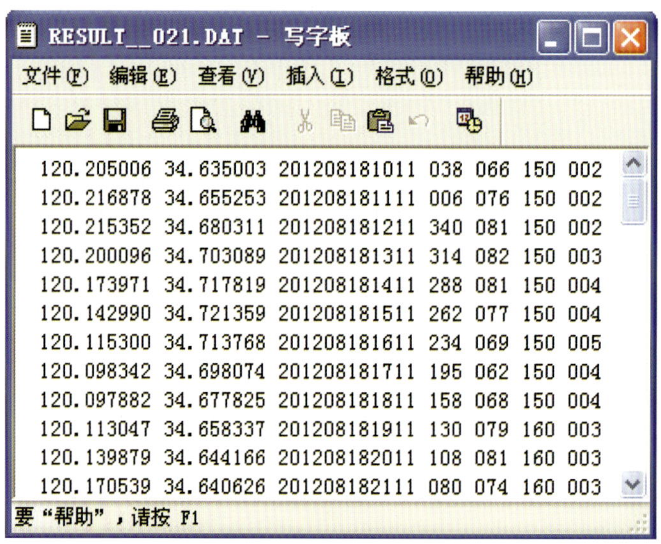

图 7-25 运算结果文件格式

由此可见，若要调用绿潮漂移预测程序只需将监测数据按上述格式写入文件即可调用 zhidiangz. exe 进行计算，得到单点多时刻的预测数据。

2) 拟解决问题

绿潮监测数据有散点和边框两种，其中边框数据包含多个多边形，每个多边形上的点可能属于不同的模式范围。对于同一组数据，按照所在的模式范围对点进行分组，调用相应的模式。由于同一批散点数据或同一个多边形上的点可能经不同模式运算得到，其结果数据中点的顺序必然会发生变化，如何对结果数据建立准确快速的获取方法是研究的主要内容之一。

通过漂移预测程序计算的结果存储的是单点多时刻的位置等信息，即每个点的漂移信息存到一个文件中，每个文件中按时间顺序存储多时刻的位置等信息。而在制图输出时，更多的需要单时刻多点信息，即每个时刻的散点和边框的分布情况。所以要对结果数据进行处理，将单点多时刻数据转换为单时刻多点数据。

绿潮监测数据的点数多，一次处理耗时长，不能有效发挥计算机性能。通过对数据进行合理的分组，研究并行计算的解决方案，完成数据的分发和管理，充分利用计算机多个处理器，节省计算时间。

3）并行计算策略

漂移预测程序对数据的处理是独占 cpu 的形式，受限于这个问题，若想充分利用多处理器的特点，只能采用多次调用的方式。对监测数据点构建索引，按分组数、点数和模式编号对其进行分组，通过索引快速查找结果数据，并进行单点多时刻到单时刻多点的转换（图 7-26）。

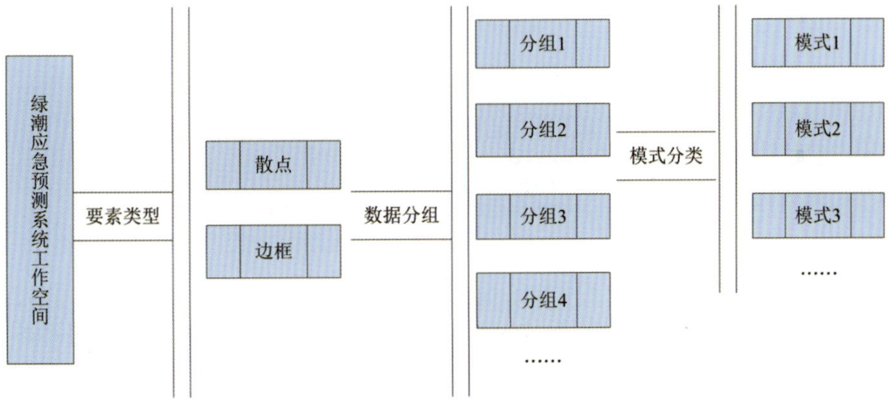

图 7-26　漂移预测程序存放结构示意图

绿潮监测数据的散点及边框线节点数目庞大，通常每个点的计算时长大约为 1.2 s，若采用串行模式计算，整套数据计算完毕就需要的时间长达数小时。为有效的发挥多核计算机性能，提高计算效率，系统通过对源数据进行分解实现多核多线程并行计算，其中主要技术难点为计算区域数据的分解与索引的构建。

图 7-29 为绿潮漂移数值模式并行计算的概念模式。绿潮监测源数据解析完成后，读取绿潮散点数据及边框数据；根据点的空间位置判断所属模式范围并同时调用各自对应的数值模式；得到数值模式的计算结果，单点多时刻数据文件，不同模式的结算结果独立存储。

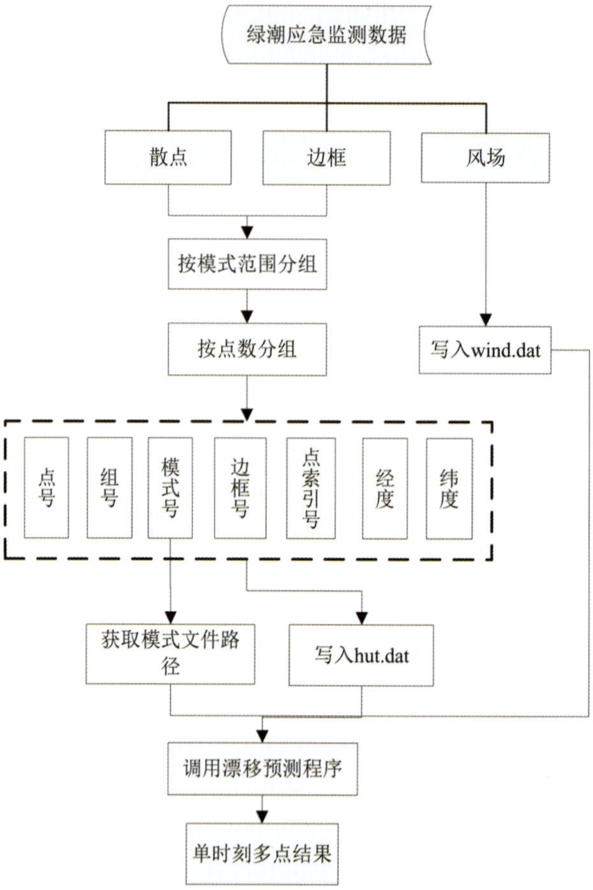

图 7-27　索引建立过程示意图

（1）计算区域分解

基于多核的多线程程序设计的关键就是挖掘应用程序的并行性，将一个程序尽量平均地分解成多个可以同时执行的部分，然后由不同的线程在不同的内核上执行。将应用程序划分成多个独立的任务，并确定这些任务之间的相互依赖关系的过程就称为分解。分解的方法有三种：任务分解、数据分解和数据流分解。分解的目的是使各个处理器都能分配到平衡的工作负载，从而提高运算的并行性。

本系统采用数据分解与任务分解相结合的方法，首先进行数据分解，然后在数据分解结果的基础上进一步进行任务分解。图 7-30 为计算区域分解的整体概念模式。

① 数据分解

为充分发挥计算机性能，系统首先进行数据分解。假设点的总数为 N，将散点数据及边框数据分别以 N /4 左右个点为一组进行分组，图 7-31 为数据分解流程。

② 任务分解

由于绿潮漂移计算有多个模式范围，数据分解完成后同一组内绿潮点所属的区域可能不同，因此需要对同一组内的散点及边框节点进一步进行任务分解。

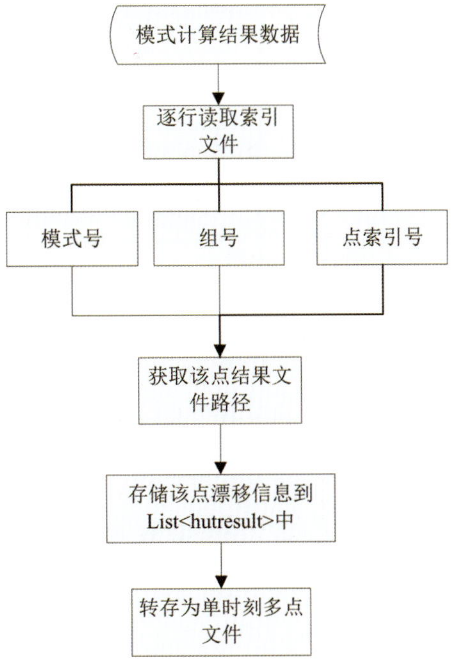

图 7-28　结果数据检索和转换过程示意图

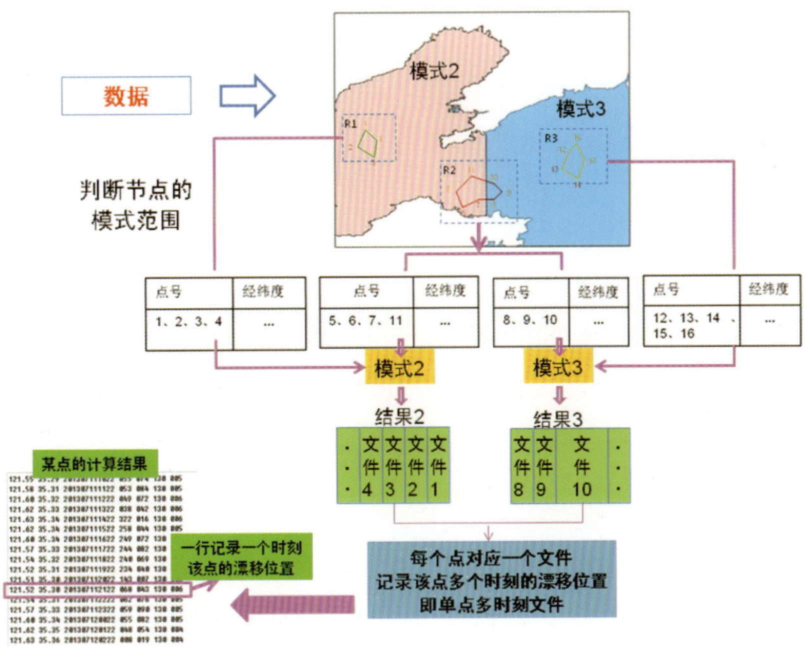

图 7-29　数值模式并行计算概念模式

首先将数据点按照其空间坐标信息划分到三个模式范围内，即青岛区、渤海区、黄渤海区，然后不同的模式范围开辟独立线程调用不同的绿潮漂移数值模式进行计算。图 7-32 为任务分解流程。

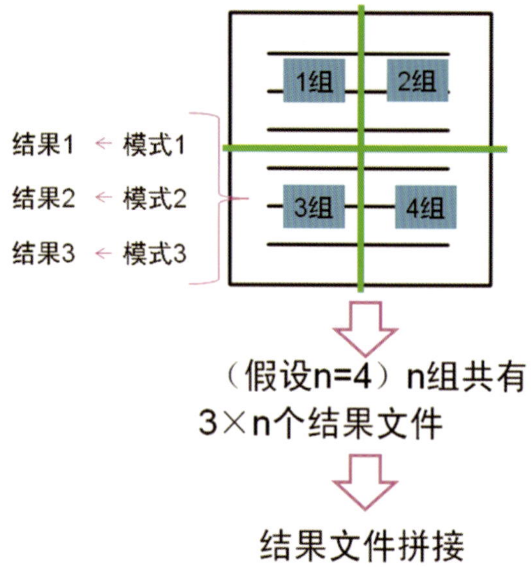

图 7-30　计算区域分解整体概念模型

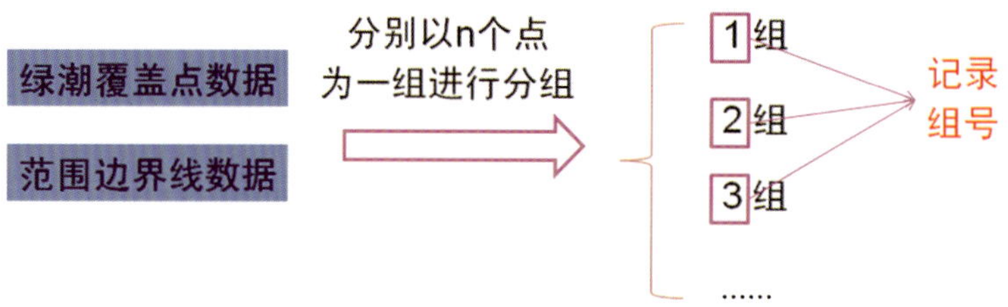

图 7-31　数据分解流程

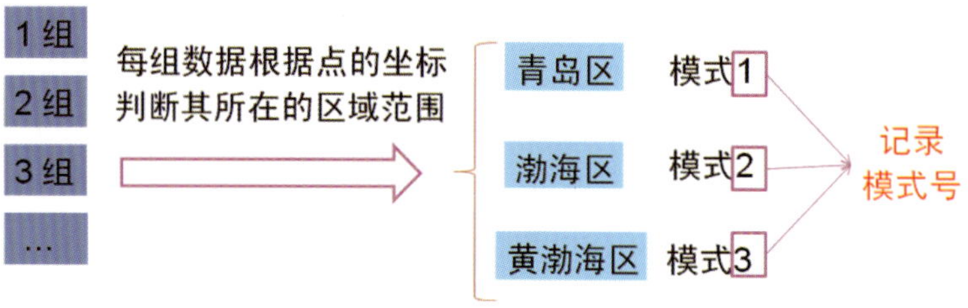

图 7-32　任务分解流程

由于绿潮边框节点存在绘制顺序问题，其数据结构与索引机制相对散点数据较为复杂，因此两种数据独立处理。

（2）索引的构建

绿潮散点及边框节点经过计算区域分解与多个模式的并行计算后，得到的单点多时刻文件的位置与顺序会发生变化，计算完成后，每个时刻都需要重新按照点的原顺序绘制，还原图形。尤其是边框节点顺序将直接影响后面的图形绘制结果的正确性，如图 7-33 所示。

系统构建索引表，记录源数据中点的排列顺序及经模式计算后对应预测时刻该点的结果

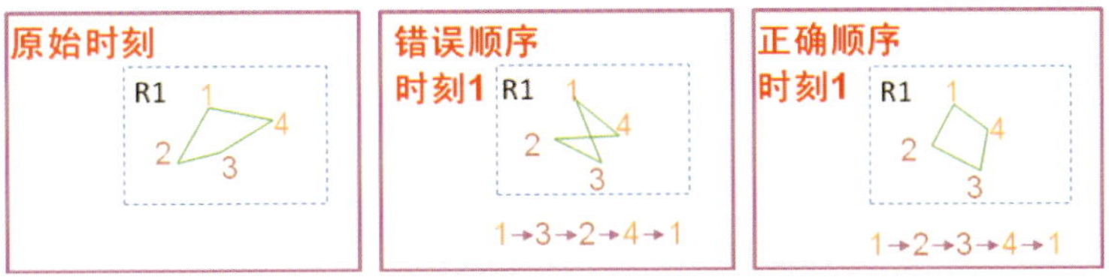

图 7-33　节点顺序对绘制结果图形的影响

文件位置与标号。记录散点及边框数据记录原点号及经纬度坐标（边框还要记录边界号），完成计算区域分解后记录组号、模式号及点索引号。图 7-34 为索引表的具体构建流程。

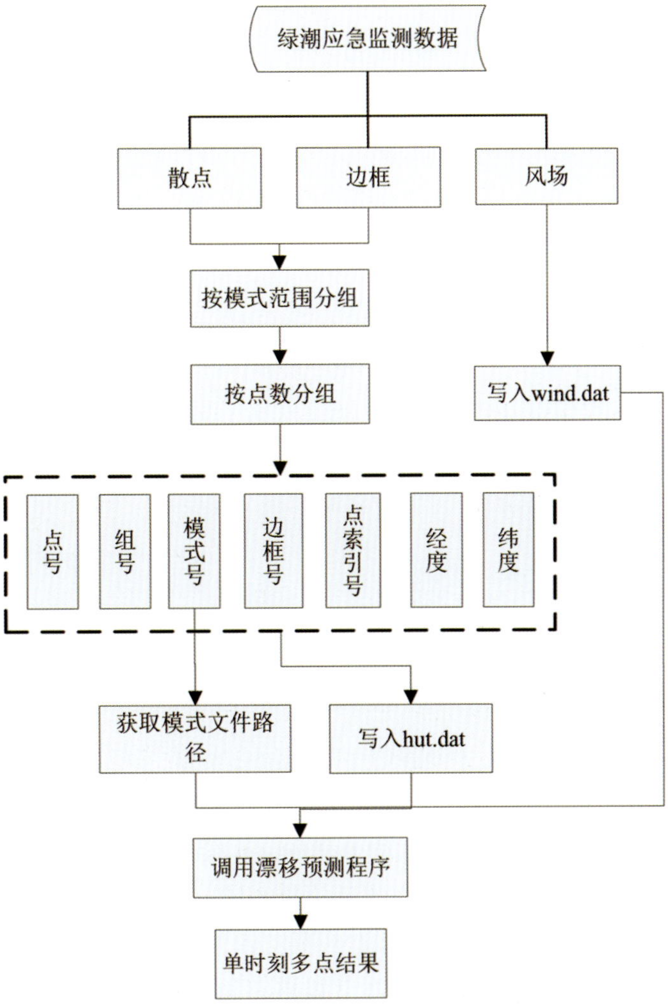

图 7-34　索引表的构建流程

由于绿潮边框节点存在绘制顺序问题，其数据结构与索引机制相对散点数据较为复杂，因此两种数据的索引文件独立构建，如图 7-35 所示，左图为边框索引文件，右图为散点索引文件。索引表中每行记录为一个点的索引信息，其中点号表示点的原绘制顺序，组号为数据分解后该点所属的区块，模式号表示该点进行任务分解后所属的绿潮漂移数值模式编号，点索引号表示在某组中某个模式下该点的新编号。边界号是边框节点区别于散点的关键特征，相同边界号的所有节点同属一个多边形，同一个边界号的节点内部以点号代表绘制的先后顺序。

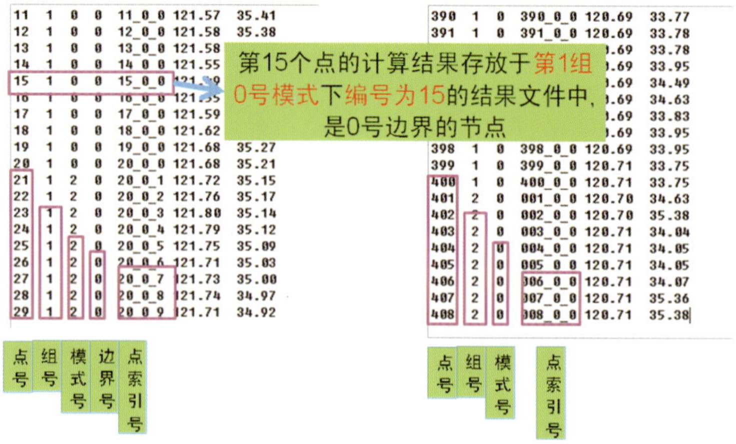

图 7-35　边框索引（左图）与散点索引（右图）

7.2.4.3　监测数据的自动绘制和编辑

绿潮监测数据分为散点和边框两种，存储格式为 .dbf、.xls、.xlsx（图 7-36），从表中可以看出边框线用 ORIG_ FID 字段标识多边形，绘图时要自动判断多边形的个数。漂移参数文件查看见图 7-37 和图 7-38。

图 7-36　绿潮监测数据导入和漂移计算功能图

散点用 IMarkerElement 绘制，边框用 ILineElement 绘制。绘制要素时为每个要素添加名称标识，包括散点、边框、预测线、单点漂移，绘制散点和边框时读取源数据进行绘制，绘制预测线时读取模式计算 72 h 的单时刻多点数据，绘制单点漂移时读取索引文件找到漂移预测的结果文件绘制该点多时刻的漂移信息。系统绘制散点边框分布（见图7-41）、边框线漂移对比（见图 7-18）、单点漂移预测（见图 7-42）。

上述绘制的结果为影像解译或模式运算的结果，准确性不能得到保证，必须经过人工修改才能达到要求。上述图形均为 IElement 绘制，系统设计开发对绘制结点的编辑功能（见图 7-19），包括要素移动、删除，结点编辑、添加、删除等功能。

要素与图层不同，不能方便的保存图层状态。为解决这个问题，系统将图形变量保存到内存中，在要素显示状态发生变化时，自动改变当前显示的内容。当要素隐藏时，自动保存

图 7-37　漂移预测程序参数和所需文件查看界面

图 7-38　监测数据录入界面

当前显示状态到内存中，当要素显示时，先判断内存中是否已存在数据，若不存在，再到源文件中读取后绘制图形。

针对绿潮业务化应用，系统提供三种不同类型的制图输出，包括综合分布图、漂移预测图、散点漂移图。

（1）综合分布图

绘制绿潮散点分布和边框范围，通过用户拉框选择制图范围，自动经纬线和文字标注，添加数据时计算在 WGS1984UTM_ 51N 投影坐标系下的总覆盖面积（散点个数×每个像素的面积）、总分布面积（边框线包围面积）、35°N 以北覆盖面积、35°N 以北分布面积。同时添

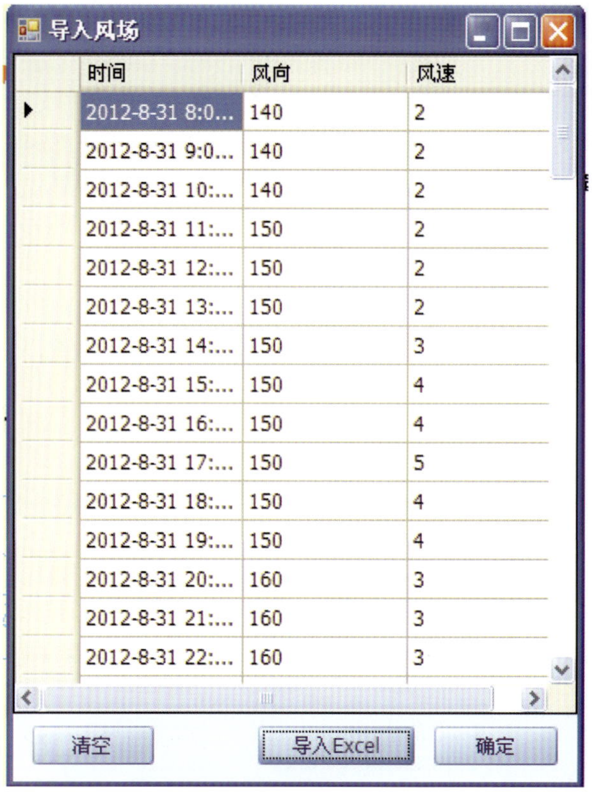

图 7-39　风场数据导入界面

图 7-40　邮件发送界面

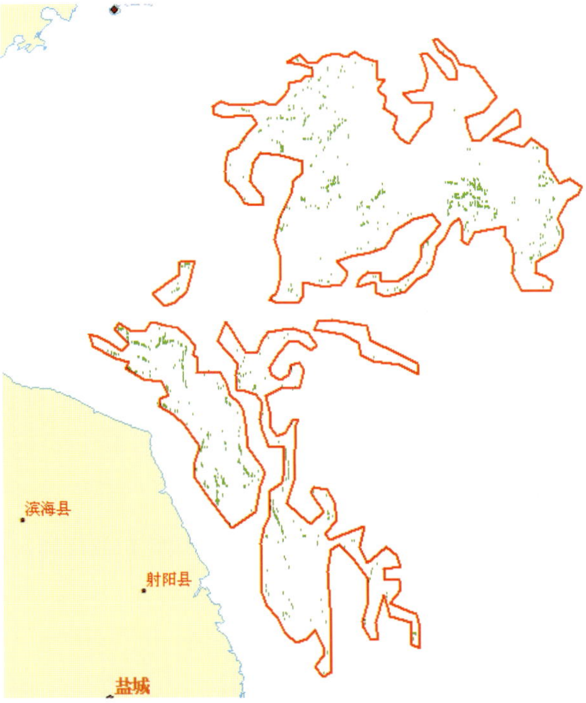

图 7-41　绿潮监测散点与边框分布图

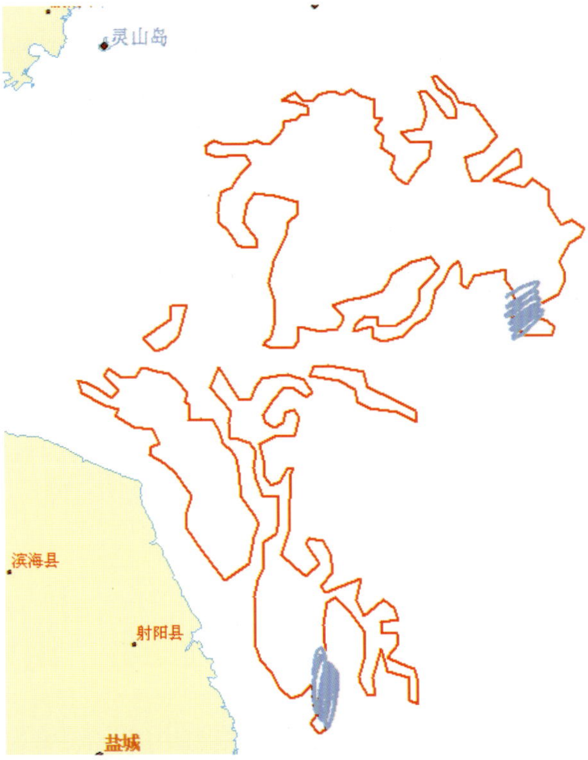

图 7-42　绿潮单点漂移预测图

加图例、比例尺、指北针和坐标系、制图单位、制作时间等文本标注。

（2）漂移预测图

绘制绿潮边框范围和任一时刻的漂移轨迹，也可使用单点预测工具添加单点的漂移轨迹，通过用户拉框选择制图范围，自动经纬线和文字标注，同时添加漂移线图例、比例尺、指北针和坐标系、制图单位、制作时间等文本标注。

（3）散点漂移图

绘制各时刻绿潮散点漂移预测图，通过用户拉框选择制图范围，右上角添加当前时间，自动经纬线和文字标注。

系统对制图范围的获取提供四种不同的方式，使用默认范围、程序自动获取、用户拉框获取、同步综合图范围。默认范围是系统自带的一个范围，用户可以修改默认值，系统会记住的上一次的范围；程序自动获取是指在加载边框数据时，系统自动计算边框点的 4 个角点值，然后将该范围放大 20%作为成图范围；用户拉框选择是通过用户与地图互动，拖动选择范围；同步综合图是为了保证三种不同类型制图的范围保持一致，以综合分布图为准。

系统提供对制图结果的输出功能，可对综合分布图、漂移预测图、各时刻散点漂移图进行输出。制图输出过程均在后台完成，无需用户指定，系统会自动计算输出范围并按固定分辨率成图。

7.2.4.4 业务化快报制作和发布

针对业务化需求，系统为不同的业务单位共提供四类不同类型快报文件的制作，以邮件形式分别发往国家海洋局北海分局环保处、山东省海洋与渔业厅、青岛市海洋与渔业局。

快报制作的实现思路是首先按照快报特定格式制作模板文件，对需要更改的地方添加书签，然后读取模板文件，按名称找到书签，将绿潮信息内容添加到书签位置，最后将该文件另存到指定位置。

快报中添加的内容包括期号、制图时间、监测时间、绿潮分布范围信息、总覆盖面积、总分布面积、35°N 以北覆盖面积、35°N 以北分布面积、制图结果图（综合分布图、漂移预测图、多时刻散点分布图）、综合分析结果、预警区域面积统计、海洋环境预报等（见图 7-43~图 7-50）。

系统使用 System. Net. Sockets 类开发邮件发送功能，连接 SMTP 服务器，添加大附件文件。发送指定的邮件内容到不同的业务单位。

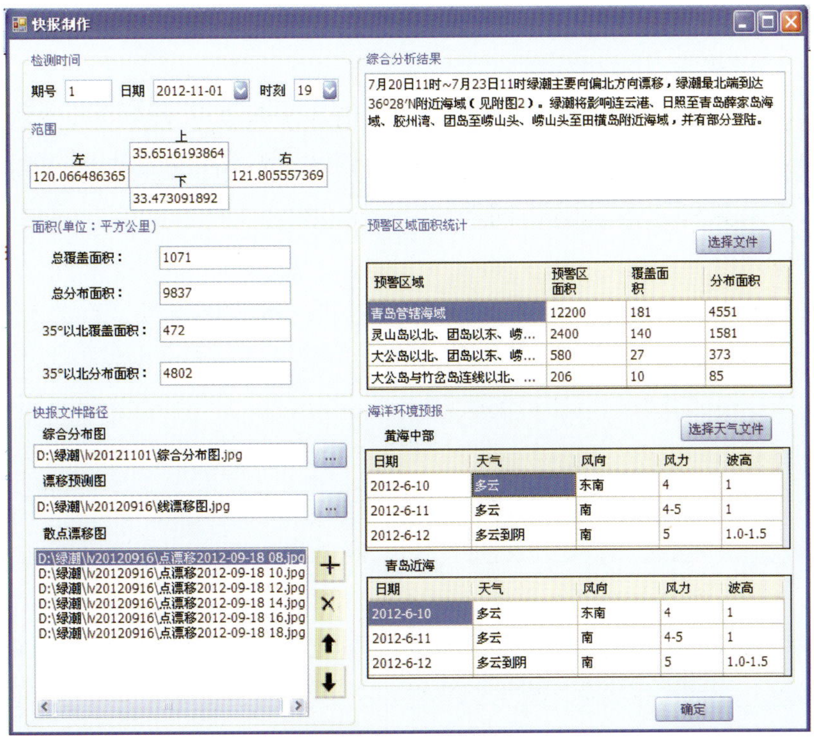

图 7-43 快报制作界面

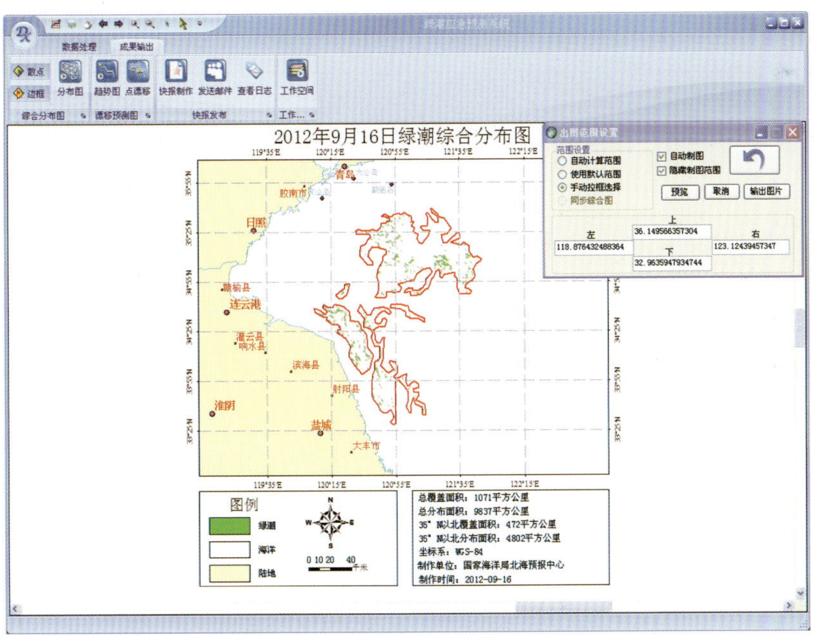

图 7-44 自定义范围制图输出界面

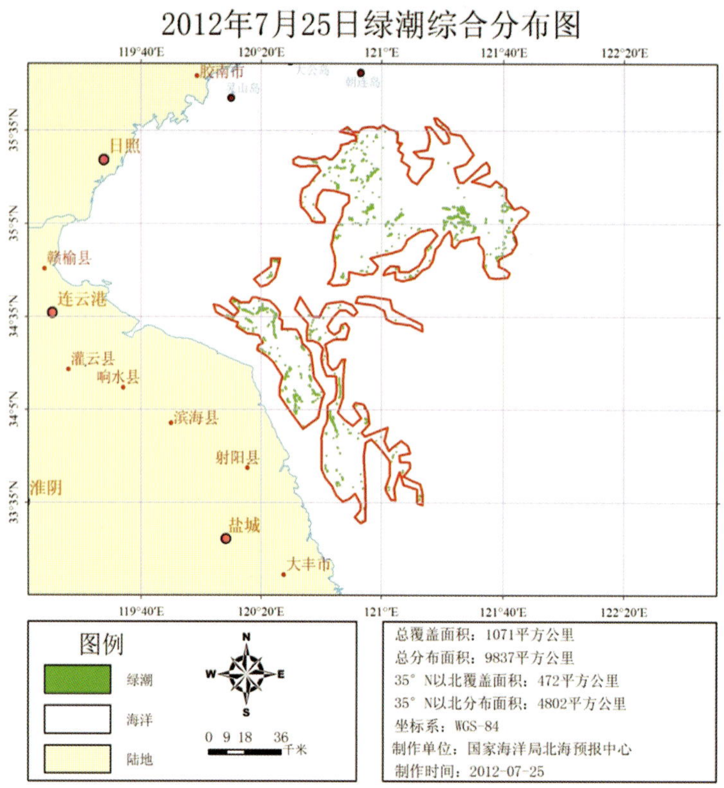

图 7-45　绿潮综合分布图成图结果

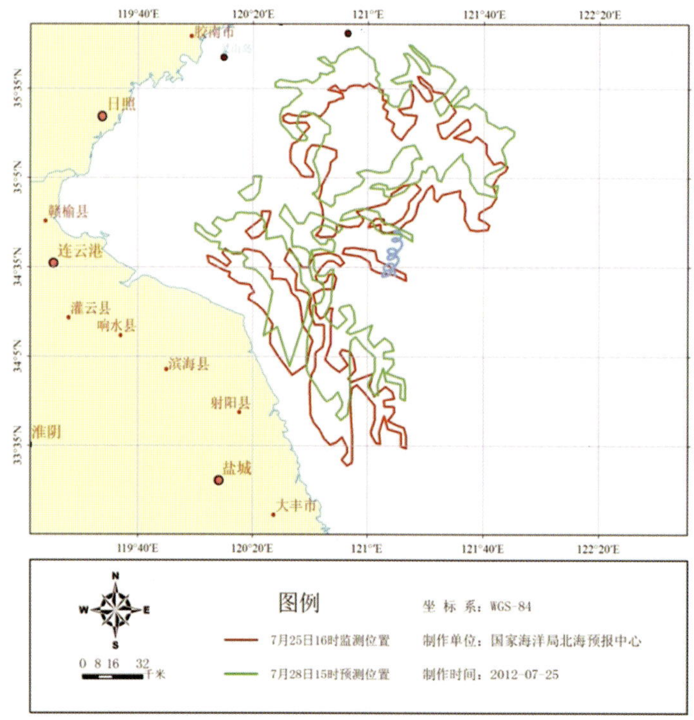

图 7-46　绿潮漂移趋势图成图结果

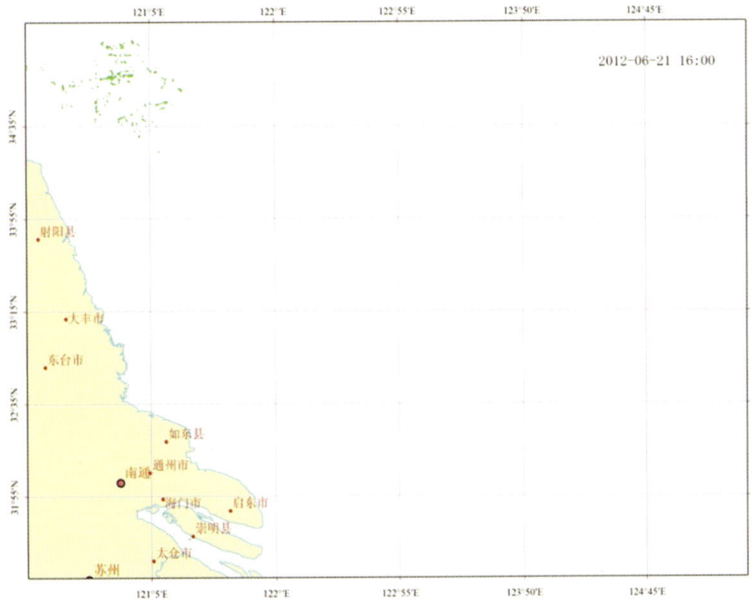

图 7-47　绿潮散点漂移图成图结果

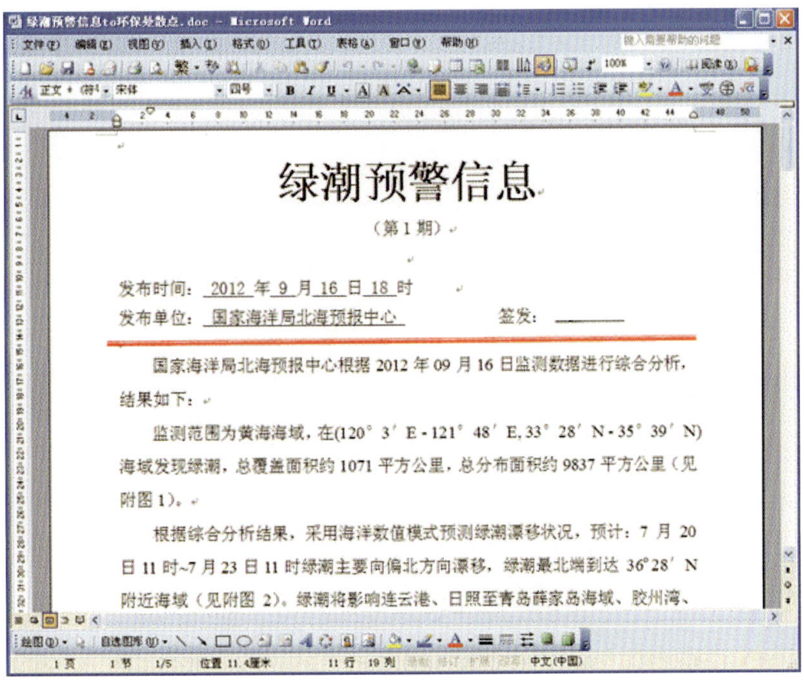
绿潮预警信息

（第 1 期）

发布时间：2012 年 9 月 16 日 18 时

发布单位：国家海洋局北海预报中心　　签发：

国家海洋局北海预报中心根据 2012 年 09 月 16 日监测数据进行综合分析，结果如下：

监测范围为黄海海域，在(120° 3′ E - 121° 48′ E, 33° 28′ N - 35° 39′ N)海域发现绿潮，总覆盖面积约 1071 平方公里，总分布面积约 9837 平方公里（见附图 1）。

根据综合分析结果，采用海洋数值模式预测绿潮漂移状况，预计：7 月 20 日 11 时~7 月 23 日 11 时绿潮主要向偏北方向漂移，绿潮最北端到达 36°28′ N 附近海域（见附图 2）。绿潮将影响连云港、日照至青岛薛家岛海域、胶州湾、

图 7-48　文字信息自动插入

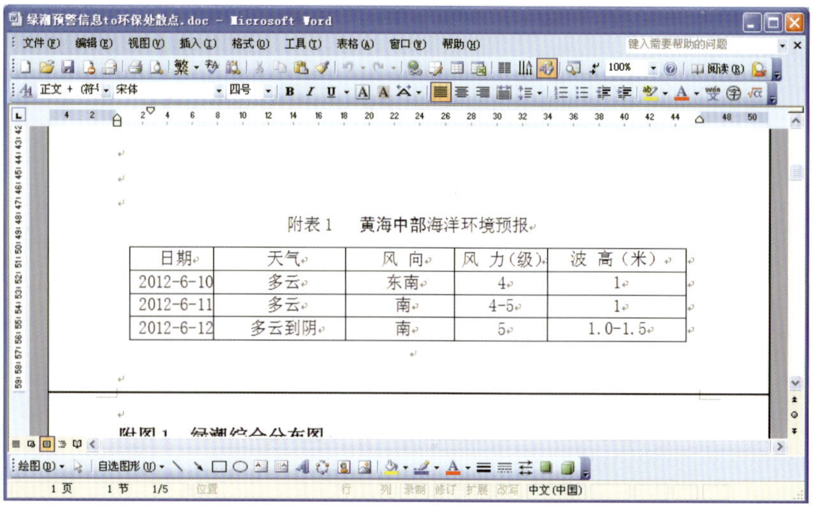

图 7-49 表格插入

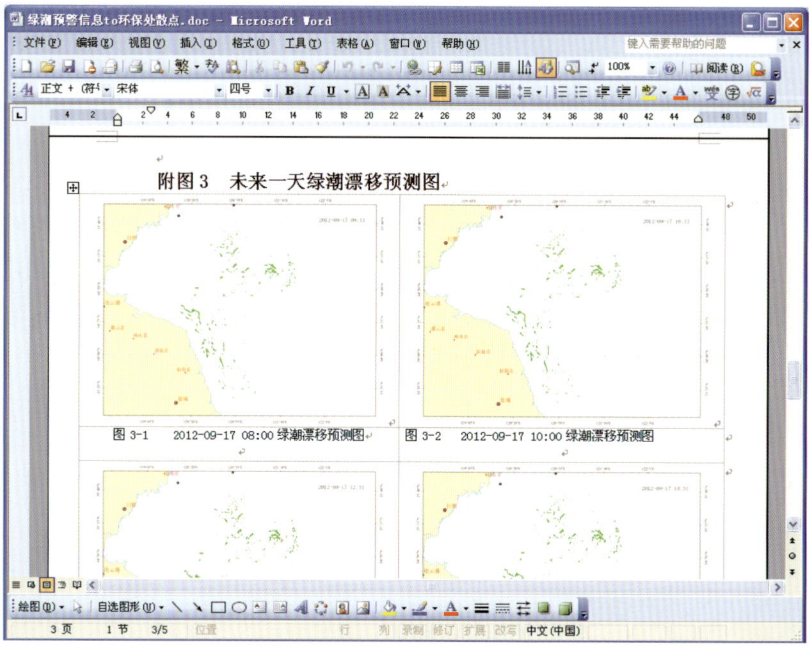

图 7-50 监测图片插入

7.3 平台特色

7.3.1 实现基于多源影像的绿潮信息自动提取

基于多源影像，能自动开展绿潮信息提取，图件制作和监测快报输出。研发了绿潮分布轮廓线自动提取算法，经过距离分析、逻辑运算、膨胀腐蚀运算，所提取的轮廓线效果达到了人工操作水平。

7.3.2 绿潮数值模式空间分区的并行计算技术

采用数据分解与任务分解相结合的方法，根据计算区域对源数据进行分解，并建立绿潮数值模式、计算区域以及输出产品的索引关系与检索算法，实现绿潮漂移预测数值模拟多核多线程并行计算，大幅缩短计算时间，满足了业务化运行需求。

7.3.3 构建绿潮业务一体化流程

系统基于遥感技术实现绿潮发现，根据参数化方案，自动调用自主研发的绿潮遥感信息提取程序，对影像进行辐射校正、几何校正、图像分类与绿潮信息自动提取；其次，系统对绿潮遥感信息进行 GIS 处理，自动提取绿潮分布范围与覆盖范围轮廓线，统计北海区绿潮面积信息，输出服务于绿潮漂移数值模拟的绿潮空间位置数据。

在此基础上，实现绿潮漂移预测数值模式的封装集成，采用空间分区并行计算，并在 GIS 平台上，实现了绿潮漂移预测数值模拟与产品制作，包括综合分布图、漂移预测图、散点漂移图。针对业务化需求，系统为不同的业务单位共提供不同类型快报文件的制作，并以邮件的形式分别发往相应单位。

7.4 技术成果

国家海洋局北海预报中心建立了首套绿潮应急遥感监测和预测预警准自动化综合业务化平台。该平台基于 GIS 技术研发，集绿潮应急监测、信息提取与融合、数据收集与同化、应急预测预警及产品发布等功能于一体，实现应急遥感监测和预测预警的准自动化运行。该平台自业务化使用起，运行稳定、操作简单、计算快捷，取得了良好的经济效益、社会效益和生态效益。

8 “绿潮系统”业务化运行情况和重大案例应用

8.1 “绿潮系统”业务化运行概况

“绿潮系统”从2008年开始研发到2009年底基本建设完成，在此后的业务化应用中不断地完善升级，大大提高了工作效率，进一步提升了国家海洋局在绿潮灾害应急工作中的预警能力。

2008—2013年连续6年，黄海海域暴发大规模绿潮，国家海洋局北海预报中心每年应急时间长达4个月。该中心充分利用MODIS-Terra/Aqua、HJ、HY、RADARSAT、COSMOSAR、TERRASAR，ENVISAT和航空高光谱等遥感手段，实现对黄海绿潮连续、大范围、快速地监测。采用绿潮应急漂移预测模式，进行绿潮漂移的快速、精细化预测。基于“绿潮系统”累计制作“遥感解译快报”1 000余期，“绿潮综合分析图”300余期，“绿潮预警信息”700余期，“绿潮警报”250余期，“绿潮短信报”400余期。特别为2008年北京奥运会帆船/板赛和2012年亚洲沙滩运动会（以下简称亚沙会）及时提供了针对性强、准确性高、形式直观的绿潮预警产品，保障了两项重大赛事的圆满完成。

8.2 2008年北京奥运会帆船/板赛绿潮预警保障工作

2008年5月底以来，在黄海及青岛近海暴发了历史罕见的浒苔灾害。在突如其来的重大海洋自然灾害面前，在全力确保奥帆赛、残奥帆赛成功举办的重大政治任务面前，国家海洋局党组高度重视，按照中央领导同志的指示精神，快速反应，科学应对，举全局之力，并协调沿海有关省市，全力支持、协助山东省、青岛市共同抗击浒苔灾害、保障奥帆赛顺利举行，赢得了时任总书记胡锦涛等中央领导同志的高度赞扬，赢得了国际奥委会及参赛运动员的一致好评，为中国和青岛赢得了赞誉和荣耀。国家海洋局北海预报中心在“抗浒苔、保奥运”过程中，迅速反应、勇挑重担、主动请战，成立了浒苔专项工作应急领导小组和专项技术组，全力开展浒苔专项监视、监测和预报预警工作，提供了强有力的技术支撑。

8.2.1 浒苔路径漂移预测工作

青岛近海暴发浒苔以后，北海预报中心基于拉格朗日粒子追踪方法，第一时间利用自主研发的绿潮应急漂移预测模式，进行未来三天的浒苔漂移趋势预测，并向相关单位发布预测预警简报。该模式不仅能模拟浒苔在海面的漂移轨迹和方向，还能精确地考虑浒苔藻体受围栏的阻挡作用，以及在大风、大浪情况下，浒苔翻越围栏的过程（图 8-1）。该模式为浒苔的打捞工作提供了精细化的指导产品，起到了重要的作用。另外，2008 年北海预报中心共发布浒苔应急预测和专项预测简报 90 余期，并且每天以多媒体动画的直观形式提供给国家海洋局北海分局领导在青岛市的会议上汇报，受到青岛市市长的高度评价，说我们的预测结果“很准确”。

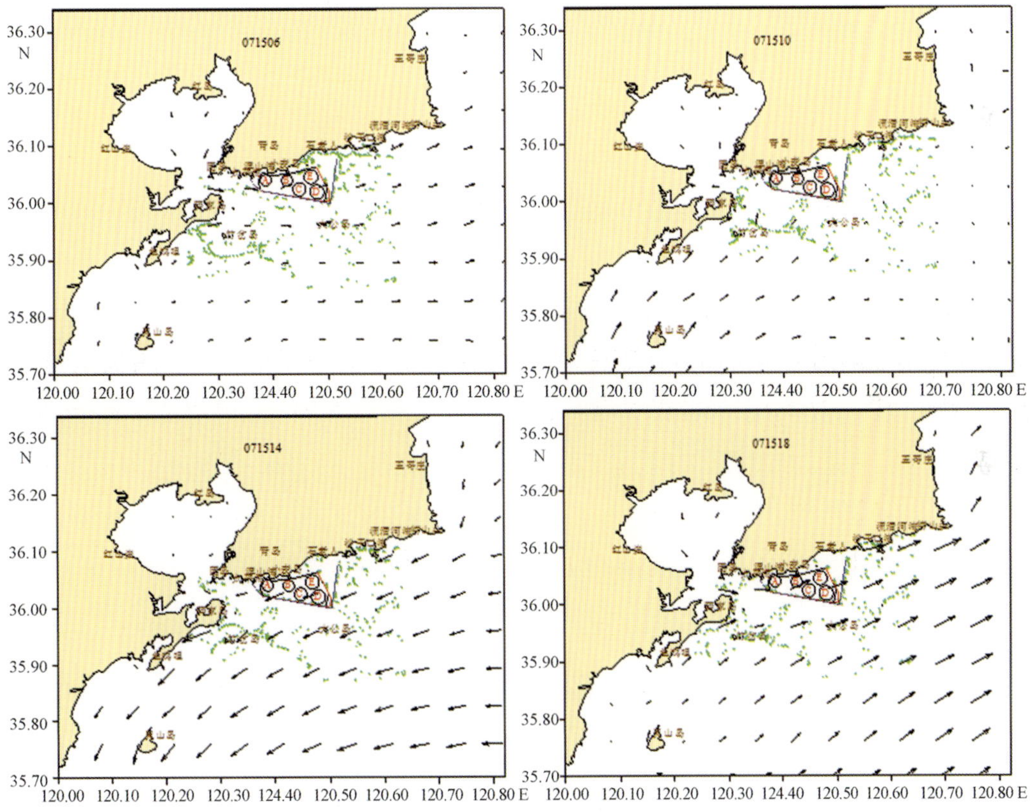

图 8-1 绿潮粒子漂移预测图

8.2.2 浒苔卫星遥感信息解译工作

在 2008 年抗击浒苔过程中，绿潮监测和预测成为国家海洋局的首要工作。北海预报中心率先于 6 月 23 日紧急开展“卫星数据浒苔信息解译技术”应用研究，解决了大量实际难题，解译技术从无到有，从有到优，并实现了业务化。

6 月 26 日，解译了第一张 MODIS 卫星图片（图 8-2），提取了浒苔覆盖范围/面积、浒苔实际面积，浒苔坐标等信息，从此每天提供解译信息，同时提供浒苔分布情况，做好浒苔漂移预测提供初始场。7 月 13 日，我们的卫星图片解译成果得到“国家海洋局应对黄海浒苔灾害前线指挥部”认可（图 8-3）。

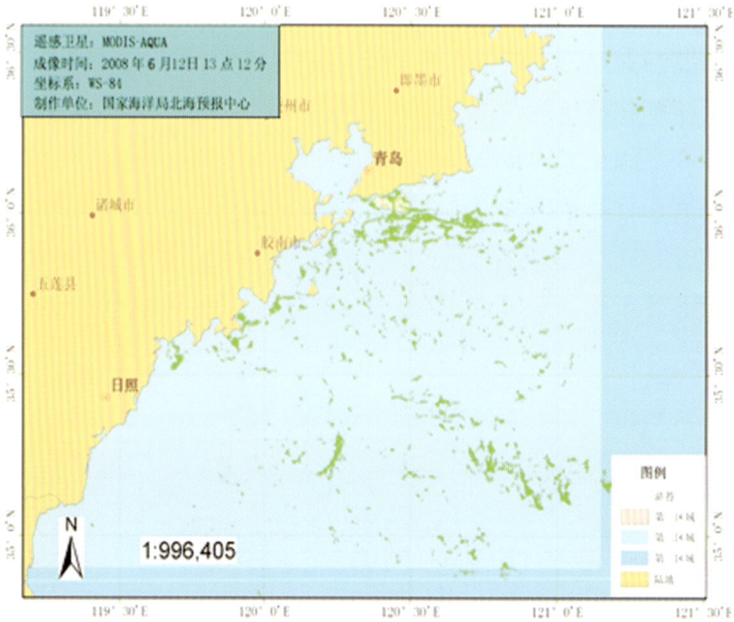

图 8-2　2008 年 6 月 26 日浒苔卫星遥感解译图

图 8-3　2008 年 7 月 13 日浒苔卫星遥感解译图

2008 年北海预报中心完成 MODIS 卫星的《浒苔卫星遥感信息快报》共 133 期，监视监测内容主要为：第一区域、第二区域、第三区域及东海海域浒苔的分布及密集度情况。

卫星遥感解译结果多次为浒苔的漂移预测和现场打捞提供及时、可靠的监测信息，得到各级领导的认可。相关人员在此次事件中分别荣立三等功或被授予“先进个人”等称号，北海预报中心被授予“先进集体”荣誉称号。

8.2.3 浒苔专项监视监测预测工作

为了加强浒苔灾害监测工作的准确性，2008 年 5 月 30 日，海监飞机发现海上绿藻漂浮物，第二天北海预报中心即安排监测和预报技术人员随海监船出海监测；6 月 1 日—19 日，又主动联系北海分局海监船和青岛市渔政船出海 6 个航次进行浒苔现场监测，获得连续的浒苔发展趋势情况报告，并及时向北海分局和国家海洋局领导汇报了浒苔的严重程度和发展趋势情况。北海预报中心所辖各监测站迅速反应，积极开展岸边应急监视监测和巡视，每天 4 次上报监测结果，灾情严重时每小时报告 1 次。各监测站通过中心短信平台发送浒苔信息 8 000余条，拍摄照片 1 300 余张，获取监测数据 4 300 余组，海上监视航行 800 多海里，近岸巡视 8 000 多公里（图 8-4）。

图 8-4 绿潮打捞和陆岸监测情况

8.2.4 浒苔环境专项预报工作

在浒苔预测期间，北海预报中心还提供准确的海洋环境预报，为飞机、船舶监测和海上打桩施工提供黄海中部和青岛近海未来 5 天的天气、风、浪、潮汐预报，最多每天发布 6

次。共发布“航空遥感飞行专项预报”65 期，并随时解答领导及飞/航行单位的天气咨询。在任务紧迫时，需直接向上级报告有无对流天气，能见度多少米，这种“短、临、精、细”预报对预报员来说充满了挑战。但在大家的共同努力下，经过认真分析各种资料，总结短临预报工作经验，准确做出了预报（图 8-5），得到了国家海洋局领导的高度评价。

图 8-5　应对浒苔前线指挥部会商

8.3　2012 年亚沙会绿潮预警保障工作

第三届“亚洲沙滩运动会“2012 年 6 月 16—22 日在山东海阳举办，大部分项目都在沙滩和近岸海域进行。如果绿潮在赛会期间影响到海阳近岸海域和沙滩，将严重影响赛会进行，同时也会对我国声誉造成影响。海阳市人民政府为确保赛会的顺利举办，于 6 月 4 日召开“绿潮应急处置工作会”。会上北海预报中心曹丛华主任进行了《2012 年黄海绿潮发展情况及对海阳市的影响预测分析》的汇报，介绍了当前的绿潮分布特征和前期的发展过程，并结合历年绿潮影响海阳的情况和未来海洋环境情况预测，对绿潮影响海阳海域进行了预测分析：1）预测未来 5~10 天（6 月 10 日—6 月 15 日）将会有零星绿潮影响到海阳近岸海域；2）预测 10~20 天绿潮主体将影响海阳近岸海域；3）预测持续时间约为10~20 天。从实际绿潮监测情况来看，零星绿潮于 6 月 10 日开始影响海阳近岸海域，并不断增多，与预报结论一致（见图 8-6 至图 8-8）。

北海预报中心根据 2012 年绿潮形势及多年绿潮监测预警的经验，分别针对海阳和青岛近海制订了详细的绿潮专项服务方案并立即部署执行，主要包括绿潮卫星加密监测、精细化绿潮漂移预测、现场保障服务、海洋环境预报、海洋环境观测等工作。

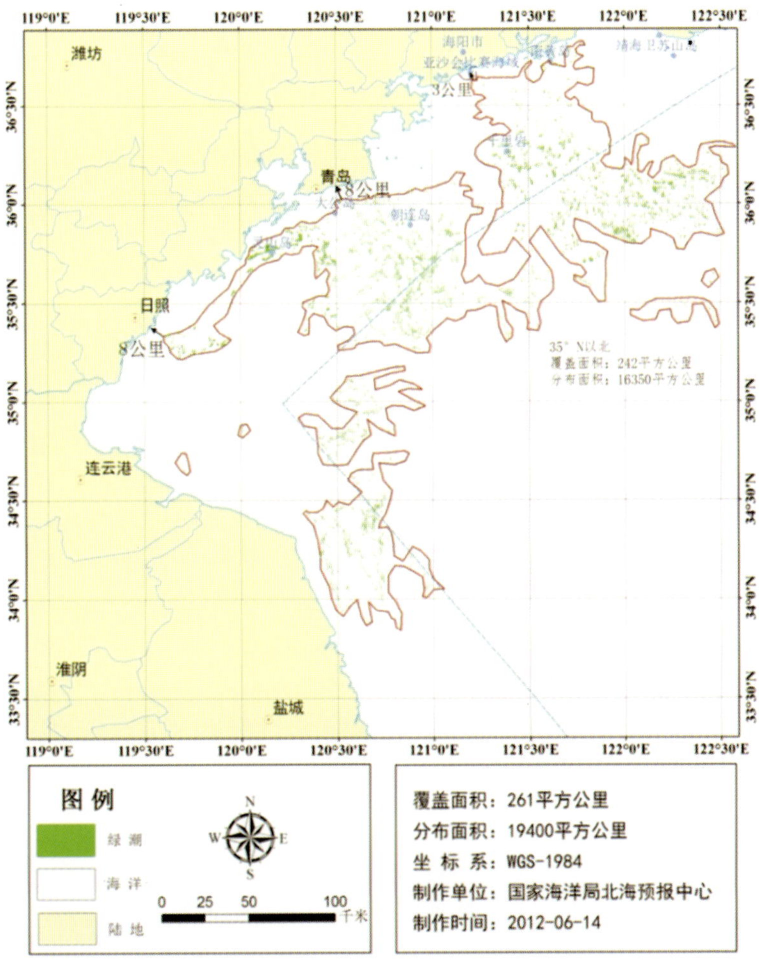

图 8-6　2012 年 6 月 14 日绿潮综合分布图

8.3.1　绿潮卫星加密监测工作

北海预报中心在原有的每天应用光学卫星（MODIS-TERRA/AQUA 和 HJ-1A/1B）进行绿潮监测解译的基础上，针对青岛和海阳及外围海域每天综合订制 COSMO 和 RADARSAT 等微波卫星遥感进行加密监测。保证在阴雨和多云天气情况下，也能对绿潮进行有效的监测。同时，北海预报中心采用数据融合技术、数值模拟技术和疑似区侦判技术等综合方法，对可见光遥感、微波遥感、船舶/飞机/陆岸监测等多源、多时相、多格式数据进行数据融合，每天获取监测海域的绿潮全分布资料，为绿潮应急提供必要的技术支撑。

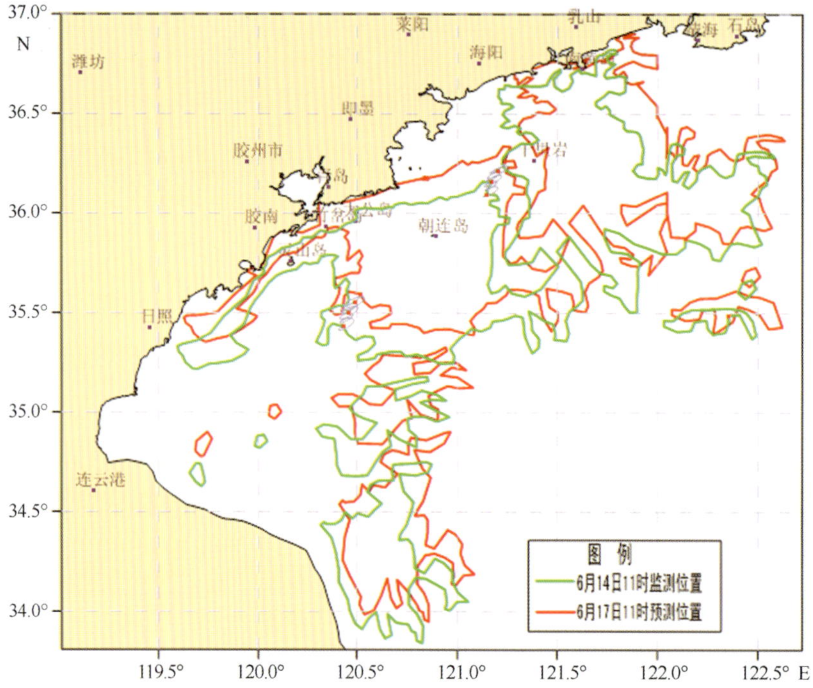

图 8-7　2012 年 6 月 14 日绿潮 72 h 漂移预测图

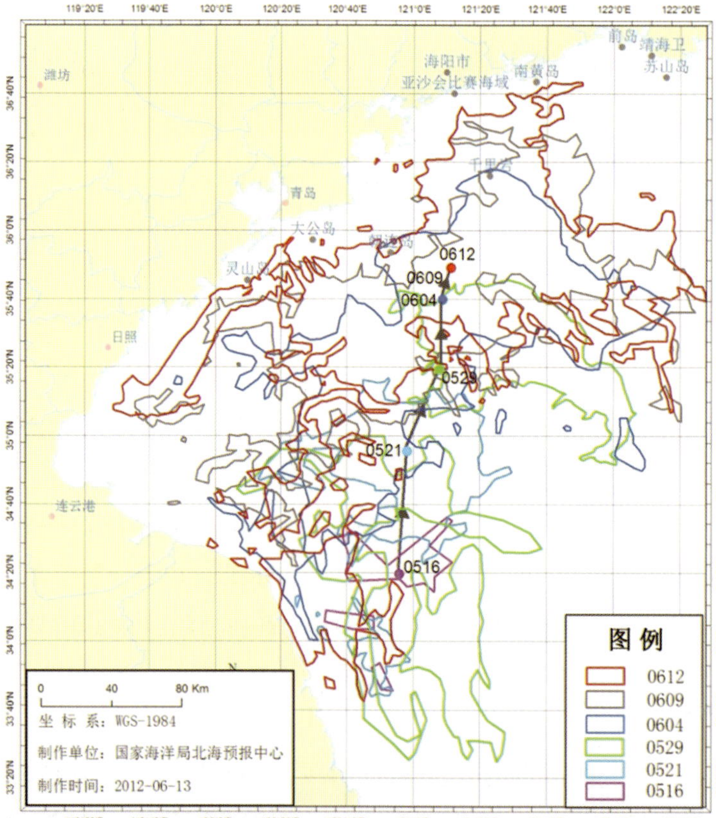

图 8-8　2012 年 5 月 16 日至 6 月 12 日黄海绿潮漂移趋势图

8.3.2 精细化绿潮漂移预测工作

北海预报中心在原有的绿潮未来三天漂移趋势预测的基础上，集中数值模拟室全部力量，针对应急指挥组打捞、围网的措施的需求，研发海阳海域精细化海流预报模式。优化基于拉格朗日粒子方法的高精度绿潮漂移预测模式，依托北海预报中心的高性能计算机和业务化海洋环境预报系统，开展海阳和青岛海域 24 h 的精细化绿潮漂移预测工作，模拟计算每一个监测获得的绿潮斑块的漂移方向和轨迹，提供每小时的准确绿潮漂移位置预测产品。并联合绿潮预报人员、环境预报人员和遥感解译人员进行会商（图 8-9）。

图 8-9 海阳亚沙会绿潮处置工作会议现场

在此基础上，为做到有效地打捞，北海预报中心结合海阳海域的海洋环境特征和绿潮漂移特征，为亚沙会处置绿潮指挥部设计了“亚沙会建议打捞区域设计方案”，将打捞区科学的分为 4 个级别，为绿潮及时打捞提供可靠的技术支撑（见图 8-10 和图 8-11）。

8.3.3 现场保障服务工作

北海预报中心于 2012 年 6 月 8 日派出技术人员进驻亚沙会处置绿潮指挥部现场，当天为指挥部做了绿潮发展形势和现状分析的演讲。参加指挥部现场协调会，负责指挥部与北海分局和北海预报中心的日常沟通交流。

每天为亚沙会指挥部各成员单位提供《绿潮现场打捞图》、《绿潮综合分析图》和《绿潮预警信息》等信息，并进行现场疑问解答和技术咨询，为绿潮打捞和围网作业等提供了重要决策依据。为更清楚地了解海阳近海绿潮分布情况，多次随船出海进行绿潮现场调查。每天发送海阳海上绿潮情况专报，以便北海分局和北海预报中心及时了解亚沙会现场绿潮情况。

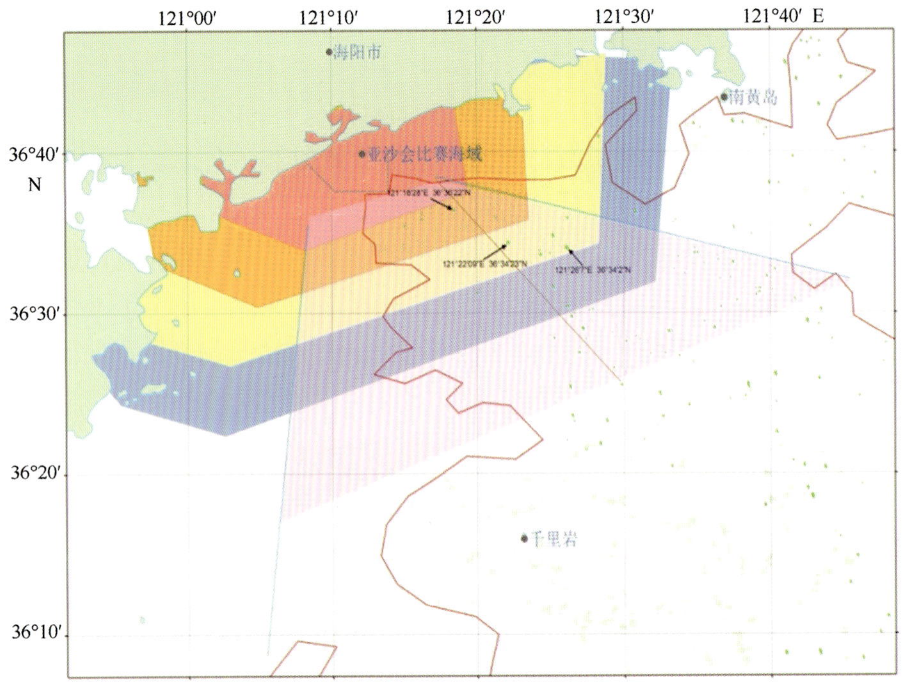

图 8-10　亚沙会绿潮打捞区域设计方案

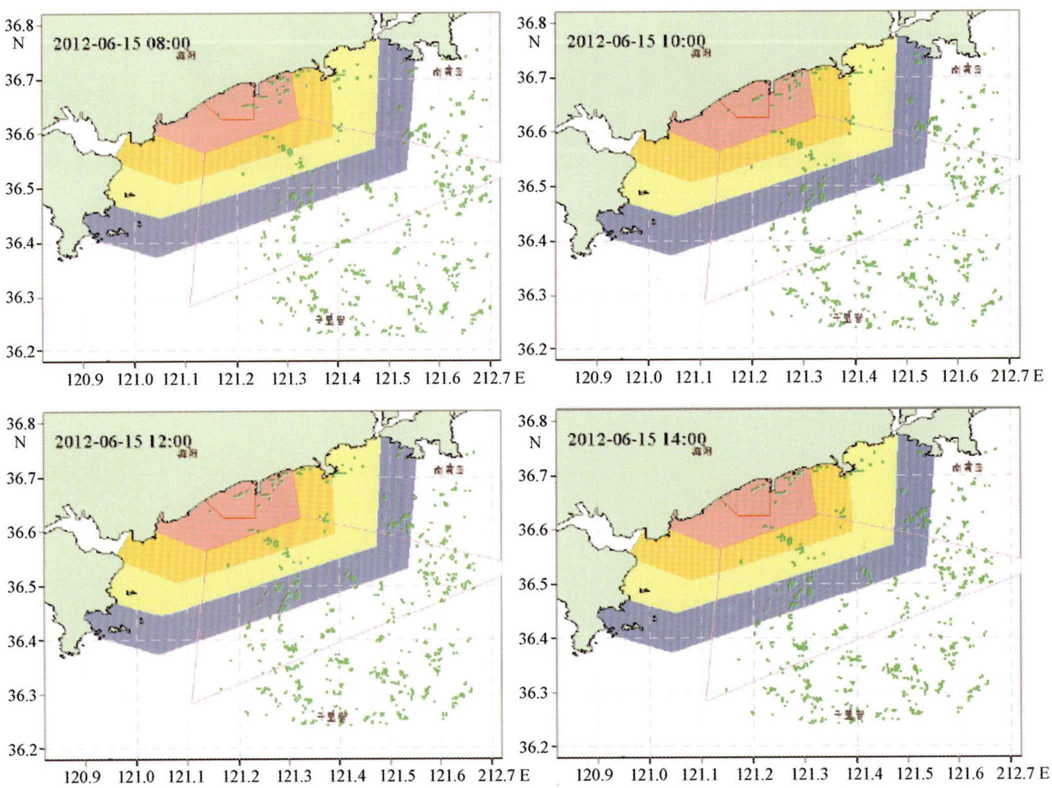

图 8-11　亚沙会绿潮打捞区域绿潮精细化漂移预测图

8.3.4 海洋环境预报工作

北海预报中心在原有黄海海域 72 h 风、浪预报的基础上，增派专人增加海阳和青岛海域的 72 h 天气、风向、风速、波高、海温、潮时的专项海洋环境预报工作。并每天预报海阳和青岛海域的未来三天每小时风向、风速，为绿潮漂移预测提供基础数据。

8.3.5 海洋环境观测工作

2012 年 6 月 13 日北海预报中心派出海洋应急监测车赶赴海阳进行绿潮监测，一到海阳，立即投入工作，通过与海阳市各部门协调，决定安置在海阳港最前端，每天早上和下午进行两次绿潮监测（见图 8-12）。同时，北海预报中心借助北海分局海监船舶于 6 月 10 日在海阳和青岛海域及绿潮漂移路径上投放了 3 个表层漂流浮标，加强对海阳海域的观测，提供现场环境信息，提高预警报准确度。

图 8-12　现场服务人员随船进行监测

截止到 6 月 14 日，北海预报中心共发布《绿潮卫星遥感监测信息快报》82 期，《绿潮微波遥感监测信息快报》12 期，各类《绿潮预警信息》70 期，《绿潮综合分布图》28 期，《海阳亚沙会绿潮打捞图》6 期，出动应急监测车 1 部，投放表层漂流浮标 3 套。

8.4　2013 年综合平台业务化运行情况

绿潮综合业务平台从 2010 年正式投入业务化运行，在绿潮应急工作中得到了充分的应用，大大提高了绿潮监测工作效率。以 2013 年业务化工作情况为例，介绍平台的运行和应用情况。

北海预报中心于 2013 年 3 月 25 日开始，综合利用 MODIS、HJ-1A/1B、ZY-3 等光学卫星遥感数据，COSMO、Radarsat、TerraSAR、Envisat 等 SAR 数据，每日对中国黄海、东海海域开展绿潮监测，监测范围覆盖 30°—38°N 的中国沿海海域。业务化工作中以 MODIS 卫星遥感数据为主进行解译；当环境卫星过境且天气晴好时，以 HJ 1A/1B 卫星遥感数据为主进行解译（图 8-13）；绿潮发展阶段，利用 SAR 微波遥感进行绿潮解译（见图8-14），对数据进行接收、融合、镶嵌等处理后，完成绿潮信息提取解译工作。利用综合业务平台融合光学遥感、SAR 数据监测及船舶和飞机现场监测数据，计算绿潮覆盖面积、分布面积，制作综合分布图（见图 8-15）、漂移路径图（见图 8-16）、绿潮卫星遥感监测信息快报和绿潮微波遥感监测信息快报制作。综合分布图制作完成后，立即通过综合业务平台调用绿潮应急漂移预

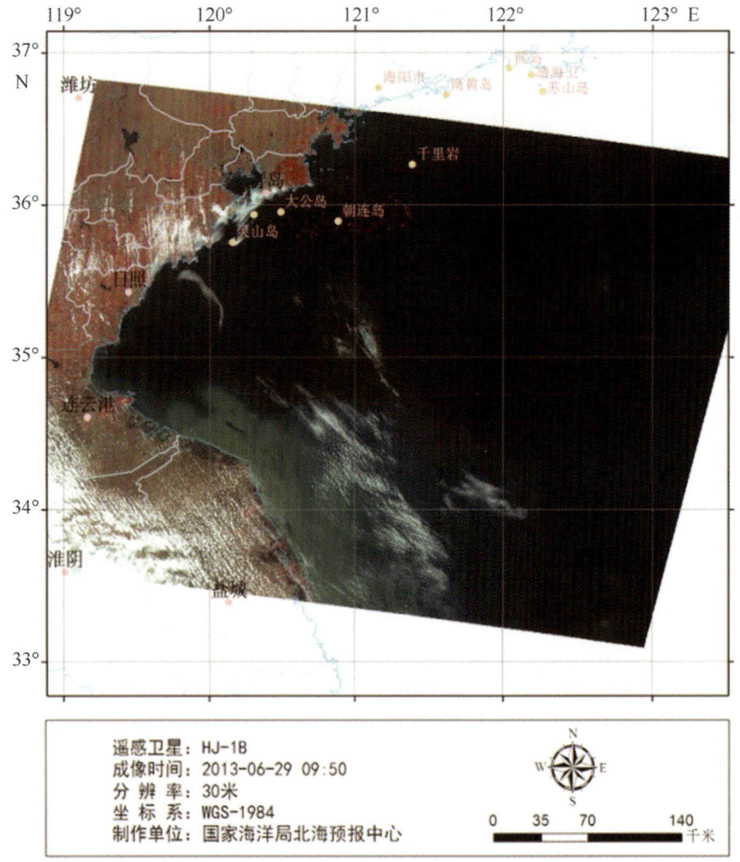

图 8-13　HJ-1A/B 卫星遥感影像图

测模式，并通过后台程序自动准备模式运行所需的环境场。模式通过并行计算方式完成绿潮漂移轨迹模拟计算后，制作绿潮漂移趋势预测图（见图 8-17）和绿潮斑块漂移预测图。最后采用平台的警报制作功能，制作绿潮预警信息简报并进行发送。2013 年绿潮综合业务平台实际运行时间长达 150 余天，平台无故障运行率达到 90%以上。截止 2013 年 8 月 25 日绿潮监测工作结束共发布绿潮卫星遥感监测信息快报 152 期，绿潮微波遥感监测信息快报 46 期，绿潮综合分布图 67 期，绿潮预警信息简报 57 期，多年综合对比图 8 期。

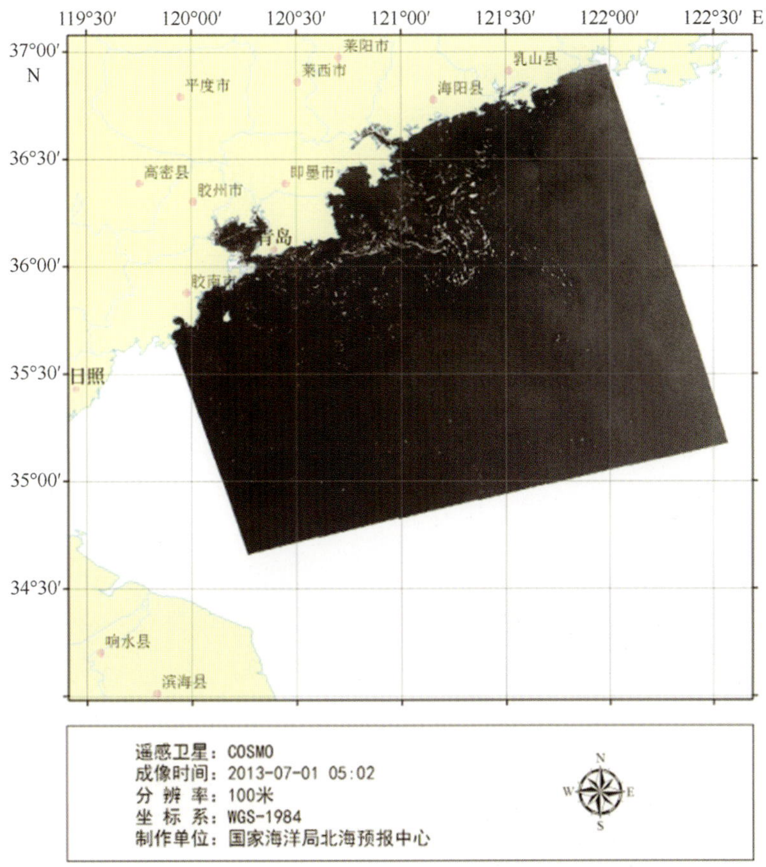

图 8-14　SAR 卫星遥感影像图

2013 年绿潮应急预警工作重要节点如下：

• 5 月上旬开始，陆续在长江口东北黄海外部海域发现疑似绿潮漂浮物，分布范围不断扩大，并持续向北漂移。

• 5 月 30 日，绿潮最北端到达 35°10′N，进入北海区海域。

• 6 月 3 日，绿潮种类经采样鉴定为浒苔，与往年种类一致。

• 6 月 11 日起，北海区海域内浒苔分布面积达到 10 000 平方千米，依据《北海分局绿潮灾害应急执行预案》，6 月 13 日北海分局启动绿潮灾害三级应急响应。

• 6 月 23 日，北海区海域内浒苔分布面积约 16 292 平方千米，覆盖面积约 406 平方千米。依据《北海分局绿潮灾害应急执行预案》，6 月 24 日北海分局启动绿潮灾害二级应急响应。

- 6 月 27 日，北海区浒苔覆盖面积达到最大，约 495 平方千米；6 月 30 日，浒苔分布面积达到最大，约 24 537 平方千米。
- 7 月 12 日起，黄海海域浒苔绿潮分布面积低于 20 000 平方千米，覆盖面积低于 300 平方千米，依据《北海分局绿潮灾害应急执行预案》，7 月 19 日北海分局将绿潮灾害应急响应等级由二级调整为三级。
- 8 月 13 日，黄海海域浒苔绿潮覆盖面积约 1 平方千米，分布面积约 140 平方千米。
- 8 月 25 日，黄海海域浒苔绿潮完全消失，绿潮预警工作结束。

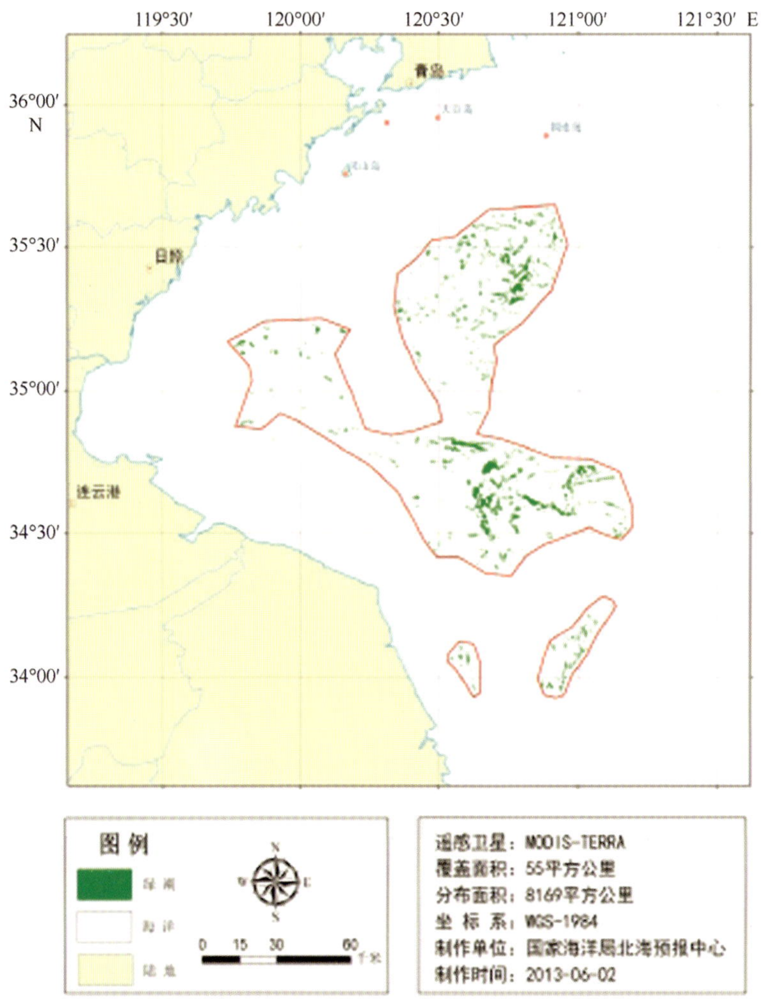

图 8-15　绿潮综合分布图

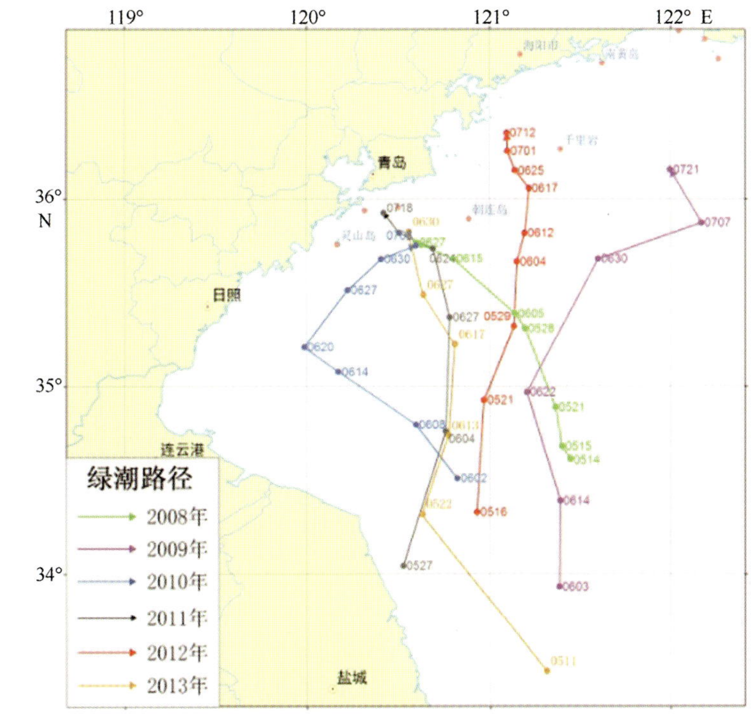

图 8-16　2008—2013 年绿潮路径对比图

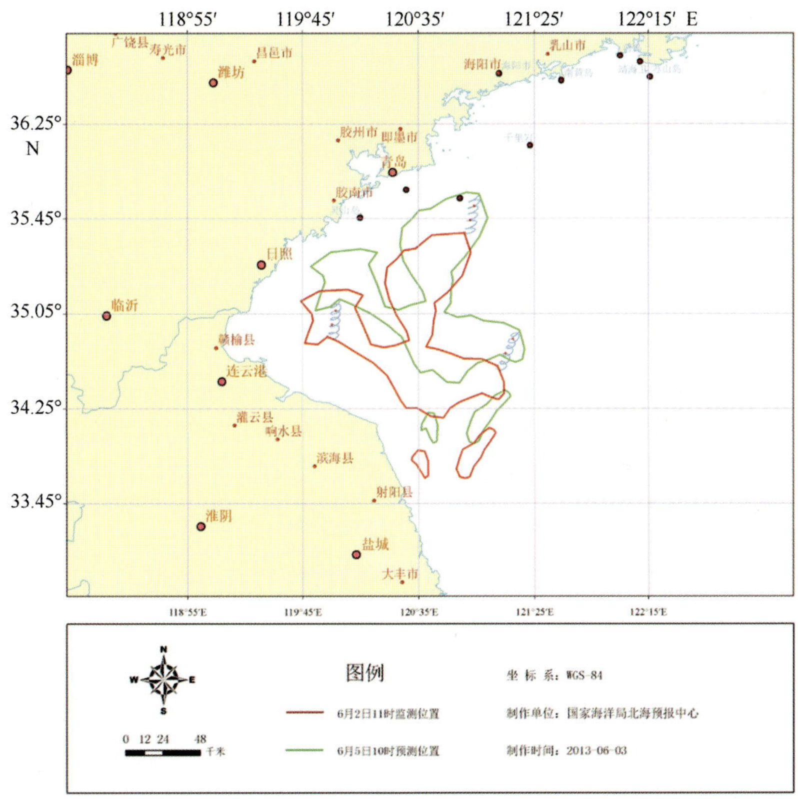

图 8-17　绿潮趋势漂移预测图

9 社会、经济效益

近年来，绿潮连年暴发，对山东省沿海水上赛事、水产养殖、滨海旅游、海上交通运输等相关产业产生严重影响，同时绿潮灾害也严重破坏了近海海洋生态环境。其主要危害如下。

1) 破坏海洋生态平衡

研究证明，大型海藻藻华能从不同方面对海洋潮间带生态系统造成有害的影响，包括生态结构和生物多样性的降低。大型海藻中途阻止了沉淀物中营养的再生，打破了水体中沉积物的生物地球化学循环。浒苔在生长过程中本身对覆盖水域水质并无直接影响，但当大量的浒苔在水体暴发性生长时就会过度消耗水中的养分，与其他生物争夺资源，并且遮蔽阳光，影响海底藻类和其他生物的生长。

2) 破坏沿海养殖业

浒苔在生长周期中常常发生沉降，沉降浒苔与漂浮浒苔一样，最终都会进入消亡分解期，从而将腐败产生的副作用带入下层水体，造成沿海水下养殖生物，特别是贝类、海参等大量死亡，给养殖业造成严重的经济损失。2008 年山东乳山市浒苔灾害严重，致使当地海参养殖业损失严重。乳山市某海参养殖场由于未及时清理，损失 100 万元。

3) 影响海上赛事和旅游业

大量聚集的浒苔，不仅会覆盖沿海海面，还会随潮上岸堆积，腐烂后产生有害物质，散发难闻气味，严重影响沿岸景观，影响旅游业。2008 年 6 月中旬，大面积浒苔从黄海中部海域开始向青岛附近海域漂移，所有浴场均受到严重影响，游客不能下水游泳。奥帆赛场竞赛海域浒苔面积曾达 15.86 平方千米，占海域总面积的 32.04%。为了使奥帆赛场和滨海景区恢复往日的美丽景象，到 7 月中旬，青岛市共打捞清理浒苔 100 万吨。

为了减少绿潮暴发造成的重大损失，每年各级政府动用大量的人力和物力进行绿潮灾害应急处置，仅 2008 年就造成直接经济损失 13.2 亿元。本系统针对黄海绿潮灾害建立了绿潮应急监测和精细化预测预警系统，基于 GIS 技术建立了集绿潮应急监测、信息提取与融合、数据收集与同化、应急预测预警及产品发布等功能于一体的综合业务化平台，并在相关业务部门实现该平台的业务化试运行。本系统的预警预报产品为绿潮围栏、打捞等灾害应急处置提供科学依据，有效提高绿潮灾害监测预警综合能力，进一步提升海洋经济保障服务能力，为旅游娱乐、海水养殖、渔业生产、港口运输等海上开发活动提供安全保障，可以极大地预防和减轻绿潮灾害带来的经济损失，具有显著的经济、社会效益。

本系统研制的绿潮应急监测和精细化预测预警系统在绿潮灾害应急工作中深入应用：① 保障了 2008—2017 年连续 9 年黄海绿潮应急处置工作。② 2008 年奥帆赛、残奥帆赛期间，全面开展了浒苔专项监视监测和预报预警工作，有效地指导打捞工作，保障赛事的顺利进行，赢得了国际奥委会及参赛运动员的一致好评。③ 2012 年海阳举行的亚洲沙滩运动会期间，利用优化的绿潮精细化监测和预测手段，设计合理的打捞区域，为及时合理的打捞提供可靠的技术支撑。④ 本系统研制的绿潮灾害应急监测和精细化预测预警系统具有自主知识产权，其中，作为从观测到预警服务的端对端（End to End）的新型理念综合系统已全部应用于北海区海洋灾害防灾减灾工作，产生的经济效益及社会价值不可估量，为我国灾害防灾减灾工作起到了核心的支撑作用。⑤ 本系统一系列绿潮灾害监测、预测先进技术的科研成果及应用服务平台的研发填补了国内空白，提升了我国海洋防灾减灾的自主技术的核心竞争力。

图 9-1 绿潮应急期间媒体采访现场

另外，北海预报中心在国家海洋局统一安排下，积极与各类新闻媒体保持紧密联系，及时利用广播、电视、报纸、网络、传真和手机短信等传播渠道，将绿潮监测、预报信息发送到相关涉海部门、企事业单位和广大沿海居民、养殖户等。中央电视台新闻频道、新华社、青岛电视台、《青岛早报》、《青岛晚报》、中央人民广播电台、《齐鲁晚报》、《半岛都市报》等各大新闻媒体都及时报道绿潮预警报信息。其中，中央电视台新闻频道多次连续报道绿潮分布情况和发展趋势；同时中国新闻网、新华网等 10 余家网站连续跟踪报道了绿潮预警报信息。广泛的新闻报道，使得广大社会公众及时了解绿潮预警报信息、绿潮分布信息，最大程度上增加了社会公众对绿潮的认识，为开展绿潮各项工作提供基础。

参考文献

Achille C, Pietranera L, Alessandro C, et al., 2009. Surface transport detected by pairs of COSMO-SkyMed ScanSAR images in the Qingdao region (Yellow sea) during a macroalgal bloom in July 2008[J]. Journal of Marine Systems, doi: 10.1016/j.jmarsys.2009.02.010.

Aurousseau P, 2001. Les flux d' azote et de phosphore provenant des bassins versants de la rade de Brest[J]. Comparaison avec la Bretagne. Oceanis, 27: 137-161.

Cugier P P, Le H, 2000. Development of a 3D hydrodynamical model for coastal ecosystem modeling, Application to the plume of the Seine River (France) [J]. Estuar Coast Shelf Sci, 55: 673-695.

Dobson F W, Smith S D, 1988. Bulk models of solar radiation at sea[J]. Quarterly Journal of the Royal Meteorological Society, 114(479): 165-182.

Elijah R, Amina R, Mads S T, et al., 2012. Spectral definition of the Macroalgae Ulva curvata in the Back-barrier Bays of the eastern shore of Virginia, USA[J]. Int J Remote Sens, 33(2): 586-603.

Eppley R W, 1972. Temperature and phytoplankton growth in the sea[J]. Fish. Bull, 70(4): 1063-1085.

Gower J, King S, 2008. Satellite images show the movement of floating Sargassum in the Gulf of Mexico and Atlantic Ocean. Nature Precedings, hdl: 10101/npre.2008.1894.1.

Gower J, Hu C, Borstad G, King S, 2006. Ocean color satellites show extensive linesof floating Sargassum in the Gulf of Mexico. IEEE Trans. Geosci. Remote Sens, 44: 3619.3625.

Hu C M, 2009. A novel ocean color index to detect floating algae in the global oceans[J]. Remote Sensing of Environment, 2118-2129.

Hu C M, Li D Q, Chen C S, et al., 2010. On the recurrent Ulva prolifera blooms in the Yellow Sea and East China Sea[J]. Journal of Geophysical Research, 115, C05017, doi: 10.1029/2009JC005561.

Kim H, Kang J, Park G, et al., 2011. Effects of temperature and irradiance on photosynthesis and growth of a green-tide-forming species (Ulva linza) in the Yellow Sea[J]. Journal of Applied Phycology, 23(3): 421-432.

Lin H Z, Peng J, Zhang J X, et al., 2011. Genetic and marine cyclonic eddy analyses on the largest macroalgal bloom in the World[J]. Environ Sci Technol, 45: 5996-6002.

Méesguen A, 1992. Modelling coastal eutrophication: the case of French mass blooms[C]. Proceedings of the Internationl Conference on Marine Coastal Eutrophication, 979-992.

MéNesguen, Salomon J C, 1988. Eutrophication modelling as a tool for fighting against Ulva coastal mass blooms, B.A. Schrefler and O.C. Zienkiewicz [eds.] [M]. Computer modelling in ocean engineering. Balkema, 443-450.

Øyvind B., Arthur A A, 2011. Christophe Maisondieu, Jens Christian Roth, Wind-induced drift of objects at sea: The leeway field method[J]. Appl. Ocean Res., 33(2), 100-109.

Pedersen M F, Borum J, 1997. Nutrient control of estuarine macroalgae: growth strategy and the balance between nitrogen requirements and uptake[J]. Marine Ecology Progress Series, 161(8): 155-163.

Shi W, Wang M, 2009. Green macroalgae blooms in the Yellow Sea during the spring and summer of 2008[J]. Journal of Geophysical Research, 114(C12): 207-211.

Steele J H, 2006. Environmental control of photosynthesis in the sea[J]. Limnology and Oceanography, 7(2): 137-150.

Taylor R, Fletcher L, Raven A, 2005. Preliminary studies on the growth of selected "green tide" algae in laboratory culture: effects of irradiance, temperature, salinity and nutrients on Growth Rate[J]. Botanica Marina, 44 (4), 327-333.

陈正华,毛志华,龚方,等,2009.利用"北京1号"和MODIS多星资料监测青岛海域浒苔[J].浒苔生态学研究,134-140.

丛珊珊,2011.环境因子对浒苔(Enteromorpha prolefera)生长、生存状态和营养吸收影响的实验研究[D].中国海洋大学,硕士论文.

范士亮,傅明珠,李艳,等,2012.2009—2010年黄海绿潮起源与发生过程调查研究[J].海洋学报, 34(6):187-194.

黄娟,吴玲娟,高松,等,2011.黄海绿潮应急漂移数值模拟[J].海洋预报,28(1):25-32.

蒋兴伟,邹亚荣,王华,等,2009.基于SAR快速提取浒苔信息应用研究[J].海洋学报,31(2):63-68.

蒋兴伟,等,2009.浒苔灾害卫星遥感应急监视监测系统及其应用[J].海洋学报,31(1):52-64.

李大秋,贺双颜,杨倩,等,2008.青岛海域浒苔来源与外海分布特征研究[J].环境保护,16:45-46.

李德萍,马艳,董海鹰,等,2013.日照和降水对青岛近海海域浒苔影响的分析[J].海岸工程,1:51-59.

李三妹,李亚君,董海鹰,等,2010.浅析卫星遥感在黄海浒苔监测中的应用[J].应用气象学报,21(1) :76-82.

李峣,2010.中国东部近海夏季环流特征及其动力机制[D].青岛:中国科学院海洋研究所,1-125.

梁宗英,林祥志,马牧,等,2008.浒苔漂流聚集绿潮现象的初步分析[J].中国海洋大学学报 (自然科学版),4:601-604.

刘峰,2010.黄海绿潮的成因以及绿潮浒苔的生理生态学和分子系统学研究[D],中国科学院海洋研究所,博士学位论文.

刘桂梅,李海,王辉,等,2010.我国海洋绿潮生态动力学研究进展[J].地球科学进展,25(2):147-153.

刘建强,蒋兴伟,邹斌,等,2009.浒苔多源卫星遥感监测技术研究[J].浒苔生态学研究,3-11.

刘志亮,胡敦欣,2009.黄海夏季近岸海区环流的初步分析及其与风速的关系[J].海洋学报,31(2),2-7.

罗民波,刘峰,2011.黄海绿潮浒苔 (Ulva prolifera) 的生长生殖对不同盐度的响应研究[C].十一五农业环境研究回顾与展望—第四届全国农业环境科学学术研讨会论文集,481-486.

乔方利,马德毅,朱明远,等,2008.2008年黄海浒苔暴发的基本状况与科学应对措施[J].海洋科学进展,26(3):409-410.

乔方利,王关锁,吕新刚,等,2011.2008与2010年黄海浒苔漂移输运特征对比[J].科学通报,56(18):1470-1476.

孙凌,郭茂华,李三妹,等,2010.FY-3A MERSI进行青岛海域浒苔监测[J].遥感信息,1:64-68.

汤文仲,李信书,黄海燕,等,2009.不同光强和温度对长石莼(缘管浒苔)光合作用和叶绿素荧光参数的影响[J].水产学报,33(5):762-769.

唐启升,张晓雯,叶乃好,等,2010.绿潮研究现状与问题[J].中国科学基金,1:5-9.

唐泽艳,魏永亮,2013.绿潮卫星遥感监测技术应用研究[J].遥感信息,28(3):63-68.

王婷,石晓勇,张传松,等,2011.2008年黄海浒苔绿潮暴发区营养盐尝试变化及分布特征[J].海洋通报,30(5):578-582.

吴洪喜,吴美宁,2000.浒苔实验生态的初步研究[J].浙江海洋学院学报:自然科学版,19(3):230-234.

吴玲娟,曹丛华,黄娟,曹雅静,高松,白涛,2011.黄海绿潮应急溯源数值模拟[J].海洋科学,35(6),44-47.

忻丁豪,任松,何培民,等,2009.黄海海域浒苔属(Enteromorpha)生态特征初探[J].海洋环境科学,2:190-192.

邢前国,郑向阳,施平,等,2011.基于多源多时相遥感影像的黄东海绿潮影响区检测[J].光谱学与光谱分析,31

(6):1644-1647.

徐兆礼,叶属峰,徐韧,2009.2008 年中国浒苔灾害成因条件和过程推测[J].水产学报,33(3):430-437.

杨德周,2011.东海陆架黑潮入侵及生态响应数值模拟研究[D].青岛:中国科学院海洋研究所.

叶乃好,张晓雯,毛玉泽,等,2008.黄海绿潮浒苔(Enteromorpha prolifera)生活史的初步研究[J].中国水产科学,15(5):853-859.

衣立,张苏平,殷玉齐,2010.2009 年黄海绿潮浒苔暴发与漂移的水文气象环境[J],中国海洋大学学报,40(10):15-23.

张娟,2009.浒苔遥感监测方法研究及软件实现[D].硕士论文,电子科技大学.

张苏平,刘应辰,张广泉,等,2009.基于遥感资料的 2008 年黄海绿潮浒苔水文气象条件分析[J].中国海洋大学学报:自然科学版,39(5):870-876.

赵文静,张杰,崔廷伟,等,2009.水下悬浮浒苔海面光谱响应的辐射传输模拟[J].光谱学与光谱分析,1656-1660.

附录 A
(资料性附录)
绿潮预报和警报发布格式示例

绿潮预警信息

国家海洋局北海预报中心对 2016 年 6 月 27 日监测数据进行综合分析，结果如下：

在（119°23′8. 807″**E**～123°23′21. 364″**E**，32°44′44. 874″**N** ～36°50′24. 395″**N**）海域发现绿潮分布。绿潮覆盖面积约 523 平方公里，分布面积约 55 550 平方公里（见图 **A**. 1）。有微量绿潮影响日照市区、青岛市区和乳山市南黄岛近岸海域。

根据综合分析结果，采用海洋数值模式预测绿潮漂移状况，预计：6 月 27 日 11 时～6 月 30 日 10 时绿潮主体向偏北方向漂移约 9 公里；未来三天，日照市区，青岛市黄岛至薛家岛、青岛市团岛至崂山头，即墨市田横岛，海阳市，乳山市，文登市和荣成市近岸海域将受微量绿潮影响（见图 **A**. 2）。

请有关部门和单位做好绿潮防灾减灾工作，并关注国家海洋局北海预报中心后续发布的绿潮预警信息。

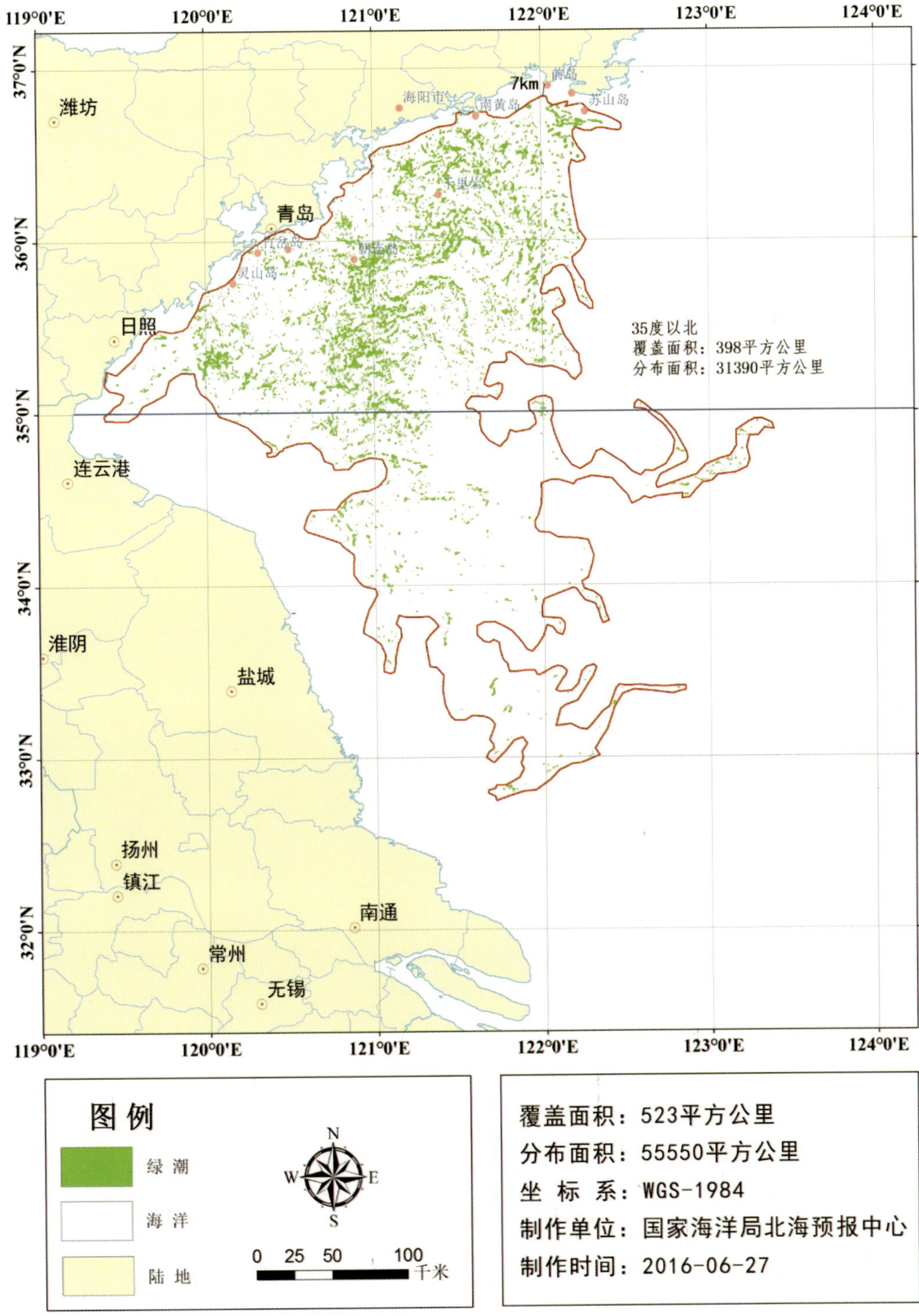

图 **A.** 1　2016 年 6 月 27 日绿潮综合分布图

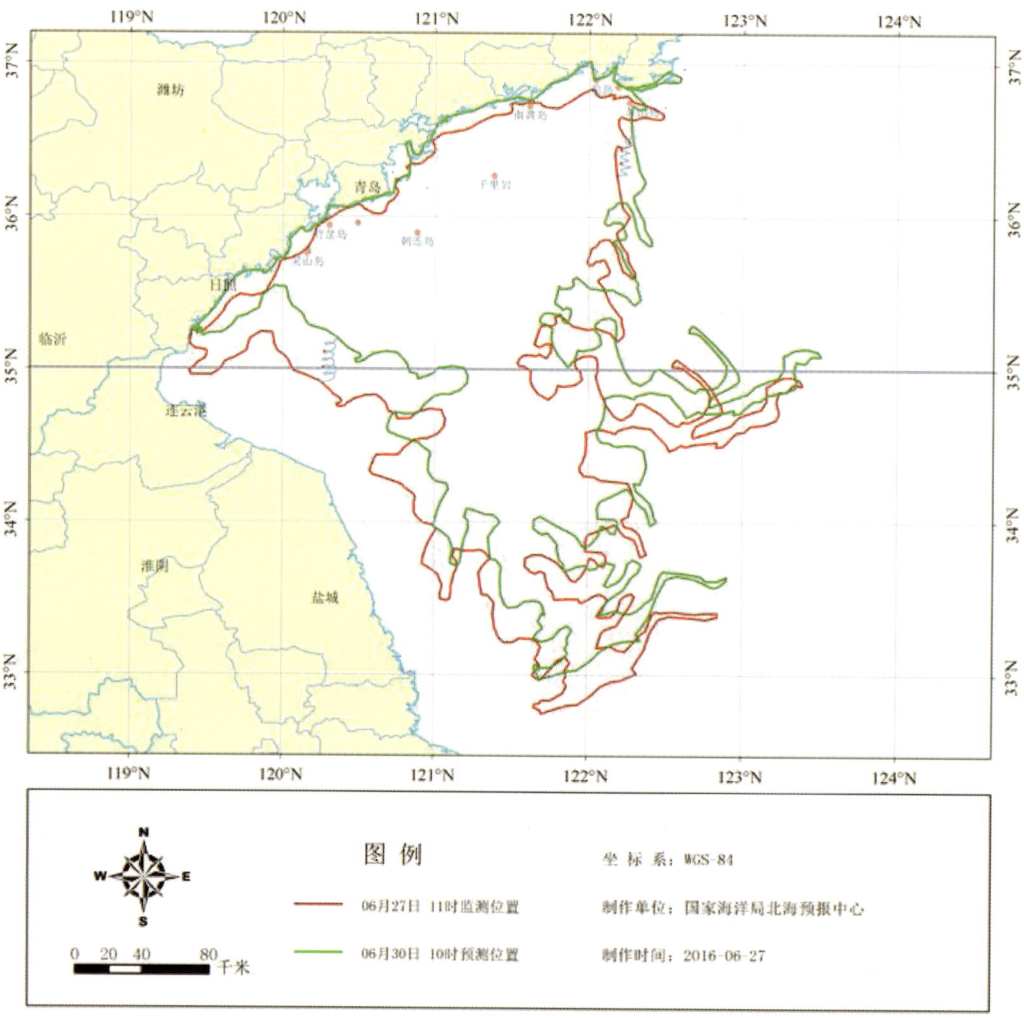
119°N
120°N
121°N
122°N
123°N
124°N
37°N
36°N
35°N
34°N
33°N
潍坊
青岛
日照
临沂
连云港
盐城
千里岩
图 例
06月27日 11时监测位置
06月30日 10时预测位置
坐 标 系：WGS-84
制作单位：国家海洋局北海预报中心
制作时间：2016-06-27
N
S
W
E
0 20 40 80 千米

图 A.2　绿潮漂移预测图